INOVAÇÃO NA GESTÃO PÚBLICA:

CULTURA, LIDERANÇA, NORMAS, MÉTODOS, TECNOLOGIA E APLICAÇÃO

INOVAÇÃO NA GESTÃO PÚBLICA:
cultura, liderança, normas, métodos, tecnologia e aplicação

Alécio Fiel Filho
Carlos Eduardo Rodrigues
Maria das Graças Ferreira
Rosane Segantin Keppke

Capa
Raquel Lopes Motta

Revisão
Maria Ofélia da Costa

Impressão e Acabamento
Digitop Gráfica Editora

sarvier

Sarvier Editora de Livros Médicos Ltda.
Rua Rita Joana de Sousa, nº 138 – Campo Belo
CEP 04601-060 – São Paulo – Brasil
Telefone (11) 5093-6966
sarvier@sarvier.com.br
www.sarvier.com.br

Dados Internacionais de Catalogação na Publicação (CIP)
(Câmara Brasileira do Livro, SP, Brasil)

Inovação na gestão pública : cultura, liderança, normas, métodos, tecnologia e aplicação / organizadores Alécio Fiel Filho...[et al.]. -- 1. ed. -- São Paulo : Sarvier Editora, 2023.

Vários autores.
Outros organizadores: Carlos Eduardo Rodrigues, Maria das Graças Ferreira, Rosane Segantin Keppke.
Bibliografia.
ISBN 978-65-5686-037-4

1. Administração pública 2. Gestão pública 3. Inovação I. Fiel Filho, Alécio. II. Rodrigues, Carlos Eduardo. III. Ferreira, Maria das Graças. IV. Keppke, Rosane Segantin.

23-154722 CDD-354

Índices para catálogo sistemático:
1. Gestão pública 354
Aline Graziele Benitez – Bibliotecária – CRB-1/3129

Sarvier, 1ª edição, 2023

INOVAÇÃO NA GESTÃO PÚBLICA:

CULTURA, LIDERANÇA, NORMAS, MÉTODOS, TECNOLOGIA E APLICAÇÃO

ORGANIZADORES

ALÉCIO FIEL FILHO
CARLOS EDUARDO RODRIGUES
MARIA DAS GRAÇAS FERREIRA
ROSANE SEGANTIN KEPPKE

AUTORES

Alécio Fiel Filho
Alesi Teixeira Mendes
Alessandra Mara Cornazzani Sales
Alex Kenya Abiko
Carlos Eduardo Rodrigues
Douglas de Matteu
Eliete Brito Santos
Fernando Tobal Berssaneti
Harmi Takiya
Iara Negreiros
José Antônio Carlos
José Frederico Meier Neto
Maria das Graças Ferreira
Nilton Gomes de Moraes
Roberto Meizi Agune
Rogerio Blau Alves
Rosane Segantin Keppke
Silvio Rocha da Silva
Teresinha Covas Lisboa
Yana Moura de Sousa Fadul

sarvier

Agradecimentos

Aos colegas organizadores e autores deste livro, que sempre estiveram motivados para a realização deste projeto, à minha amável esposa Elenice e minhas queridas filhas Geovana, Karla Lenina e Bruna Karolina e meus netos Leandro e Davi, que proporcionam a alegria na minha vida, aos meus pais (*in memoriam*) Alécio Fiel (Fieri) e Santina Sunta Del Ben Fiel e também antecipadamente, aos futuros leitores que conseguirem fazer bom uso deste livro para proporcionar por meio da inovação a melhoria da qualidade dos serviços públicos prestados à sociedade.

Alécio Fiel Filho

A minha família, esposa, filhos, pais, avós, meus professores que me conduziram na jornada do aprendizado, à equipe de organizadores, todos os autores, à editora, meus alunos e amigos.

Carlos Eduardo Rodrigues

Em primeiro lugar, a Deus pelo dom da vida, a minha mãe Carmem Ferreira (*in memoriam*) e minhas filhas Bárbara Cristina (*in memoriam*) e Carolina Ferreira, pela constante inspiração. Também agradeço aos amigos organizadores, pela disponibilidade, dedicação e amizade, à editora e aos queridos professores autores que aceitaram o desafio de tornar este livro realidade. Ainda, aos meus grandes amigos Eloisa Esteves Lima e Heitor Sertão por me convidarem para compor a equipe de qualidade da gestão da Prefeitura de São Paulo, onde pude aprender muito sobre a prática da administração direta, com servidores públicos altamente qualificados. E, finalmente, à Eliete Brito Santos, amiga dedicada e parceira de trabalho, com quem tive a honra de escrever os capítulos 8 e 9.

Maria das Graças Ferreira

Gratidão aos colegas organizadores, à editora, às muitas mãos e mentes com que escrevemos este livro, em especial às equipes interdisciplinar, intersetorial e interestadual em que tive a honra de participar diretamente nos capítulos 2 e 4. Para esta empreitada, a meu esposo Helmer, minha filha Ellen e meu pai Ivo pelas horas subtraídas de atenção ao núcleo familiar. Aproveito para agradecer a gestores públicos excepcionais com os quais participei em projetos premiados pela inovação: Diógenes Martins, Aguinaldo Prieto, Marcia Aguiar, Joana Morales, Miguel Gianetti, Arnaldo Ueda, Heitor Sertão e Maria das Graças Ferreira.

Rosane Segantin Keppke

Colaboradores

Alécio Fiel Filho

Mestrado em Engenharia Biomédica – pós-graduação em Engenharia de Materiais Metálicos – Graduação em Engenharia Mecânica – Graduação em Matemática e Física – Universidade de Mogi das Cruzes. Coordenador da pós-graduação em Gestão Pública na UMC e INPG, junto às Prefeituras de São Paulo, Mogi das Cruzes, Suzano, Guarujá, Valinhos entre outras. Professor de pós-graduação nas disciplinas: Sistema de Gestão Qualidade e Ambiental, Gestão dos Processos, Gestão de Projetos. Professor orientador de Projetos de Conclusão de Curso em pós-graduação nas Universidades UMC e INPG. Formação profissional em empresas ligadas ao setor automotivo e aeronáutico, exercendo cargos de gerência e liderança junto às áreas industrial e de Qualidade e consultor em projetos de Qualidade em empresas de vários seguimentos. Organizador e coautor do livro Gestão Pública: Planejamento, Processos, Sistemas de Informação e Pessoas, Editora Atlas, 2010.

Alesi Teixeira Mendes

Doutorando em Tecnologia Ambiental e Recursos Hídricos pela Universidade de Brasília. Graduado em Engenharia Civil e mestre em Engenharia Ambiental pela Universidade Federal do Tocantins. Atualmente é pesquisador do Programa de Pesquisa para o Desenvolvimento Nacional (PNPD) na Diretoria de Estudos e Políticas Regionais, Urbanas e Ambientais (Dirur) do Ipea e professor do curso de Engenharia Civil do Centro Universitário de Brasília (Ceub). Áreas de concentração dos projetos e pesquisas: políticas públicas de saneamento básico, de gestão de risco de desastres, de habitação e relacionadas ao desenvolvimento urbano sustentável. http://lattes.cnpq.br/2473113080999082

Alessandra Mara Cornazzani Sales

Advogada. Pregoeira. Auditora Interna de Processo de Qualidade no Serviço Público. Pós-Graduada em Avaliação dos Negócios Governamentais pela Faculdade de Economia, Administração e Contabilidade da Universidade de São Paulo. Mestre em Direito Político e Econômico pela Faculdade de Direito da Universidade Presbiteriana Mackenzie. Doutoranda em Administração, Fazenda e Justiça no Estado Social pela Faculdade de Direito da Universidade de Salamanca, Espanha, em processo de dupla titulação com a Faculdade de Direito do Largo São Francisco da Universidade de São Paulo. Membro da Comissão de Infraestrutura do Instituto Brasileiro de Direito Imobiliário. Assessora de Gabinete e Professora Convidada da Escola Superior de Gestão e Contas Públicas do Tribunal de Contas do Município de São Paulo. http://lattes.cnpq.br/9998924505494319

Alex Kenya Abiko

Engenheiro Civil. Professor Titular da Politécnica da USP, Coordenador do Grupo de Pesquisa "Planejamento e Engenharia Urbanos". Coordenador da CEE 268 da ABNT "Cidades e Comunidades Sustentáveis". Seus temas de pesquisas têm sido: sustentabilidade urbana, planejamento e gestão urbanos, gestão habitacional e habitação social. http://lattes.cnpq.br/2483467017206352

Carlos Eduardo Rodrigues

Publicitário, graduado em Comunicação Social, MBA em Administração de Empresas e Marketing (ESPM) e especializações na Universidade de Toronto, FGV, USP, BSP. Escritor e coautor dos livros Gestão Pública (2010), organizador do livro Curso de Marketing (2016), editora GEN, coautor do Manual de Gestão Empresarial, editora Manole e FIA (2021). Professor e orientador de cursos de Pós-Graduação e MBA da Fundação Instituto de Administração (FIA). Docente nas disciplinas: Administração de Marketing, Planejamento, Estratégia Empresarial, Gestão de

Criatividade e Inovação, Gestão de Projetos, Gestão de Comunicação, Gestão de Marcas, Green Marketing, Marketing Viral and Buzz Marketing. Carreira profissional no setor saneamento ambiental, executivo de comunicação, marketing, planejamento, assessoria de imprensa, gestão de marcas, novos negócios, projetos de inovação, leis de incentivo, patrocínios, parcerias estratégicas, promoções e eventos, design, audiovisual, eduação ambiental, mídias digitais e canais internos e externos de comunicação. http://lattes.cnpq.br/6392400134060084

Douglas de Matteu

Doutor em Business Administration, PhD e Mestre na Arte do Coaching pela Florida Christian University (FCU - EUA). Mestre em Semiótica, Tecnologias da Informação e Educação pela Universidade Braz Cubas (UBC). Especialista em Marketing, em Educação a Distância e em Gestão de Pessoas com Coaching. Bacharel em Administração de Empresas. Diversas formações e certificações em Coaching com reconhecimento internacional. Docente na Fatec de Mogi das Cruzes, nos cursos pós-graduação, e na FCU - EUA. É CEO do Instituto de Alta Performance Humana (IAPerforma®). Desenvolve treinamentos *in company* e palestras. Membro dos Grupos de Excelência em Instituições do Ensino Superior (GEGIS), Pesquisa Aplicada em Administração (GEPAD) e Coaching (GEC) do CRA/SP.

Eliete Brito Santos

Atua como consultora interna em desenvolvimento e transformação organizacional, gestão estratégica com condução de workshops para definição de estratégias, planos de ação e análise de desempenho. Coordenação e implementação de programa de cultura organizacional com foco na inovação. Graduada em Administração de Empresas (UMC), com Pós-graduação em Gestão Estratégica da Qualidade (UBC) e com MBA em Gestão Empresarial (FGV), com diversos cursos de extensão e especialização, como o Programa de Formação e Aprofundamento de Consultores (Adigo), Gestão de Relacionamento com Clientes – CRM e Gestão da Inovação (ESPM), Formação de Mediadores Organizacionais e de Conflitos (Ecosocial), Gestão do Conhecimento (IBGC), Professional Self Coaching (IBC). Há 18 anos atua nas áreas de gestão estratégica, de processos e projetos, estruturação, implementação, capacitação, coordenação de programas, projetos e práticas de gestão, condução de Teams Buildings, com aplicação de métodos ágeis (Design Thinking, Canvas, Scrum/Kanban). Atuou no Panamá, por 1,5 ano em desenvolvimento organizacional e estratégico. Atuação em gestão do conhecimento e práticas de inovação.

Fernando Tobal Berssaneti

Professor Doutor, Engenheiro de Produção (POLI-USP), Mestrado e Doutorado pela (PRO-POLI-USP). Docente do Departamento de Engenharia de Produção da Escola Politécnica da USP. Vice-coordenador do Grupo Técnico Conecticidade-Cidades Inteligentes. http://lattes.cnpq.br/6815275032415719

Harmi Takiya

Geóloga, com graduação em Geologia pela Universidade Estadual Paulista, mestrado pelo Instituto de Geociências da Universidade de São Paulo e doutorado pelo Instituto de Geociências da USP, Pós-doutoranda de Engenharia de Produção (POLI-USP). Atualmente trabalha no Tribunal de Contas do Município de São Paulo. http://lattes.cnpq.br/2031741523824936

Iara Negreiros

Possui doutorado (2018) e mestrado (2009) em Engenharia e Planejamento Urbanos, e graduação em Engenharia Civil pela Politécnica da USP (1994). É professora da Facens – Faculdade de Engenharia de Sorocaba. Atua na ABNT/CEE-268, contribuindo para a elaboração e publicação das Normas ISO para cidades, da série 37100. http://lattes.cnpq.br/2483467017206352

José Antônio Carlos

Economista formado (1973) e pós-graduado (1975) pela Faculdade de Economia e Administração da USP – Universidade de São Paulo. No governo, coordenou diversos projetos na área de sistemas de informação, modernização administrativa, novas tecnologias como instrumento de mudança, gestão do conhecimento, inovação organizacional, métodos e técnicas de estímulo à criatividade no ambiente de trabalho e mídias sociais. Concebeu e liderou a implantação da "Agência STM", portal web da Secretaria dos Transportes Metropolitanos do Governo de São Paulo, ganhador, em 2002, do prêmio mundial conferido pela Lótus/IBM, na categoria "Portal Solution". Idealizou o "Relógio da Economia", projeto que dedicado ao monitoramento da economia de recursos feita pelo Governo do Estado de São Paulo, fruto da promoção de inovações na prestação de serviços. O projeto foi ganhador do prêmio TI & GOVERNO, em 2005, e indicado pelo Banco Mundial como exemplo de excelência em prática de gestão. É criador e curador do site "Observatório do Conhecimento" – http://www.observatoriodoconhecimento.com – dedicado ao acompanhamento e análise do impacto das novas tecnologias e métodos de trabalho sobre o setor público. Atua como consultor e palestrante nas áreas de gestão do conhecimento e inovação organizacional. É professor convidado na FIA – Fundação Instituto de Administração, na área de inovação no serviço público. Foi docente da disciplina Gestão Estratégica da Tecnologia da Informação, ministrada na Central de Cursos de Pós-Graduação (Cecur) da Fundação Armando Álvares Penteado, em São Paulo, no período de 1987 a 2004.

José Frederico Meier Neto

Engenheiro Civil formado pela Escola Politécnica da USP, com Pós-Graduação em Administração Industrial e Gestão Financeira. Foi Chefe de Gabinete da Secretaria Municipal de Habitação de São Paulo e Diretor Administrativo da Companhia Metropolitana de Habitação (Cohab-SP). Atualmente é assessor e professor da

Escola Superior de Gestão e Contas Públicas do Tribunal de Contas do Município de São Paulo. http://lattes.cnpq.br/3024913809812693

Maria das Graças Ferreira

Atua como consultora de gestão organizacional e gestão estratégica. Mestre em Gestão Estratégica em Organizações Públicas pela Universidade Braz Cubas, Pós-graduada em Gestão de Recursos Humanos e Gestão da Qualidade, Graduada em Serviço Social e Direito. Possui formação em Consultoria Interna pelo método antroposófico da Adigo Consultores. Atuou como coordenadora, professora e orientadora do curso de pós-graduação em gestão pública da UMC e INPG (2009 a 2014), e como professora conteudista da UNIP, de 2013 a 2020, atuando na modalidade E a D. De 2005 a 2013 coordenou na Prefeitura de São Paulo, a implantação do modelo de gestão da Fundação Nacional da Qualidade – FNQ, o que resultou no reconhecimento de 12 Subprefeituras pelo Prêmio Paulista de Qualidade da Gestão e na certificação pelas normas ISO 9001:2008 das praças de atendimento de 20 subprefeituras. É auditora ISO 9001:2015e examinadora voluntária do Instituto Paulista de Excelência da Gestão. É organizadora e coautora do livro Gestão Pública: Planejamento, Processos, Sistemas de Informação e Pessoas, Editora Atlas, 2010. Atuou na SABESP em consultoria interna em desenvolvimento organizacional, de pessoas e de processos.

Nilton Gomes de Moraes

Mestre em Tecnologias Ambientais pelo Centro Paula Souza. Pós-graduação em Engenharia de Segurança do Trabalho, Graduação em Engenharia Civil e em Tecnologia Civil (obras hidráulicas). Professor universitário, Gerente da Sabesp – Superintendência de Suprimentos e Contratações Estratégicas. Auditor ISO e Examinador de diversos prêmios de Qualidade na Gestão. Responsável pela Gestão de sistema ERP e pelo projeto de Transformação Digital na área de Suprimentos da Sabesp.

Experiência em diversos seguimentos da área de Saneamento Ambiental tendo atuado mais fortemente nas áreas Comerciais, Marketing e Engenharia de Manutenção e Automação.

Roberto Meizi Agune

Possui graduação em Arquitetura e Urbanismo pela Universidade de São Paulo (1973), especialização em Planejamento Educacional pelo Instituto Sedes Sapientiae e em Administração e Planejamento Urbano pela Fundação Getúlio Vargas de São Paulo. Gerente de Planejamento da Fundação de Desenvolvimento para Educação. Superintendente de Planejamento e Controle de Empreendimentos da Sabesp. Membro e Presidente do Conselho Estadual de Informática do Governo do Estado de São Paulo, coordenador do Sistema Estratégico de Informações do Governo do Estado de São Paulo, coordenador do Núcleo de Apoio ao Comitê de Qualidade de Gestão Pública do Governo do Estado de São Paulo. Superintendente e Diretor Técnico da Fundap – Fundação do Desenvolvimento Administrativo. Assessor Técnico de Gabinete e Coordenador do Grupo de Apoio Técnico a Inovação - GATI da Secretaria de Gestão Pública do Governo do Estado de São Paulo, Secretário Adjunto da Secretaria de Planejamento e Desenvolvimento Regional do Estado de São Paulo. Coordenador da Assessoria de Inovação em Governo – iGovSP da Secretaria de Planejamento e Desenvolvimento Regional do Estado de São Paulo (2011/2014). Coordenou a Unidade de Inovação da Subsecretaria de Parcerias e Inovação da Secretaria de Governo do Estado de São Paulo. Atualmente atua como consultor, palestrante e docente em inovação no setor público.

Rogerio Blau Alves

Tem experiência na área de Engenharia Elétrica, com ênfase em Sistemas Digitais. Tem experiência na Área de Arquitetura e Urbanismo, com ênfase em Urbanismo. Tem experiência na Área de Direito, com ênfase em Direito Urbanístico e Municipal. É assessor do TCMSP. http://lattes.cnpq.br/5493744811417763

Rosane Segantin Keppke

Pesquisadora do Instituto de Estudos Avançados da USP. Graduada e doutora em Arquitetura e Urbanismo pela FAU/USP. Mestre em Administração Pública e Governo pela EAESP/FGV. Especialista em Gestão e Controle Externo das Contas Públicas. Pesquisadora e professora do ensino superior. Arquiteta e Urbanista da Prefeitura de São Paulo, atualmente é colaboradora da Escola Superior de Gestão e Contas, onde participa do Grupo de Trabalho de Urbanismo do Observatório de Políticas Públicas do Tribunal de Contas do Município de São Paulo. http://lattes.cnpq.br/4444279736264811

Silvio Rocha da Silva

Mestre em Engenharia da Computação pelo IPT/USP. Pós-graduação em Administração Estratégica Empresarial. Pós-graduação em Ciência da Computação. Graduação em Tecnologia da Informação. Professor universitário, Palestrante, Empreendedor e Gestor de Tecnologia da Informação na Sabesp – Unidade de Negócio Leste. Certificado em ITIL, ISO 20000, ISO 27001. PMO Value Ring. Especialista em Project Model Canvas. Metodologias Ágeis. *Design Thinking* com formação na Escola ECHOS. *Coach* com formação PSC – Professional & Self Coaching no IBC – Instituto Brasileiro de Coaching. Experiência profissional de mais de 20 anos, sendo os últimos cinco em Transformação Digital, agilidade, governança de dados e inovação.

Teresinha Covas Lisboa

Pós-Doutorado em Administração pela Florida Christian University (FCU – EUA). Doutorado em Administração. Mestrado em Administração dos Serviços de Saúde. Especialização em Administração Hospitalar. Especialização em Didática do Ensino Superior. Conselheira do Conselho Federal de Administração (CFA) – Jurisdição São Paulo. Sócia-Diretora da TCL Consultoria e Assessoria S/C Ltda. Docente Titular da Universidade Paulista

(Unip). Docente convidada da *Florida Christian University*, da Faculdade Albert Einstein e da Universidade Metodista. Diretora do Sindicato das Empresas de Administração do Estado de São Paulo (Sindaesp). Diretora da Associação Brasileira de Administração (ADM). Membro do Grupo de Excelência em Gestão de Instituições do Ensino Superior (GEGIES - CRA/SP) e Coordenadora do Grupo de Excelência de Pesquisa Aplicada em Administração (GEPAD - CRA/SP).

Yana Moura de Sousa Fadul

Professora na Universidade Federal Rural da Amazônia - UFRA, Coordenadora adjunta do Laboratório Interdisciplinar Empreendedorismo, Inovação e Inclusão nas Amazônias. Doutora em Administração, na área de concentração de Poder e Organizações, pela Universidade Federal da Bahia - UFBA. Mestre em Administração pelo PPAD/UNAMA. Membro do Grupo de Pesquisa de Gestão Social e Desenvolvimento Local - GESDEL.

Prefácio I

É sempre bom saber e ouvir de iniciativas e experiências de inovação, gestão do conhecimento, liderança, transformação e mudanças culturais na gestão pública. Principalmente quando essas iniciativas foram ou são orientadas e conduzidas diretamente por pessoas que atuam profissionalmente em organismos de natureza pública, a partir de uma prática concreta e não apenas teórica – e já existem tantas teorias sobre o assunto no mundo corporativo privado, mas poucas voltadas exclusivamente para o setor público.

Isso, a meu ver, é a maior riqueza deste livro. Fiquei honrado em ser convidado a fazer seu prefácio e grato à medida que mergulhava no conteúdo dos textos que formam rica coletânea quase que na forma de um manual. O leitor com certeza terá acesso a conceitos, conteúdos e aprendizados atualizadíssimos, a partir da teoria e da prática em situações concretas trazidas pelos autores que nos referenciam com diversas metodologias, conceitos, experiências e tecnologias aplicadas em diversos segmentos, áreas e atividades do setor público.

Um pano de fundo que considerei ao redigir este prefácio com base na minha longa experiência como consultor e professor de processos de transformação, inovação e mudança cultural autossustentável em empresas privadas ou públicas é o paradoxo que os gestores enfrentam quando se deparam com o dilema: "Crescer ou Desenvolver?"

Explicando melhor: assim como o mercado no contexto privado é o grande motor que impulsiona a modernização e a transformação das empresas privadas, pode-se dizer que a sociedade como um todo, no seu complexo processo de "crescimento material", está constantemente exigindo maiores e melhores indicadores de produtividade e qualidade dos serviços prestados pelos entes públicos. A natureza intrínseca desse "crescimento" envolve múltiplos aspectos quantitativos inerentes à administração eficaz dos bens e recursos que a sociedade coloca à disposição das organizações públicas.

Por outro lado, a sociedade também exige, além desse "crescimento", respostas a demandas de natureza mais qualitativa do que quantitativa. Trata-se do complexo processo de "Desenvolvimento" que envolve aspectos mais sociais do que técnicos, como por exemplo a implantação e consolidação de ferramentas e conceitos de gestão mais humanizados e participativos que privilegiam o engajamento do hoje "cliente-cidadão", que se torna tão ou mais exigente do que os clientes dos produtos e serviços prestados da esfera privada. No contexto interno dos organismos públicos, essas demandas também estão latentes e vivem entre os funcionários e servidores individualmente e nas comunidades internas como associações, sindicatos, grupos políticos etc.

Neste livro, em relação a essa dimensão mais sutil do "Desenvolvimento" que envolve o social e o cultural de cada instituição, os leitores encontrarão uma gama enorme de conceitos, propostas e experiências que os inspirarão na criação e consolidação de uma gestão pública eficaz que considere a inovação constante, a inclusão, a diversidade, a ética, a tecnologia, a Transformação Digital e a agenda ESG.

Boa leitura a todos!

Jair Moggi

Economista, advogado, mestre em administração
pela FEA/USP, fundador da consultoria ADIGO,
professor e consultor de empresas privadas e públicas.

Prefácio II

Quando nos deparamos com o tema que dá o título a este livro – Inovação na Gestão Pública – podemos cometer o equívoco de achar que seu conteúdo se restrinja aos interesses de pessoas relacionadas a esse setor. Grata surpresa ao visitar o compilado de seus capítulos e descobrir que sua leitura é recomendada a todos que tenham interesse em gestão da inovação.

A criação de valor sustentado tem sido o grande desafio das organizações nos últimos tempos. O que difere as organizações públicas das privadas, essencialmente, é que as públicas devem ter como foco atender as necessidades do seu principal cliente: o cidadão.

Com uma linha muito bem estruturada, o livro traz uma abordagem multidimensional e holística. Considera, de um lado, os legados relacionados a formação histórica da cultura e complexidade das mudanças, aspectos legais e processos burocráticos, o desafio da liderança política e seus prazos finitos, infraestrutura urbana, gestão do conhecimento e o protagonismo do servidor de carreira, e, de outro, um rol de conceitos, ferramentas, metodologias e reflexões que visam apoiar o processo de implementação da gestão da inovação, trazendo o cidadão para a centralidade.

A implantação de um processo de gestão dessa magnitude não é tarefa trivial. Deve prescindir de uma estratégia bem definida e estruturada de forma que suplante os desafios da complexidade da mudança, a burocracia processual e os recursos financeiros.

A parte I explora esses cenários e traz à luz a inovação como o instrumento estratégico para a mudança.

Em um mundo cada vez mais conectado, onde os hábitos se transformaram mais intensamente na pós-pandemia, com a introdução de um número maior de recursos tecnológicos para a superação dos desafios de trabalho, saúde e segurança, usar conceitos de uma sociedade 5.0 e cidades inteligentes exigirá das organizações públicas a ampliação de sua visão sistêmica. Será fundamental integrar tecnologia, agenda de políticas públicas e estruturação de dados e informações. Os capítulos da parte III trazem um rico arcabouço de conceitos, metodologias e estratégias que podem apoiar essa jornada. Cumpre ressaltar a abordagem didática no tratamento destes temas e a vanguarda de seus conteúdos, alinhando práticas de mercado totalmente aplicáveis no segmento público.

Os vértices: estratégia, liderança e cultura são bases do sucesso de qualquer mudança complexa e perene. A clareza desses aspectos permite ao gestor estruturar mecanismos mais assertivos para o engajamento de todos os envolvidos. Criar um ambiente colaborativo e diverso, onde haja espaço para tirar o melhor de cada, é, sem dúvida, uma força impulsionadora importante para o apoio da gestão. Essa proposta é apresentada com larga proficiência nos capítulos na parte IV, estimulando reflexões na busca do alinhamento de propósito e o bem maior.

É com alegria que compartilho minha experiência com a leitura deste livro. Saber que todo esse conhecimento compartilhado por reconhecidos mestres e profissionais, entusiastas do aprimoramento da gestão pública, irá reverberar com certeza na forma de melhores serviços a todo cidadão brasileiro.

Adriana Manicardi

Engenheira, especialista em saneamento pela Faculdade de Saúde Pública – USP, MBA em Gestão Empresarial – FGV e MBA em Parcerias Público Privadas e concessões pela FESP em parceria com a UCL. Atua na Sabesp desde 1997, onde ocupou diversas posições. Presidente do Instituto Paulista de Excelência da Gestão nos ciclos 2018/2020 e 2021/2023.

Apresentação

O livro *Inovação na Gestão Pública: Cultura, Liderança, Normas, Métodos, Tecnologia e Aplicação* objetiva apresentar estratégias e perspectivas que venham proporcionar o conhecimento de técnicas para a aplicação da inovação, podendo assim motivar os gestores a aplicar melhorias nos serviços públicos que tanto a sociedade brasileira anseia.

Tendo como base a longa experiência e conhecimento de gestão pública dos organizadores e coautores, apoiados em vasta literatura de especialistas em inovação como também nas diretrizes da Norma NBR ISO 56002: **gestão da inovação – sistema da gestão da inovação – diretrizes, 2020,** buscou-se organizar o livro em cinco partes, a saber:

Parte I – CENÁRIO DE GOVERNO DIANTE DAS DEMANDAS DA SOCIEDADE – A INOVAÇÃO PARA AS MUDANÇAS NECESSÁRIAS: Capítulos 1 e 2.

Parte II – INOVAÇÃO SUSTENTÁVEL COM FOCO NO CLIENTE CIDADÃO: Capítulos 3 e 4.

Parte III – CONHECIMENTO, MÉTODOS, TECNOLOGIA E LEGISLAÇÃO PARA A EFETIVIDADE DA NOVAÇÃO: Capítulos 5, 6 e 7.

Parte IV – LIDERANÇA E MUDANÇA CULTURAL PARA A INOVAÇÃO DA GESTÃO PÚBLICA: Capítulos 8 e 9.

Parte V – SISTEMA DE GESTÃO DA INOVAÇÃO: Capítulo 10.

A seguir uma sucinta descrição de cada capítulo:

A PARTE I APRESENTA:

Capítulo 1 – A Gestão Pública na Era da Inovação Continuada

Neste capítulo descreve-se sobre os motivos que levaram a inovação a ser insumo indispensável para a sobrevivência das organizações privadas e governamentais, em seguida define o que vem a ser inovação organizacional e demonstra como sua utilização irá permitir o arejamento da gestão pública, qualificando-a para o enfrentamento de problemas complexos. Demonstra-se por que a mudança de rumo demanda o redirecionamento do radar do setor público, hoje calibrado para uma sociedade industrial que foi perdendo força nos anos mais recentes. Finalizando, desenha-se um passo a passo focado em 12 temas sensíveis, cujo manejo permitirá aos governos tirarem a inovação do terreno das boas intenções, trazendo-a para o campo das atividades correntes.

Capítulo 2 – Inovação em Políticas Públicas: Novas Estratégias de Financiamento e Formas de Contratação

O capítulo investiga as principais condicionantes para viabilizar a inovação no setor público: que são os recursos legais e os recursos financeiros. O berço da inovação pública no Brasil foi o Plano Diretor de Reforma do Aparelho de Estado de 1995, proposto para enfrentar a crise sistêmica que se arrastava desde a década anterior. O PDRE implantou a reforma gerencial que reverbera até a atualidade, fundamentada nas parcerias com o setor privado e o terceiro setor. Desde então, foi no financiamento de projetos, políticas e programas que houve a maior margem para a criatividade e a experimentação, haja vista a escassez de recursos diante das demandas da sociedade e da política. Nesse sentido, a última inovação é a Lei Federal nº 14.133 de 1º de abril de 2021, conhecida como "a NLL" – a nova lei de licitações e contratos administrativos –, que compila todas as inovações que foram surgindo desde o marco legal anterior, a lei nº 8.666/93, e introduz novos instrumentos que podem se desdobrar em outras inovações. A aplicação prática é ilustrada com um estudo de caso sobre o saneamento no Brasil, setor que está sendo um laboratório fecundo para testar novos modelos, novas leis, novas formas de financiamento e uma cultura de governança interinstitucional orientada pela inovação, ao mesmo tempo que se compromete com a Agenda 2030 – dos objetivos do desenvolvimento sustentável (ODS) – e a agenda corporativa *Environment, social and governance (ESG).*

PARTE II APRESENTA:

Capítulo 3 – O Cliente Cidadão: Transformações Digital e Cultural na Gestão

Este capítulo discute como a gestão pública deve se reinventar para acompanhar o comportamento e as necessidades desse novo modelo de cliente cidadão, buscando transformar a experiência e gerando satisfação não só para o cidadão isoladamente, mas também para toda a sociedade impactada. Cada vez mais é necessário aos entes públicos que entreguem experiências simples, eficazes e eficientes, concentrando as operações nas demandas que os cidadãos valorizam por meio de plataformas e parcerias para acelerar e escalar essas inovações; mostra também que o descompasso entre o setor privado e o público precisa ser minimizado, pois gera desapontamento entre cidadãos e os próprios profissionais que atuam no serviço público. Este capítulo trata o setor público como uma empresa, já que os passos para a Transformação Digital em ambos os setores são semelhantes; apresenta ferramentas que estão disponíveis para a implementação imediata na experiência do cliente/cidadão como os *chatbots*, que nada mais são do que robôs virtuais de atendimento. Essas ferramentas podem ser rapidamente implementadas por meio de parcerias com o setor privado.

Capítulo 4 – A Nova Agenda Urbana: Cidades Sustentáveis, Inteligentes e Resilientes

Neste capítulo discute-se a nova agenda urbana, cuja síntese são os Objetivos de Desenvolvimento Sustentável da Agenda 2030 das Nações Unidas, em especial o objetivo 11 – "tornar as cidades e comunidades mais inclusivas, seguras, resilientes e sustentáveis" (UNITED NATIONS, 2015). O ODS 11 norteia as normas da *International Organization for Standardization* – ISO, aqui incorporadas pela Associação Brasileira de Normas Técnicas na NBR ISO 37120:2021 – "Indicadores para serviços urbanos e qualidade de vida" (ABNT, 2021a), na NBR ISO 37122:2020 – "Indicadores para cidades inteligentes" (ABNT, 2020) e na NBR ISO 37123:2021 – "Indicadores para cidades resilientes" (ABNT, 2021b). Questões tais como política urbana, infraestrutura, mobilidade, serviços urbanos, mudanças climáticas, competitividade econômica, participação civil e desigualdades territoriais estão no núcleo desta discussão que estimula a compreensão, a conscientização e a mobilização em favor da melhoria de qualidade de vida das cidades brasileiras. Sustentabilidade, resiliência, inteligência e transparência são objetivos indissociáveis da gestão urbana contemporânea que se orienta por evidências e dados abertos para a sociedade.

PARTE III - APRESENTA:

Capítulo 5 – Gestão de Produtos Inovadores – O Cidadão no Centro das Estratégias

Este capítulo apresenta o conceito de gestão de produto, como o resultado do trabalho necessário para entregar um produto, serviço ou experiência. Um produto é tudo aquilo que tem a capacidade de satisfazer um desejo ou atender a uma necessidade. Mostra que é essencial compreender que a gestão de produtos na nova economia obedece a uma lógica do mundo digital, das mudanças rápidas, das respostas instantâneas, da transparência das informações, da simplicidade, da agilidade e inovação, sendo atributos para as transformações digital, cultural e organizacional. As transformações digitais estão cada vez mais presentes na vida de todos, e não seria diferente na relação entre empresas, governos e cidadãos. Destaca-se que a transformação na gestão para um provedor de serviços públicos ou privados proativo deve buscar constantemente entender as necessidades dos usuários dos serviços, trazendo valor e experiência de uso inovador para todos os cidadãos e demais partes interessadas. As transformações na gestão pública precisam manter um propósito claro e norteador em sua visão: criar um governo próspero e capaz de mudar a vida positivamente da sociedade.

Capítulo 6 – Gestão do Conhecimento para a Efetividade da Inovação no Setor Público

O objetivo deste capítulo é sensibilizar o leitor quanto à importância e às possibilidades que a gestão do conhecimento oferece no contexto da gestão pública, bem como desenvolver uma visão sistêmica dos conceitos e sua aplicabilidade de forma estratégica e contemporânea. Soma-se também fundamentação por meio de conceitos-chave, apresentação de ferramentas e práticas quanto à implementação da cultura de inovação no ambiente da gestão pública.

Capítulo 7 – Modelos e Fontes de Inovação e sua Aplicação nos Processos Organizacionais

Este capítulo apresenta como ocorre a geração de ideias para a inovação, estímulo para a inovação e as ferramentas que possibilitam o estímulo para a geração e desenvolvimento de ideias. Define as inovações incrementais e as inovações radicais e estabelece um comparativo entre elas, também destaca as inovações fechada e aberta, a inovação no contexto da gestão pública e as oito dimensões da gestão da inovação no setor público.

PARTE IV – APRESENTA:

Capítulo 8 – Mudanças Organizacionais para a Inovação na Gestão Pública

Neste capítulo propõe-se a criação de uma estratégia de mudança cultural robusta que seja assimilada pelos servidores e se transforme em estratégia da organização, desvinculada da mudança de gestão. Para que isso aconteça é necessária uma análise aprofundada da cultura organizacional, para entender todos os prós e contra das propostas de modernização do serviço público no Brasil. Destaca-se que qualquer processo de mudança para obter resultado deve levar em conta três variáveis que dizem respeito a pessoas, processos e infraestrutura. A variável pessoas que será tratada mais especificamente neste capítulo visa fortalecer por meio de processos que definem o perfil do gestor e o coloca em programas de educação continuada, para desenvolver competências a fim de preparar esse gestor para atuar na organização pública do século XXI.

Capítulo 9 – O Papel do Gestor Público no Ambiente de Inovação

Neste capítulo demonstra-se que, diante de cenários dinâmicos, de incertezas e de mudanças exponenciais, é inevitável que as organizações públicas empreendam, por meio de seus gestores, processos de transformação rumo à integração de atores para os desafios de inovação dos serviços públicos. Soluções inovadoras e efetivas, que produzam resultados que venham ao encontro dos interesses e das necessidades e expectativas de todos os atores envolvidos, exigem do gestor público habilidades diferenciadas de liderança para primeiramente se empoderar, compreender, inspirar, influenciar e engajar ao lidar com vários elementos e problemas complexos. Da hierarquização, que pressupõe o comando e controle observado em gestões centralizadoras e controladoras e que teve seu valor para estruturar o pensamento linear (surgido nas gerações BB e X), ao pensamento sistêmico, notado em modelos horizontalizados e mais orgânicos que propiciam novas dinâmicas e possibilidades de interações e iterações no trabalho (geração *millenials*). Diante disso, o gestor deve se apropriar da capacidade de liderar equipes multigeracionais, trazendo as forças positivas de cada um, com flexibilidade, direção, agilidade, autonomia, integração e autorresponsabilidade ou *accountability* (predisposição em assumir responsabilidade individualmente) e desenvolver equipes autogeridas, reverberando seu poder de inspirar e influenciar equipes por desafios e propósitos claros. *Feedbacks* constantes acentuam a geração de diálogos construtivos, prática que estimula o exercício da empatia e propicia a criação de ambientes relacionais de confiança, transparência e satisfação para gerar resultados positivos, tanto para as equipes quanto para os demais atores e partes interessadas.

PARTE V - APRESENTA:

Capítulo 10 – Proposta para a Implantação de um Sistema de Gestão da Inovação Conforme a Norma NBR ISO 56002-2020

Este capítulo apresenta as diretrizes da norma NBR ISO 56002: gestão da inovação – sistema da gestão da inovação – diretrizes, 2020 e uma proposta para sua implantação em uma organização. Essa proposta é subdividida em vinte passos, onde em cada um se destacam algumas ferramentas de apoio, além de especificar outras normas que ajudarão na implantação do sistema de gestão da inovação.

Os capítulos são apresentados de forma independente, assim o leitor não precisa fazer a leitura seguindo a sequência dos capítulos. Para alguns capítulos foram inseridos "Estudo de Caso" para contextualizar a teoria apresentada. O livro busca conscientizar o leitor para a urgência da implementação de mudanças para tornar efetiva a formação de uma cultura voltada para a inovação.

Alécio Fiel Filho
Carlos Eduardo Rodrigues
Maria das Graças Ferreira
Rosane Segantin Keppke

Sumário

Parte I

CENÁRIO DE GOVERNO DIANTE DAS DEMANDAS DA SOCIEDADE – A INOVAÇÃO PARA AS MUDANÇAS NECESSÁRIAS

Parte III

CONHECIMENTO, MÉTODOS, TECNOLOGIA E LEGISLAÇÃO PARA A EFETIVIDADE DA INOVAÇÃO

Parte IV

LIDERANÇA E MUDANÇA CULTURAL PARA INOVAÇÃO DA GESTÃO PÚBLICA

PARTE V

SISTEMA DE GESTÃO DA INOVAÇÃO

Parte I

CENÁRIO DE GOVERNO DIANTE DAS DEMANDAS DA SOCIEDADE – A INOVAÇÃO PARA AS MUDANÇAS NECESSÁRIAS

Capítulo 1

A Gestão Pública na Era da Inovação Continuada

Roberto Meizi Agune
José Antônio Carlos

INTRODUÇÃO

A sucessão ininterrupta de novidades tecnológicas colocadas no mercado, desde o final do século passado, mudou de forma disruptiva nosso modo de viver e trabalhar, provocando rápida transformação na maneira pela qual tocávamos nosso dia a dia. Fomos "expulsos" de uma zona de conforto na qual "sabíamos todas as respostas, até que o mundo cismasse de mudar as perguntas" (informação verbal)[1].

Imagine o que ocorreria caso você, leitora ou leitor deste livro, estivesse andando tranquilamente em uma esteira ergométrica a 5 km/h, sem inclinação, quando, de repente, uma mão invisível alterasse a velocidade para 13 km/h, no modo subida máximo. Poucos ficariam em pé.

Solavanco semelhante atingiu organizações privadas e governos acostumados a lidar com cenários previsíveis de pouca complexidade. Neste capítulo, procuraremos analisar o impacto desse "terremoto" sobre a gestão pública e apontar caminhos que nos parecem necessários para fazê-la retomar a caminhada na esteira, já agora em uma situação mais adversa, utilizando como método a inovação organizacional.

No item Por que a inovação de tornou imprescindível, iremos discorrer sobre os motivos que levaram a inovação a ser insumo indispensável para a sobrevivência das organizações privadas e governamentais.

[1] Citação de autoria desconhecida, frequentemente utilizada em palestras, debates e apresentações diversas.

No item A inovação organizacional como instrumento estratégico, detalharemos o que vem a ser inovação organizacional e demonstrar como sua utilização irá permitir o arejamento da gestão pública, qualificando-a para o enfrentamento de problemas complexos. Neste mesmo segmento, iremos discorrer por que essa mudança de rumo demanda o redirecionamento do radar do setor público, hoje calibrado para uma sociedade industrial que foi perdendo força nos anos mais recentes.

No item Passo a passo: a inovação organizacional na prática, vamos desenhar um passo a passo focado em 12 temas sensíveis, cujo manejo permitirá aos governos tirar a inovação do terreno das boas intenções, trazendo-a para o campo das atividades correntes.

No item Considerações finais pontuamos os principais conceitos expostos ao longo deste texto inicial.

No final do capítulo, apontamos as Referências contendo fundamentos, métodos, técnicas e exemplos sobre o tema deste capítulo.

Tenham uma boa leitura.

POR QUE A INOVAÇÃO SE TORNOU IMPRESCINDÍVEL

– O senhor está com algum problema?
– Estou procurando a chave de casa.
– Ela caiu perto desse poste?
– Não, ela caiu ali na frente da minha porta.
– E por que o senhor está tentando achá-la aí?
– É que lá está muito escuro.

Anedota de Autor Desconhecido

Embora tenha tido início na Inglaterra durante o século XVIII, a Revolução Industrial só começou a ganhar maior vulto a partir de meados do século XIX, quando importantes avanços tecnológicos, mais fortemente concentrados nas áreas de eletricidade, metalurgia, química, farmacêutica e transportes, impulsionaram o surgimento de novos produtos e serviços. Além disso, nessa mesma época, ela ultrapassou os limites da Inglaterra e começou a se espalhar por outros países – França, Bélgica, Japão, Holanda, Alemanha e Estados Unidos – de modo mais agudo nesses dois últimos.

Uma aceleração consistente da produtividade propiciada por tantos avanços tecnológicos ainda carecia, no entanto, de um método próprio, um jeito de fazer as coisas bem distinto do praticado na longa era agrícola que antecedeu a Revolução Industrial.

Este salto se cristaliza no início do século XX, a partir de métodos e técnicas concebidos por Frederick Taylor[2], cuja aplicação propiciou a espantosa elevação de 50 vezes na produtividade industrial ao longo do século XX (North, Gueldenberg, 2011, p. xii). Na mesma época, Jules Henry Fayol[3] concebeu princípios que passaram a dar organicidade aos trabalhos dos escritórios. Esses senhores e seus seguidores criaram uma escola de pensamento que moldou a nascente sociedade urbano-industrial, trazendo dentro dela riqueza e prosperidade não observadas até então.

Esse modelo, altamente exitoso, começa a perder efetividade, no entanto, no último quartel do século XX, esse efeito se acentua quanto mais adentramos no século XXI. A causa dessa queda está associada ao surgimento de dois choques: o tecnológico e o metodológico.

Choque tecnológico

A partir dos últimos 25 anos do século passado, o mercado passou a ser contínua e crescentemente inundado por uma nova geração de recursos tecnológicos, utilizando componentes eletrônicos cada vez menores, de mais baixo custo, potentes e integrados, que viabilizaram o surgimento dos microcomputadores, cuja expressão mais visível é representada pelo surgimento da Apple, e pelo aparecimento da indústria do *software*, que tem na Microsoft seu mais importante ícone. Essas duas empresas, somadas a diversas outras que foram surgindo dentro do mesmo segmento, levam, pela primeira vez, o processamento de dados para fora dos gelados e especializados Centros de Processamento de Dados, os CPDs. O foco da indústria se desloca, agora, para o usuário comum, nas organizações e em suas próprias casas.

[2] Engenheiro mecânico norte-americano, considerado o pai da Administração Científica do Trabalho. O taylorismo, conjunto de métodos e ferramentas por ele desenvolvidas, revolucionou a atividade industrial a partir do final do século XIX (1856-1915).

[3] Engenheiro de minas, francês. Suas principais ideias expostas no livro, "Administração Industrial e Geral", o levaram a ser reconhecido como fundador da teoria clássica da administração (1841-1925).

Mas a tempestade estava apenas começando. A contínua queda dos custos de processamento, armazenamento e comunicação, aliada à facilidade de uso desses recursos abrem caminho para o surgimento do maior marco dessa temporada de revoluções, a *internet*, um recurso primeiramente concebido com fins militares, depois aperfeiçoado dentro da academia e, na sequência, utilizado comercialmente. Os equipamentos que se espalham pelo mundo podem agora trabalhar em rede, independentemente de sua distância física, viabilizando o surgimento de novos negócios, muitos deles de cunho global, e das mídias sociais, canal inédito que permite a todos os cidadãos, para o bem e para o mal, a criação e veiculação de conteúdos próprios, a troca de ideias e a manifestação de opinião.

Finalmente, dentro do período de análise coberto por este texto, o prosseguimento da miniaturização faz surgir a telefonia celular, colocando na mão de cada usuário uma máquina multimídia com capacidade de processamento superior aos primeiros CPDs do século passado. Temos agora o computador de bolso e o universo ao alcance dos dedos.

Choque metodológico

Tal como sucedeu no caso da Revolução Industrial, as novas tecnologias surgem antes de um método próprio que melhor as utilize. No caso desses novos instrumentos, que começamos a dispor a partir do fim do século passado, o primeiro movimento foi aplicar sobre eles os métodos e técnicas concebidos para a indústria.

Essa abordagem, no entanto, tem-se mostrado inadequada, amesquinhando o poder inovador das novas tecnologias. Para entender por que isso ocorre é preciso perceber que vivemos hoje uma rápida transição entre a era industrial, na qual recursos financeiros e materiais, bens tangíveis, circunscreviam seu uso a um número muito pequeno de organizações, para ingressar em uma nova era, a do conhecimento, conjunto de bens intangíveis, profundamente vinculados à qualificação e à criatividade dos usuários, que mesmo desprovidos de recursos financeiros e materiais podem criar, do dia para a noite, empresas milionárias que desbanquem organizações tradicionais calcadas no antigo modelo mental.

A evolução do valor patrimonial das 500 maiores empresas, preparado pela agência *Standard and Poor's*, o S&P 500, mostra quão drástica foi essa mudança. Em 1975, o valor patrimonial das empresas era composto em

83% pelos ativos tangíveis, cabendo aos intangíveis meros 17%. Passados 40 anos, esse quadro se inverteu de forma dramática. Em 2015, o patrimônio das organizações vinculados aos bens tangíveis despencou para 16%, cabendo aos intangíveis 84% (informação verbal)[4].

O grande desafio que se coloca com o avanço da economia do conhecimento é, portanto, criar métodos e técnicas apropriados que elevem a produtividade do trabalho voltado para a produção dos bens intangíveis com o mesmo dinamismo obtido pelo trabalho manual no início do século XX.

Segundo Peter Drucker, o mais influente pensador da teoria da administração pós-industrial, que cunhou a expressão trabalhador do conhecimento para definir um novo tipo de função na qual o colaborador, mais do que seguir rotinas previamente definidas pela alta gestão, seria valorizado pela sua capacidade de antever situações e propor alternativas, utilizando para isso seu capital intelectual que, ao contrário das máquinas e demais insumos, levaria consigo para casa sempre que deixasse o ambiente de trabalho.

Em outras palavras, não cabe submeter o trabalhador do conhecimento, como ainda faz uma expressiva parcela dos dirigentes e gerentes atuais, às métricas criadas por Taylor, Fayol e seus seguidores, baseadas na linha de montagem, produção em escala, especialização, departamentalização etc., e esperar ganhos de produtividade semelhantes. O novo trabalhador demanda novas técnicas e métodos de trabalho, muitas delas ainda em desenvolvimento e/ou amadurecimento, apontadas no item A inovação organizacional como instrumento estratégico.

Esse modelo mental pós-industrial que impulsionou e viabilizou economicamente o surgimento de pequenas empresas, tais como Apple, Microsoft e Google, por exemplo, que logo viraram líderes de mercado, tem como fio condutor a transformação dos computadores de meras máquinas de fazer contas em lúdicos ambientes multimídia, que abriram caminho para que um infindável número de jovens criativos transformasse seus sonhos em negócios rentáveis na área do comércio eletrônico, comunicação, entretenimento, só para citar alguns. Essa drástica mudança foi muito bem retratada por Brian Chesky[5], ao afirmar "costumávamos

[4] Dados colhidos na palestra "Desenvolvimento Movido a Conhecimento", proferida por Beto do Vale, em 2014, na Amcham, em Porto Alegre e por nós atualizado para o exercício de 2015.

[5] Designer norte-americano, cofundador e presidente da Airbnb.

viver em um mundo onde existiam pessoas e empresas. Agora vivemos em um mundo onde as pessoas podem virar empresas em 60 segundos" (informação verbal)[6].

Como o setor público tem reagido a esses dois choques?

Os governos, tal como a maioria das organizações privadas, têm tido dificuldade em compreender a acentuada mudança nos ventos. Desligar um modelo mental, que deu certo por muitas décadas, não é simples como descartar uma máquina que não mais nos interessa. Uma parte substantiva do arcabouço cognitivo e cultural tem que ser revista, o que consubstancia um esforço árduo e complexo, tão difícil como inevitável, dado que o "gato subiu no telhado".

Infelizmente, a gestão pública tem sido lenta em compreender e responder a esses dois choques. A primeira resposta ao novo foi desincentivar o uso dos microcomputadores, muitas vezes taxados de brinquedos sem maior importância organizacional, dificultar o acesso à *internet*, ora alegando nebulosas questões de segurança, ora mencionado que o acesso à rede se prestava para distrair o funcionário, afastando-o da rotina e, mais recentemente, proibir o acesso às mídias sociais, também entendidas como recurso diversionista.

Embora esses padrões patológicos sejam aos poucos superados, outros equívocos virão, enquanto os governos persistirem em trabalhar de forma hierárquica e segmentada em um mundo que trabalha cada vez mais em rede.

Comprovando esse cenário, no final de 2020, pela primeira vez, mais de 51% da população mundial, cerca de 4 bilhões de pessoas, passaram a utilizar a *internet* móvel (*GSM Association*, 2021, p. 13, fig. 2) criando um poderoso canal de representação e pressão sobre organizações e governos.

O trabalhoso caminho para superação deste quadro, na visão dos autores deste capítulo, está na adoção da inovação organizacional, cuja definição e aplicação serão tratadas em detalhe na sequência deste capítulo. Com sua implantação será possível redirecionar o radar governamental, hoje focado em controles desnecessários, excesso de caixinhas, visão frag-

[6]Citação feita na entrevista *The 'Sharing Economy' and Its Enemies*, concedida ao WSJ – *Wall Street Journal*, em 17 de janeiro de 2014.

mentada e na concentração do conhecimento para, ao contrário, acompanhar temas vinculados a internalização da inovação, incorporação de novos saberes, adoção de métodos e técnicas que estimulem a criatividade e na valorização da cidadania. Pensamos que, sem puxar o cabo de guerra para o lado do novo, por mais desafiadora que seja essa missão, os governos continuarão a procurar a chave ao lado do "poste".

A INOVAÇÃO ORGANIZACIONAL COMO INSTRUMENTO ESTRATÉGICO DE MUDANÇA

A maioria das organizações não morre por fazer as coisas erradas, e sim por insistir em fazer as coisas certas por um período demasiadamente longo (informação verbal)[7]

Yves Doz[8]

Quando falamos em inovação, a primeira ideia que nos vem à mente é ligá-la ao avanço tecnológico. De fato, essa palavra esteve ao longo da história umbilicalmente associada à tecnologia, sendo definida como a implementação de um produto (bem/serviço) ou processo (grupo de atividades realizadas numa sequência lógica) novo ou significativamente melhorado.

Embora essa definição permaneça válida até os dias atuais, em 2005, a inovação teve seu entendimento ampliado para adequar-se aos parâmetros da emergente economia do conhecimento. Duas outras formas de inovação, a organizacional e a de *marketing*, são definidas (OCDE, 2005, p. 61 e 68). Dado o escopo deste capítulo, é sobre a primeira delas que concentraremos nossa atenção.

O que é a inovação organizacional

A inovação organizacional compreende a introdução de estruturas organizacionais significativamente alteradas; a implantação de técnicas de

[7] Citação feita em reunião do novo Clube de Paris, maio de 2009.

[8] Acadêmico, palestrante e escritor. Foi professor de gestão estratégica com foco na inovação no *Insead, Institut Européen d'Administration des Affaires*, onde trabalha até hoje. (1947-)

gerenciamento avançado; e a implantação de orientações estratégicas novas ou substancialmente alteradas (OCDE, 2005, p. 62).

Em função dessas premissas, podemos vislumbrar cinco grandes objetivos para a inovação organizacional no contexto governamental:

a) Abrir as janelas do setor público para o futuro.
b) Estimular a satisfação do servidor, maior detentor do capital intelectual que conduz à inovação, no local de trabalho.
c) Melhorar o acesso do governo ao conhecimento externo.
d) Reduzir custos (administrativos, de transação, de suprimentos, entre outros).
e) Garantir a representatividade dos governos, incorporando em sua rotina o saber emanado da cidadania.

A adoção da inovação organizacional como mola propulsora para a melhoria da gestão pública está longe de ser um desafio tranquilo, pois, como já mencionamos antes, os governos ainda estão muito presos ao modelo mental da era industrial, cujo descarte não se dá por decreto, envolvendo, antes, um arranjo bem circunstanciado de providências que promova uma compreensão do verdadeiro sentido da inovação.

A inovação continuada

Para complicar o cenário, incorporar a inovação no "mundo" governamental tornou-se um desafio ainda maior, na medida em que o incessante círculo virtuoso gerado no campo das tecnologias atuou sobre as ondas de inovação, anteriormente bem espaçadas no tempo, tornando-as cada vez mais próximas umas das outras, até transformar a inovação no fenômeno contínuo vivenciado nos dias atuais.

A complexidade pede passagem

Quando batemos no mesmo "liquidificador" conceitual mudanças aceleradas, baixo grau de previsibilidade, globalização e multiplicidade de canais de manifestação temos como "suco" resultante problemas complexos e interligados que requerem para seu entendimento e enfrentamento ações criativas de alcance transdisciplinar que misturem diversos saberes.

Alguns exemplos. Um tsunâmi no Japão paralisa uma indústria automobilística no interior de São Paulo. Um conflito armado entre Rússia e Ucrânia eleva os índices inflacionários em todo o mundo. A construção de uma estrada, dados os seus impactos ambientais e no uso do solo, dificilmente se esgotará na área que "manda" nos transportes. O combate ao narcotráfico não terá êxito se conduzido exclusivamente pela área de segurança pública. Derrubar uma árvore sem escutar a comunidade envolvida pode levar a conflitos e ao atraso de cronogramas e, consequentemente, ao desperdício de escassos recursos públicos.

Embora casos semelhantes estejam cada vez mais à nossa frente, vamos parar por aqui, caso contrário, esgotaríamos o espaço dedicado ao nosso capítulo. Convidamos as leitoras e leitores, no entanto, a refletir sobre casos análogos observados no dia a dia, para tornar mais clara a percepção de que a submissão da complexidade a uma visão estritamente setorial não trará bons resultados.

Por que os governos têm dificuldade em perceber a complexidade

Se exemplos da invasão da complexidade não faltam, por que os governos têm dificuldade em enxergá-la e atacá-la de modo efetivo? Segundo nosso julgamento, essa dificuldade está associada a cinco fatores centrais.

Hierarquia

A hierarquia é a expressão mais forte da divisão entre quem pensa, quem manda e quem executa. Este desenho organizacional adotado pelas empresas a partir do início do século XX foi se ampliando com o passar dos anos, na medida em que se tornou um dos principais alicerces da melhoria na produtividade de uma economia de massa, centrada na produção de bens materiais, altamente padronizados, dependentes de pesados investimentos em bens de capital. O saber, neste modelo, fica concentrado em poucos cérebros no alto da pirâmide, que se incumbiriam de definir prioridades, estruturas, métodos de trabalho. Abaixo deste segmento vão se distribuindo funções cuja qualificação e autonomia diminuem rapidamente conforme se caminha para a base da pirâmide. Nos dias atuais, de mudanças rápidas, tecnologias baratas, *softwares* poderosos e demandas sociais explosivas, esta estrutura rígida de comando e controle começa a entregar menos benefícios e a amplificar os problemas, dando lugar, por isso, a estruturas mais enxutas e flexíveis. No caso particular da administração pública, na qual a proliferação de níveis hierárquicos é quase que uma marca registrada, esse excesso de caixinhas dificulta a percepção das mudanças aceleradas que ocorrem no "mundo real", alterações estas que vão gerar problemas de alta complexidade que, via de regra, irão surpreender e deixar atônitos os governos.

Mais que isso, essa estrutura hierárquica teoricamente concebida para racionalizar a ação governamental irá, ao contrário, segundo Edgar Morin[9], "estimular o alheamento e a corrupção, na medida em que dificulta a responsabilização pessoal, desestimula o comprometimento e mata a solidariedade, três princípios básicos do serviço público" (informação verbal)[10].

Setorialização

As competências e os serviços governamentais foram, ao longo do tempo, sendo subdivididos em unidades cada vez mais especializadas, dando origem a um contínuo aumento no número de ministérios, secretarias, diretorias, departamentos, autarquias, empresas de economia mista, fundações etc.

Esse movimento que pretendia evidenciar e priorizar algumas funções e serviços governamentais acabou, ao contrário, na imensa maioria dos casos, apenas ampliando os recursos destinados às atividades-meio, sem promover a melhoria na prestação desses serviços.

Mais recentemente, com o aumento da complexidade e consequente inter-relação dos problemas enfrentados pelos governos (saúde, educação, sustentabilidade, combate ao tráfico, mobilidade, zeladoria urbana, só para citar alguns segmentos), ficou praticamente impossível estabelecer limites setoriais para ações que requerem tratamento multidisciplinar, o que torna a expansão de unidades ainda mais inócua.

Especialização

A setorização acaba por estimular outra forte característica da era industrial, qual seja a especialização. Certos problemas só podem ser tratados

---

[9] Antropólogo, sociólogo e filósofo francês (1921).

[10] Ideia desenvolvida na palestra "Podemos Reformar a Administração Pública?", apresentada no XI Congresso Internacional do *Centro Latinoamericano de Administración para el Desarrollo* (CLAD), dedicado a Reforma do Estado e da Administração Pública. Madrid, 2004.

por profissionais altamente especializados naquilo que fazem. Também, aqui, o passar dos tempos e a sofisticação da economia começaram a comprometer essa postura. Na medida em que os problemas foram se tornando mais complexos e interligados, vai caindo a possibilidade de serem atacados, de forma efetiva, a partir de um só saber, por mais qualificado que seja quem o detém. A especialização, que no início do processo industrial gerou ganhos extraordinários de produtividade, já comentados anteriormente, não produz os mesmos resultados para problemas complexos, nos quais a visão sistêmica passa a ser essencial.

Nos governos, o fracasso das ações que desconsideram uma visão mais compreensiva dos problemas tem levado a seu contínuo agravamento. Saúde, educação, segurança pública, só para citar alguns setores, abrigam questões que não podem ser tocadas por especialistas de cada uma das áreas, por mais traumático que isso possa parecer.

Defasagem do arcabouço legal

O setor público, no exercício de suas funções, foi gerando ao longo dos tempos um enorme conjunto de leis, decretos, normas, resoluções e outros diplomas legais que tendem a protegê-lo de desmandos, incentivar ou coibir atividades etc.

Também, aqui, a mudança rápida de cenários, a sofisticação da sociedade, a desmaterialização da economia, a globalização e a explosão de novos modelos de negócios provocam contínua perda do poder de regulação desses instrumentos que não mais conseguem acompanhar a dinâmica dos fatos, criando um perigoso descompasso entre o que é enxergado e monitorado e o novo, não percebido.

Incapacidade de entender a tecnologia como instrumento estratégico

Nossa experiência como gestores públicos mostra que a maioria dos governos enxerga a inovação sobre a óptica reducionista da eliminação de papéis e da automação. Inovar, segundo essa percepção falaciosa, significa utilizar computadores modernos e *softwares* de ponta sem, anteriormente, debruçar-se sobre os objetos escondidos por trás da papelada e sem promover uma revisão crítica desses processos. Três perguntas devem anteceder a tentação de usar fachadas tecnológicas bonitas:

a) A papelada que transita de mesa em mesa antes de ser digitalizada foi submetida ao crivo de sua efetiva necessidade, à luz da nova agenda governamental, ou, como alerta o professor e Ministro do TCU Aroldo Cedraz, transformou-se em burocracia 100% digital?

b) E os processos já automatizados são efetivamente necessários ou referem-se a controles burocráticos que consomem um enorme valor de horas-homem, desvinculados das atividades finalísticas?

c) Os processos existentes captam as novas demandas e a complexidade da agenda dos governos ou são caixinhas que criam mais barreiras entre o governo da cidadania?

A eliminação de papeis, embora fundamental, é apenas a ponta do iceberg. Abaixo dele estão escondidas as causas mais profundas que impedem o Estado de ir mais a fundo neste tema. Tecnologia hoje é arma de mudança e criatividade e não mero instrumento de automação.

Em síntese, essas cinco características somadas acabam gerando uma máquina pública pesada, excessivamente burocratizada, autocentrada e inibidora da mudança, incapaz de perceber e acompanhar a profundidade e a velocidade de uma sociedade complexa e plural e uma economia cada vez menos alavancada por bens tangíveis.

O radar das preocupações governamentais apresentado na figura I-1 resume graficamente a situação que abordamos.

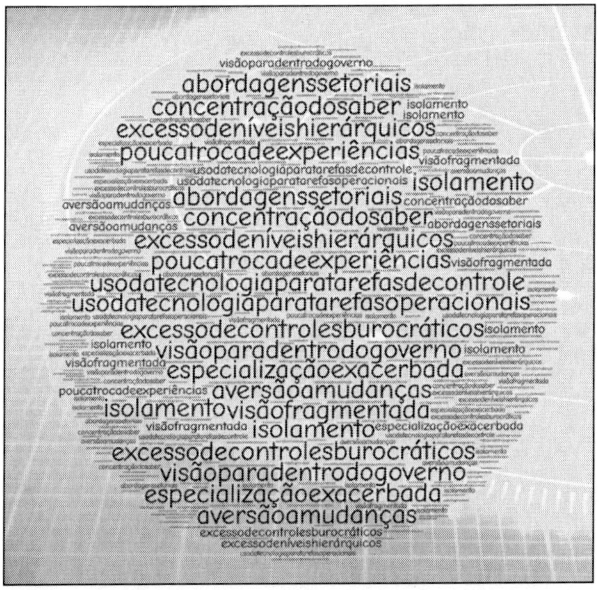

Figura I-1 ■ Radar voltado para trás. **Fonte**: Ilustração concebida pelos autores.

Trocando os radares

A proposta expressa neste capítulo é utilizar a inovação organizacional para remontar o setor público de modo a transformar burocracias enfadonhas em rotinas criativas atentas aos quadros disruptivos que moldam o mundo atual.

Para isso, há que se trocar o radar da figura I-1 por outro que visualize as mudanças e explicite os desafios a serem enfrentados pela gestão pública moderna. Uma engrenagem voltada para o presente, mas sintonizada com futuro, que otimize a cada momento a alocação dos recursos financeiros, materiais e humanos é útil para tratar o que de fato importa, ou seja, derrubar o muro que separa governo e sociedade. Devem compor esse "observatório" temas emergentes apontados na figura I-2.

Esse novo radar não deverá, ao contrário do anterior, é importante destacar, fornece um retrato estanque e sim articular fluxos que se alteram continuamente. Sem essa preocupação, a autarquização rapidamente retomará o controle da situação. Não esqueçamos que a inovação agora é continuada.

No próximo item deste capítulo, apresentaremos um passo a passo pormenorizando as 12 providências que julgamos serem necessárias para

Figura I-2 ■ Radar a ser implementado. **Fonte**: Ilustração concebida pelos autores.

tirar a inovação governamental do campo do discurso, transformando-as em um articulado conjunto de medidas correntes. Enxergar esse radar será missão de cada servidor, qualquer que seja seu nível hierárquico, devendo aparecer na tela de cada computador, estação de trabalho, *laptop*, *tablet* ou telefone celular a serviço do governo. A inteligência coletiva do governo é a soma das habilidades de cada funcionário, que irá se transformar em agente de inovação, abandonando burocracias presas ao retrovisor.

PASSO A PASSO: A INOVAÇÃO ORGANIZACIONAL NA PRÁTICA

Dê-me uma alavanca e um ponto de apoio que moverei o mundo.

Arquimedes[11]

Implantar a inovação organizacional, como já vimos nos itens anteriores deste capítulo, não é tarefa simples de tocar, não é mais um projeto ao acaso. A luta entre um passado que já foi glorioso e um futuro recheado de incertezas será muito renhida, principalmente enquanto a necessidade da criação de um novo modelo mental ajustado às demandas das novas economias, tecnologia e cultura não for suficientemente percebida pelo setor público.

Ainda que esse seja um embate difícil de ser travado, não pode mais ser postergado, pois as mudanças "atacam" os governos por todos os lados. Se aceitarmos essa premissa como válida, o próximo passo será enxergá-la e criar uma nova rotina mais adequada para seu enfrentamento que restitua ao estado a efetividade que foi sendo drenada ao longo dos últimos anos. Essa, em síntese, é a ideia subjacente ao radar cuja montagem estamos propugnando.

Para facilitar essa montagem e transformar esses conceitos em ações concretas construímos um passo a passo composto por 12 conjuntos articulados de temas com variados graus de complexidade. Chegamos até esse desenho, que certamente irá sendo recalibrado ao longo do tempo, com base em nossa experiência de mais de 40 anos de trabalhos em go-

[11] Arquimedes de Siracusa foi filósofo, matemático, engenheiro, físico, inventor e astrônomo grego (287 a.C.-212 a.C.).

verno, nos quais os erros e acertos cometidos nos ajudaram a perceber a complexidade e a necessidade de recalibrar nosso modelo mental.

O *check list* por nós montado está assentado em 12 temas âncora:

1. Planejamento.
2. Governança.
3. Arcabouço legal.
4. Tecnologias de apoio à inovação.
5. Ferramentas de apoio à inovação.
6. Cultura.
7. Habilidades.
8. Rotina criativa – a inovação na prática.
9. Recompensas.
10. Métricas.
11. Relação com o ecossistema de inovação.
12. Relação com a cidadania.

Os 5 primeiros temas, os denominamos como fundamentos. Eles constituem os alicerces para perceber e viabilizar a implantação da inovação organizacional.

Os 5 temas seguintes procuram incentivar a criatividade estabelecendo uma ponte entre os problemas complexos a serem enfrentados e os saberes e práticas necessários para atacá-los de forma exitosa.

Os 2 últimos referem-se às medidas a serem estabelecidas para aproximar o governo com parceiros estratégicos no campo da inovação.

Como estamos em um cenário de mudanças aceleradas com inovação continuada, esses temas irão se retroalimentando ao longo do tempo, mudando prioridades e incorporando novidades de interesse. Nada deverá escapar ao radar, cuja recalibragem será sempre contínua como a própria inovação.

Embora os 12 temas devam ser atacados simultaneamente, o serão com nuances distintas, com maior carga inicial na construção dos fundamentos sem os quais os demais temas não conseguirão vingar.

É importante mencionar que esse passo a passo pode ser utilizado por órgãos[12] dos 3 níveis de governo. Pode ser implementado também nos poderes legislativo e judiciário. Quanto maior o número de unidades de cada órgão, mais complexo será o caminho a trilhar.

---

[12] Ministérios, secretarias, empresas públicas, autarquias e fundações.

A figura I-3 permite uma visão gráfica desse conjunto.

Figura I-4 ■ Doze temas para um novo governo. **Fonte**: Ilustração concebida pelos autores.

Concluindo este subcapítulo, vamos discorrer pormenorizadamente sobre cada um desses 12 temas.

Planejamento

Por que inserir no radar?

A inserção da inovação no planejamento das ações de cada órgão será o primeiro passo para a viabilização dessa dimensão dentro da entidade.

Passo a passo para a implementação:

a) Tudo se inicia com a tarefa de "vender o peixe" da inovação. Cabe ao moderno gestor público sensibilizar os dirigentes, inclusive aqueles que exercem cargos políticos, para a importância da inovação organizacional, como instrumento para a melhoria na qualidade nos serviços atribuídos ao órgão.

b) Essa sensibilização deve evitar, ao máximo, o uso de linguagens cifradas, enfatizando como a priorização da inovação organizacional impulsionará as competências e o prestígio da entidade.
c) O esforço de "venda" deve servir-se de todos os caminhos possíveis, desde a chamada de atenção para o tema em quaisquer reuniões internas até a produção de documentos mostrando o estado da arte da questão e exemplos de casos de sucesso em outros órgãos de governo dentro e fora do país.
d) Identificar projetos inovadores que possam servir de piloto para exemplificar os ganhos da modernização para a entidade.
e) Na sequência da sensibilização, virá a viabilização financeira das medidas necessárias para trazê-las para a realidade. Isso se dará com a criação, consideradas as limitações de cada entidade, de uma rubrica transversal denominada inovação organizacional que deverá estar integrada ao Plano Plurianual (PPA) da entidade, fixando metas, prazos, recursos humanos e materiais necessários para tocar essas ações inovadoras, que deverão estar amarradas a problemas concretos da administração que se pretenda atacar.
f) Como reforço para "venda" da inovação organizacional, em adendo aos recursos próprios, será de todo recomendável buscar linhas de finaciamento a fundo perdido ou com contrapartida do pleiteante, disponibilizadas por outras esferas governamentais, empresas privadas, governos estrangeiros ou fundações internacionais.

Governança

Por que inserir no radar?

Cumprida a batalha de viabilizar recursos para projetos de inovação, a etapa seguinte consiste em criar uma estrutura de governança que tenha como atribuição pensar a inovação, articular pessoas, transformar ideias e propostas em projetos e/ou atividades em cada órgão. Vale lembrar que essa estrutura, embora leve, deve ter agendas e cronogramas bem definidos. Ausência contínua de quórum indica que algo vai mal e a inovação tende a sucumbir.

Passo a passo para a implementação

a) Para que a inovação comece a ganhar forma não há necessidade de criar estruturas mais rígidas que dependam de alterações profundas em organogramas e aprovação de órgãos de controle externos.
b) Nossa recomendação aqui é criar um "GEI – Grupo Estratégico de Inovação" que possa articular recursos humanos já disponíveis na casa em torno de programas, projetos e atividades inovadoras, sem remuneração adicional.
c) Devem integrar esse grupo funcionários que acreditem na necessidade de inovar e modernizar a gestão e que se disponham, com a anuência de suas chefias, a alocar parte de suas horas para levar avante as tarefas definidas no grupo.
d) Dado o caráter estratégico desse grupo multidisciplinar, sugere-se que ele esteja vinculado e/ou tenha acesso direto à alta gestão da entidade e a lideranças políticas, sinalizando que esses elementos creem e prestigiam ações transformadoras. Essa montagem deve envolver a busca de quadros que atuam no planejamento, coordenação ou integração de projetos; que estejam alocados em eventual área dedicada a inovação, desenvolvimento ou tecnologia; de lideranças e formadores de opinião internos; e, em face das inéditas e profundas mudanças da legislação sobre contratação de projetos inovadores, será de todo conveniente a participação nesse colegiado de representante do setor jurídico.
e) Recomendamos, também, que esse grupo possua uma secretaria executiva, a quem competirá definir a agenda e o cronograma dos trabalhos.
f) Outra tarefa importante no campo da governança consiste na identificação de "Grupos Estratégicos de Inovação" já existentes em outros órgãos públicos que possam colaborar na troca de experiências.

Arcabouço legal

Por que inserir no radar?

Uma das maiores dificuldades para levar avante projetos de inovação no setor público está no fato de que muitas das iniciativas pretendidas, dadas as características dessa dimensão, que envolve objetos mais fluidos, terminologias não contempladas e o risco de experimentações nem sempre exitosas, esbarram na legislação que regula ajustes e procedimentos típicos do setor público que até muito recentemente desestimulavam ou mesmo impediam a contratação de projetos inovadores. Por isso mesmo, mudanças muito recentes e ainda pouco percebidas e assimiladas no campo da inovação devem, mais do que nunca, integrar o radar do gestor de tecnologia.

Passo a passo para a implementação

a) A inserção da inovação no planejamento e a criação de estruturas de governança recomendadas nas fichas anteriores, embora mandatórias, não são suficientes para garantir a implantação de projetos inovadores.
b) É fundamental conhecer a legislação que rege o setor de inovação, que está passando por inéditas e profundas transformações, ainda pouco conhecidas pelos gestores públicos.
c) Cabe ao gestor público, mesmo que não domine o jargão típico desse conjunto de regulações, saber quais são esses instrumentos e que portas eles podem abrir para novas modalidades de contratação.
d) Encaixam-se diretamente nesse caso: o marco legal de ciências, tecnologia e inovação, a nova legislação de licitações e contratos e o marco legal das *startups*.
e) Há ainda necessidade de se conhecer o impacto de legislações complementares que possam, em alguns casos, interferir em minúcias dos projetos de inovação, tais como lei geral de proteção de dados pessoais, marco civil da *internet*, lei de governo digital, lei das empresas estatais, lei anticorrupção, lei de acesso à informação e lei da transparência.
f) Recomenda-se, ainda, que o gestor público envolvido com esse desafio troque continuadamente ideias com profissionais de dentro da casa ou de outros órgãos de governo que já tenham vivenciado a contratação de projetos de perfil inovador para identificar gargalos e formas de superação desses obstáculos.

Tecnologias de apoio à inovação

Por que inserir no radar?

Em nenhum outro momento da história da computação, gestores e usuários tiveram à sua disposição um conjunto tão amplo e diversificado de recursos tecnológicos. O diferencial, nesse momento de mudanças aceleradas, é que muitas dessas novas tecnologias vão além do seu papel tradicional de promover melhorias continuadas na área de sistemas, surgindo como ferramentas de alto potencial disruptivo, reformatando e ampliando a entrega de serviços e viabilizando mudanças profundas no plano organizacional.

Passo a passo para a implementação

a) Identificar atividades que existem e podem ser fortemente melhoradas ou que ainda não foram implementadas por restrições financeiras, tais como a montagem de:
   - Salas de situação.
   - Laboratórios de inovação.
   - Miniestúdios que permitam a realização de reuniões virtuais, *podcasts*, *lives*, bem como a gravação e publicação de eventos nas mídias sociais.
b) Idealizar e formatar soluções tecnológicas que ampliem e rotinizem a presença virtual do governo junto à população para o fornecimento de informações ágeis referentes a eventos rotineiros (campanhas de vacinação, programas culturais etc.) ou fortuitos (greves, enchentes, auxílio social etc.).
c) Idealizar e formatar soluções tecnológicas que viabilizem e padronizem atividades de *home-office*.
d) Idealizar e formatar soluções tecnológicas que promovam a integração das equipes espacialmente dispersas e que estimulem a multidisciplinaridade.
e) Entre os recursos de *hardware* necessários para muitas dessas funções destacamos: câmeras de alta definição, microfones, fones de ouvido, falantes, fibra óptica e computadores dedicados que viabilizem as ações acima.
f) Garantir a integração desses elementos diante da chegada dos serviços 5G.
g) É importante lembrar que a aquisição e a operação desses recursos tecnológicos devem estar sempre atrelados a políticas públicas, bem como a um plano estratégico de Transformação Digital.

Ferramentas de apoio à inovação

Por que inserir no radar?

Os recursos tecnológicos, referidos no item anterior, demandam ferramentas que habilitem seu uso padrão. Elas conformam uma infraestrutura básica que alimenta as mencionadas tecnologias, que abordaremos no passo a passo a seguir.

Tais facilidades, no entanto, podem e devem ir adiante, expandindo seus horizontes. Esse segundo nível, mais aprofundado, demanda mudanças de modelo mental e aprofundamento cognitivo que iremos tratar no próximo tema.

Passo a passo para a implementação

Para promover o passo a passo para adoção das ferramentas que compõem essa área de atenção, convém dividi-las em 4 categorias principais:

a) Ferramentas dedicadas à realização de reuniões virtuais, ou seja, o encontro de pessoas fisicamente dispersas com uma pauta comum, prazos predefinidos e possibilidade de gravação e compartilhamento de documentos. Como exemplo de ferramentas nessa modalidade podemos citar: Google Meet, Microsoft Teams, Zoom e Skype.
b) Programas para a realização de trabalhos a distância. Nessa modalidade o gestor deve viabilizar a utilização remota e oficial dos mesmos recursos utilizados na sede da entidade. Existem ainda soluções mais ambiciosas que permitem o redesenho de processos. Um exemplo de *software* é o Pipefy.
c) Instrumentos para a realização de *lives*. Os programas mais utilizados nessa função são o YouTube e o Twitch, embora, com a popularização dessa forma de comunicação, novas opções estão sendo continuamente introduzidas no mercado.
d) Aplicativos para a realização de *podcasts*, conteúdo de áudio que podem ser disponibilizados pela *internet* e ouvidos a qualquer momento, usando agregadores como Spotify, Apple Podcast, Google Podcast, Deezer, entre outros.

Em qualquer uma dessas categorias, quaisquer que sejam as soluções que venham a ser adotadas, é importante destacar a necessidade de viabilizar assinaturas oficiais para esses diversos serviços, bem como adotar providências para que os dados transitem em ambiente altamente seguro.

Cultura

Por que inserir no radar?

Inovação é sinônimo de mudança nas regras do jogo e inovação disruptiva é sinônimo de mudança de jogo. Com essa premissa presente, há que se compreender que as novas tecnologias só ultrapassam a fronteira do fazer mais rápido ingressando nos limites do fazer diferente, quando combinadas com mudanças culturais profundas que permitam enxergar esse cenário de ruptura. Dentro desse quadro, é importante destacar a necessidade de primeiro compreender o novo jogo e, depois, promover ações que estimulem mudanças de modelo mental que permitam ao órgão utilizar, em toda sua plenitude, o poder inovador trazido no bojo das modernas tecnologias. E essa, sabemos, é uma tarefa complexa, pois mudanças comportamentais não se desligam com a mesma facilidade com que descontinuamos uma máquina. Ainda assim, é uma tarefa inadiável.

Passo a passo para a implementação

O árduo caminho para quebrar resistências e estimular mudanças culturais envolve os seguintes passos principais:

a) Promover ações continuadas que mobilizem para a mudança cultural, tal como a realização de eventos, palestras e seminários com especialistas em inovação.
b) Localizar e mobilizar *early adopters,* ou seja, funcionários abertos ao uso de novas tecnologias e metodologias que possam atuar como facilitadores internos.
c) Criar de ações de *coaching, mentoring* e tutoria para "abrir a cabeça" dos colaboradores.
d) Integrar diferentes gerações de colaboradores para troca recíproca de experiências e quebra de preconceitos.
e) Definir padrões de comportamento requeridos para a realização de trabalhos em equipe envolvendo distintos saberes. Uma espécie de código de conduta para inovar.

Habilidades

Por que inserir no radar?

Em paralelo às tarefas dedicadas à dimensão cultural, a adoção da inovação nas práticas de trabalho deve ser reforçada por um estímulo cognitivo trazido por um programa de aprendizagem continuada, com disciplinas também inovadoras que estimulem a criatividade, a compreensão de problemas complexos e a experimentação.

Passo a passo para implementação

a) A premissa para a escolha de um programa de capacitação que, de fato, colabore para a compreensão da necessidade da inovação e estimule a criatividade dos funcionários deve esquecer soluções de prateleira, pouco articuladas com os problemas do setor público. Deve-se inovar no conteúdo e na forma.

b) Quanto ao conteúdo, sugerimos que contemple as seguintes disciplinas:
   - Utilização do pensamento sistêmico na atividade gerencial.
   - Gestão do conhecimento e da inovação em governo.
   - *Design thinking* para ambientes governamentais.
   - *Design* de serviços públicos.
   - Gestão de projetos governamentais complexos.
   - Técnicas de negociação.
   - Empreendedorismo no serviço público.
   - Uso de Canvas para exercitar a possibilidade de novos modelos de negócio para o governo.
   - Uso da metodologia "lego" para o estímulo da criatividade.
   - Serviços públicos digitais.
   - Utilização da inteligência coletiva para a melhoria do serviço público.
   - *Storytelling* para o registro da memória governamental.
   - Criação de comunidades de prática.
   - Registro de lições aprendidas.

c) Quanto à forma, recomendamos que, independentemente da disciplina, o programa esteja centrado na realização de oficinas com a simulação de atividades práticas, utilizando o estado da arte em termos de técnicas gerenciais, de modo a criar um ambiente que favoreça a interação, a integração e a troca de experiências entre os participantes.

Rotina inovadora

Por que inserir no radar?

Na medida em que a entidade vá caminhando para melhor percepção das possibilidades abertas pela inovação nos planos estratégico, tecnológico e organizacional, fruto da sua inserção no planejamento, de ações de mudança cultural e de programas de capacitação, cria-se a possibilidade de, progressivamente, trazê-la para sua rotina interna, nos moldes propostos no passo a passo a seguir.

Passo a passo para implementação

a) Identificar projetos-piloto com objetos bem definidos, cujos resultados estimulem o uso de metodologias e ferramentas inovadoras e criem exemplos concretos de suas vantagens.
b) Escolher para levar avante esses projetos equipes multidisciplinares que já estejam mais amadurecidas em termos culturais e cognitivos.
c) Utilizar como instrumentos para a realização desses trabalhos metodologias como *design thinking*, lego, Canvas e outros modelos que tenham composto o programa de capacitação sugerido no item anterior.
d) A cada fase intermediária e ao final do projeto, é importante fazer apresentações para toda a casa, utilizando a técnica de lições aprendidas, apontando acertos e erros cometidos durante a realização do trabalho.

Recompensa

Por que inserir no radar?

Como já mencionamos anteriormente, a inovação não depende apenas de avanços tecnológicos para seguir avante. Mudanças de modelo mental e a apropriação de novos métodos de trabalho não caminham na mesma velocidade das tecnologias. Considerando essa realidade, conforme a inovação for sendo assimilada, quanto ao seu escopo, e percebida quanto aos seus resultados, a velocidade de sua inserção no dia a dia do órgão pode ser alavancada por meio de um estímulo partindo da alta administração, nos moldes sugeridos abaixo.

Passo a passo para implementação

A criação de mecanismos explícitos de recompensa para ações que envolvam compartilhamento de experiências e criação de soluções inovadoras pode ser expressa pela adoção das seguintes ações:

a) Definir uma premiação para atividades e projetos de cunho inovador. Essa premiação pode ser monetária ou simplesmente expressa pelo fornecimento de diplomas, medalhas ou registros semelhantes, conferidos diretamente pelo maior mandatário do órgão, sinalizando apoio à iniciativa.

b) Considerar a participação em ações inovadoras como indicador a ser tomado em conta nos planos de ascensão de carreira.
c) Estimular a participação em eventos ou programas de qualificação para inovação.
d) Priorizar a alocação de recursos para programas de inovação.
e) Considerar a participação em ações inovadoras como critério para fornecimento de bonificação.
f) Criar um programa de milhagem que confira pontos ao servidor, com base em sua participação em ações inovadoras e que possam ser utilizados no fornecimento de bolsas de estudo, viagem para congressos etc.

Métricas

Por que inserir no radar?

Concluindo este bloco, dedicado ao conjunto de ações de estímulo à criatividade, é importante lembrar que os indicadores utilizados para solicitação de recursos e mensuração de desempenho, normalmente utilizados pelo governo, tendem a ser muito "engessados", não captando com a devida atenção o resultado de programas inovadores. Por isso, estamos propondo aqui outros modos de avaliação a serem adotados nessa rubrica.

Passo a passo para a implementação

Sugere-se para a avaliação de atividades ou projetos centrados na inovação a adoção de indicadores que permitam mensurar os seguintes aspectos:

a) Diminuição de gastos.
b) Ampliação da arrecadação.
c) Efeito redistributivo.
d) Ganho de qualidade nos produtos ou serviços entregues à população (diminuição de queixas, registros sinceros de agradecimento).
e) Melhoria no clima organizacional (diminuição de doenças, redução no absenteísmo).
f) Efetividade das ações inovadoras.

Relações com a cidadania

Por que inserir no radar?

O amadurecimento da percepção da inovação como instrumento de transformação da entidade abrirá caminho para uma nova relação com a cidadania, não apenas para entregar serviços ou sentir sua atuação nas redes sociais. Nesse estágio, o cidadão passa a ser um parceiro do governo, um "servidor público" inserido em um amplo ambiente de *crowdsourcing*, no qual a inteligência coletiva dessa comunidade passa a ser apropriada pelo setor público.

Passo a passo para a implementação

A transformação do cidadão em parceria com o governo envolve os seguintes passos principais:

a) Examinar os novos diplomas legais que regulam a inovação e definir formas padronizadas de colaboração e/ou cocriação.
b) Aprofundar e simplificar os canais de comunicação, de modo a identificar demandas para classificá-las e transformá-las em aplicativos ou outras formas de serviço.
c) Identificar e cadastrar cidadãos que queiram criar soluções para o serviço público, a partir de um conjunto de temas colhidos dentro das competências e necessidades de cada órgão.
d) Essa contribuição poderia ser feita exclusivamente pelo cidadão, ou por um grupo deles, cabendo ao órgão ajustar o objeto do serviço e disponibilizar as bases de dados necessárias.
e) Essa colaboração também poderá ser feita em regime de parceria com a participação dos profissionais da administração pública. Isso se aplica nos casos em que o cidadão não tiver conhecimento técnico ou recursos tecnológicos para desenvolver a ideia selecionada.

Relações com o novo ecossistema da inovação

Por que inserir no radar?

A explosão da inovação em anos recentes acabou por criar um complexo e ainda pouco conhecido ecossistema composto por *startups*, incubadoras, aceleradoras, investidores-anjo, entidades do terceiro setor, entidades de *crowdfunding*, universidades, Institutos de Ciência e Tecnologia (ICT), centros de pesquisa, associações, entre outros integrantes.

Passo a passo para a implementação

O órgão pode inserir-se nesse grupo nas seguintes formas:

a) Mapear, acompanhar os trabalhos e as competências dos mais representativos integrantes desse ecossistema.
b) Estabelecer convênios, respeitadas as competências do órgão, para atuação conjunta junto a esses organismos em temas de interesse recíproco.
c) Examinar os novos diplomas legais que regulam a relação com esse ecossistema e definir formas padronizadas de colaboração.
d) Compartilhar informações e outros elementos colhidos no ecossistema da inovação que possam subsidiar os programas e atividades que forem sendo integrados no planejamento da entidade, tema inicial de nosso radar.

CONSIDERAÇÕES FINAIS

> *Quem fica olhando muito pra trás e pensando no que aconteceu e no que não aconteceu tem um grande passado pela frente (informação verbal)*[13].
>
> **Mario Sergio Cortella**[14]

Na conclusão deste capítulo, queríamos reforçar alguns pontos cuja compreensão consideramos fundamentais para o bom encaminhamento da árdua tarefa de modernizar o setor público, que, a exemplo do que ocorre com setor privado, passa, em menor ou maior grau, por uma Transformação Digital cada vez mais acelerada.

Inovação não é sinônimo de inovação organizacional

Embora a Transformação Digital do setor público não possa, sobre nenhuma hipótese, abrir mão da inovação tecnológica, há que se entender,

[13] Frase postada no Tumblr dedicado ao autor em 7 de abril de 2019.

[14] Filósofo, professor universitário, escritor e palestrante brasileiro (1954-).

com clareza, que a inovação organizacional é algo muito mais complexo, envolvendo o desmonte de gargalos burocráticos que posterguem respostas ao cidadão e que alimentem a descrença nos governos. Isso implica mudança radical da estrutura e no jeito de trabalhar do serviço público, tornando-o atento aos novos desafios e ágil em apontar caminhos e soluções. Reduzir as mudanças simplesmente ao uso de novas tecnologias levará, na maioria das vezes, a fazer mais rápido o que não mais necessita ser feito. Portanto, para evidenciar que novas tecnologias caminham junto com novas metodologias, é de todo conveniente que o órgão estabeleça e dê publicidade ao seu plano estratégico de Transformação Digital, evidenciando que essa integração está sendo posta em prática.

Inovação organizacional demanda lideranças comprometidas

Pela sua complexidade, a inovação organizacional irá depender de lideranças, em todos os níveis hierárquicos, que percebam e compreendam a necessidade de promover a Transformação Digital em sua dimensão mais ampla, colocando suas fichas, ou seja, recursos financeiros e humanos, nas ações necessárias para esse salto. Ela jamais deve ser encarada como um projeto isolado que pode ser contratado fora e sim um programa de governo cuja "inteligência" não pode ser terceirizada. Na inovação organizacional não existe a divisão tradicional entre problemas que interessam aos políticos e os que têm cunho técnico. Políticos sem visão inovadora e técnicos sem visão política tendem a perder importância conforme a complexidade avance.

Inovação organizacional não tem dono. Sua marca é a transdisciplinaridade

Por ser um programa de governo, a inovação organizacional não será missão de uma área, como a área de TI, por exemplo, ou de qualquer outra unidade em particular. Se ficar circunscrita a um determinado setor, ainda que possamos ter avanços momentâneos, os resultados tendem a refluir ao longo das sucessivas mudanças de administração. Todas as unidades da entidade devem praticá-la, por isso não é recomendável estruturar o órgão de forma setorial e sim por meio de programas transversais que ponderem todos os aspectos envolvidos em cada projeto ou atividade permanente. É fundamental que a cultura interna da casa promova e estimule a inovação como prática natural no cotidiano do órgão.

Treinamento e atração de talentos

De nada adiantará a vontade de mudar se os colaboradores envolvidos carregarem dentro de si o modelo mental da era industrial, tornando-os incapazes de enxergar a complexidade. Lembremo-nos, aqui, que para o martelo todo o universo se reduz a um prego. Essa troca de modelo se dará por dois caminhos: pela capacitação continuada abrangendo toda a administração e pela realização coerente de concursos periódicos que atraiam para o setor público talentos com os saberes necessários para a promoção da Transformação Digital. Será importante, também, em paralelo com essa busca no mercado, realizar concursos internos abrindo oportunidades de ascensão na carreira para quadros com experiência, vocação ou interesse na necessidade de mudanças.

Se essa trilha for seguida com vigor, depois de algum tempo a administração terá formado um quadro de dirigentes e colaboradores que tenham a cultura da inovação em seu "DNA", qualificados para enxergarem e enfrentarem os problemas de governo em suas múltiplas facetas.

As disciplinas e os métodos devem ser coerentes com o programa de inovação organizacional

Além de continuada, a capacitação precisa estar centrada em disciplinas adequadas, voltadas ao enfrentamento de mudanças, problemas complexos e os inevitáveis conflitos de interesse. Devem ser ministradas por meio da realização de oficinas e trabalhos práticos. Abordagens teóricas devem limitar-se ao estritamente necessário, sob pena de tornarem-se enfadonhas. É importante que os instrutores conheçam governo, descartando soluções de prateleira que não encontrem eco na realidade do setor público.

O servidor é um cidadão no governo

A inovação organizacional visa transformar servidores em agentes de inovação que se libertem de burocracias desnecessárias e passem em agir como um cidadão dentro da administração pública.

O cidadão é um servidor fora dos limites do governo

Por outro lado, a implementação da inovação organizacional deve ter como um de seus princípios a ideia de que o *campus* do governo está fora de suas instalações físicas e limites administrativos. Ele deve encarar cada cidadão como um servidor público não vinculado à administração, abrindo periodicamente chamadas para a apresentação de soluções inovadoras referentes a determinados problemas de governo previamente definidos, premiando aquelas que se revelarem viáveis e efetivas.

O radar não é estático, devendo ser reposicionado periodicamente

O conjunto de pontos de atenção a serem monitorados de forma permanente pelo radar apresentado propugnado neste capítulo é apenas um exemplo que destaca os temas considerados prioritários quando da elaboração deste texto. Como as mudanças econômicas, sociais, culturais, tecnológicas, políticas e administrativas ocorrem hoje em dia de modo frenético, esses elementos tendem a mudar com frequência. Daí a ênfase que damos para que o governo se abra para fora de suas estruturas físicas, pois é lá que estarão ocorrendo as mudanças que mencionamos acima. A moderna gestão pública deve estar qualificada para enxergar esses problemas e constantemente recalibrar o radar, ou seja, o *check-list* de elementos a acompanhar.

Incerteza se enfrenta com criatividade

Em cenários complexos e em constante mutação, com os quais nos deparamos atualmente, o surgimento de problemas de difícil previsibilidade tende a se tornar cada vez mais corriqueiro. E essa rotina, pelo ineditismo que carrega dentro dela, não deve ser enfrentada com soluções de manual. Dada essa realidade será fundamental dotar a gestão pública de pessoal capacitado em pensar "fora da caixa", o que demanda, por sua vez, o uso de soluções criativas. E aqui cabe registrar que criatividade não é simplesmente um dom de nascença e sim uma disciplina que pode ser exercitada com o uso de modelos, métodos e técnicas, como os que apontamos no passo a passo número 7, que trata das habilidades requeridas.

Uso de tecnologias de arquitetura e plataforma de dados abertas

Por fim, lembramos que em um mundo interligado será fundamental para o setor público trocar experiências com outras entidades governamentais, empresas privadas, organizações não governamentais, *startups*, universidades, instituto de pesquisa etc. Para facilitar esse intercâmbio, é importante o uso de tecnologias de arquitetura abertas e a criação de uma plataforma de dados que possa ser acessada sem restrições pelo maior número de agentes. Nesse sentido, cabe registrar que, ao contrário de um bem material, o conhecimento se multiplica ao ser compartilhado.

REFERÊNCIAS

Agune R, Gregório A, Neves A, Dias IM, Carlos JA, Bolliger S. Dá pra fazer: gestão do conhecimento e inovação no setor público. São Paulo: E-Book iGovSP; 2014. 167p.

Bassoti IM, Santos TS (Orgs). Tópicos essenciais sobre gestão pública. São Paulo: Escola de Governo e Administração Pública (EGAP); 2016.

Brown T. Design Thinking: uma metodologia poderosa para decretar o fim das velhas ideias. Rio de Janeiro: Elsevier; 2010.

Carlos JA, Agune R. Radar da inovação – o que os governos precisam enxergar. São Paulo: Universidade de São Paulo, Revista do Instituto de Estudos Avançados. 2017;31(90).

Carlos JA, Agune R. Por que os governos não conseguem enfrentar agendas complexas? E como a gestão do conhecimento e da inovação podem virar esse jogo. São Paulo: Novas Edições Acadêmicas; 2018.

Chakraborty S, Charanya T, Forth P, Laubie R de, Magagnoli M. The rise of the digital incumbent. Boston: BCG – Boston Consulting Group; 2022.

Di Giovanni G, Nogueira MA (Orgs). Dicionário de políticas públicas. 2ª ed. São Paulo: Fundap Editora e Unesp Editora; 2015.

Drucker P. Desafios gerenciais para o século XXI. São Paulo: Cengage; 2000.

GSM Association. Connected Society – The State of Mobile Internet Connectivity Report 2021, Londres; 2021.

Isidro A. Gestão pública inovadora – um guia para a inovação no setor público. Curitiba: Editora CRV; 2018.

Knapp J, Zeratsky J, Kowitz B. Spint – o método usado no Google para testar e aplicar novas ideias em apenas cinco dias. Rio de Janeiro: Editora Intrínseca; 2017.

Morin E. Podemos reformar a administração pública? XI Congresso Internacional do Centro Latinoamericano de Administración para el Desarrollo (CLAD) sobre a Reforma do Estado e da Administração Pública. Madrid; 2004.

NESTA – The Innovation Foundation. A compendium of innovation methods. Trabalho publicado no site da agência. Disponível em: https://www.nesta.org.uk/. Acesso em mar. 2019.

Nonaka I, Takeuchi H. Criação de conhecimento na empresa. Rio de Janeiro: Editora Campus; 1997.

North K, Gueldenberg S. Effective knowledge work: answers to the management challenges of the 21st century. United Kingdom: Emerald Group Publishing; 2011.

Organização para Cooperação e Desenvolvimento Econômico (OCDE), Gabinete Estatístico das Comunidades Europeias. Financiadora de Estudos e Projetos. 3ª ed. Manual de Oslo – diretrizes para coleta e interpretação de dados sobre inovação; 2005.

Osterwalder A. Pigneur Y. Inovação em modelos de negócios: um manual para visionários, inovadores e revolucionários. Rio de Janeiro: Alta Books; 2011.

Peixoto PI. Contratação de soluções inovadoras pela administração pública: desafios e caminhos. SLC; ago. 2019.

Piccoli A. Organizador – contratação de inovação na justiça: com os avanços do Marco Legal de Ciência, Tecnologia e Inovação. Vidaria Livros; 2020.

Pink D. A nova inteligência. Portugal: Texto Editores; 2013.

Reis LE. Compras públicas inovadoras – de acordo com a nova lei de licitações e o marco legal das startups. Editora Fórum; 2022.

Ries E. O estilo startup. Rio de Janeiro: Editora Sextante; 2019.

Senge P. A quinta disciplina: arte e prática da organização que aprende. Edição revisada, São Paulo: Editora Best Seller; 2004.

Sveiby KE. A nova riqueza das organizações: gerenciando e avaliando patrimônios de conhecimento. Rio de Janeiro: Editora Campus; 1998.

Terra JC (Org). 10 Dimensões da gestão da inovação: uma abordagem para a transformação organizacional. Rio de Janeiro: Alta Books; agosto de 2018;

Capítulo 2

Inovação em Políticas Públicas: Novas Estratégias de Financiamento e Formas de Contratação

Rosane Segantin Keppke
Alessandra Mara Cornazzani Sales
José Frederico Meier Neto
Yana Moura de Sousa Fadul
Alesi Teixeira Mendes

INTRODUÇÃO

As competências e as restrições legais impostas ao setor público fazem com que a inovação lhe seja uma prática mais complexa e relativamente lenta, porém obrigatória. Se para o setor privado inovar em produto, serviço, processo, modelo e método é questão de competitividade, para o setor público é questão de legitimidade e, para todos os setores, questão de sobrevivência. Reinventar-se é condição necessária para a política e os políticos realimentarem o jogo democrático. Inovar é a única maneira para o estado fazer frente às disrupções que emergem na sociedade.

Este capítulo investiga as principais condicionantes necessárias para viabilizar a inovação no setor público: recursos legais e recursos financeiros. Faz-se destaque a um marco disruptivo da gestão pública brasileira, qual seja, o Plano Diretor de Reforma do Aparelho de Estado, de 1995, proposto para enfrentar a crise do estado que se arrastava desde a década anterior, o qual implantou a reforma gerencial que reverbera até a atualidade, com o suporte das parcerias com o setor privado e o terceiro setor.

Desde então, foi no financiamento de projetos, políticas e programas que houve maior margem para a criatividade, a inovação e a experimentação, haja vista a escassez de recursos *versus* as altas expectativas da sociedade e da política. E como todo ato administrativo deve ser respaldado por um dispositivo do direito administrativo, esse laboratório de inovação nas contratações públicas requereu esforços (quase) concomitantes dos tomadores de decisão, dos aplicadores e dos formuladores da lei. Nesse sentido, a Lei Federal[15] nº 14.133 de 1º de abril de 2021, conhecida como "a NLL" – a nova lei de licitações e contratos administrativos se apresenta como um compilado de todas as inovações que foram surgindo a partir do marco legal anterior, a lei nº 8666/93, bem como introduzindo instrumentos que podem se desdobrar em outras inovações.

A práxis é ilustrada com um estudo de caso sobre o saneamento no Brasil, setor que está sendo um laboratório fecundo para testar novos modelos, novas leis, novas formas de financiamento e uma cultura de governança interinstitucional orientada pela inovação, ao mesmo tempo que se compromete com a Agenda 2030 – dos objetivos do desenvolvimento sustentável (ODS) e a agenda corporativa *Environment, social and governance* (ESG).

MARCOS DA INOVAÇÃO NA GESTÃO PÚBLICA

Mais do que um *continuum,* a evolução dos modelos de gestão pública é representada por uma simbiose ou fusão de modelos, desde a concepção histórica marcada pelo teor patrimonialista e centralizador, até os modelos descentralizados sob a perspectiva gerencial da máquina pública. Tal dinâmica denota a essência da natureza pública, que é a busca permanente por transformações no papel do Estado na condução das ações públicas, em direção a um modelo inovador que evidencie sua eficiência no atendimento ao cidadão e seja politicamente reconhecida (Lima, 2009, p. 2).

---

[15] Toda a legislação citada no capítulo está disponível em http://www.planalto.gov.br.

Para Bresser Pereira e Spink (1998), administração pública baseada no gerenciamento emergiu na Grã-Bretanha e nos Estados Unidos, com os governos conservadores no poder, introduzindo o modelo gerencial por meio de reconfigurações administrativas significativas.

A *New Public Management* (NPM) compreendeu, a partir dos construtos da teoria de agência e do *homo economicus*, uma configuração de modelo de setor privado replicado no setor público, de início implantado em países anglo-saxões, como Austrália, Canadá, Estados Unidos, Nova Zelândia, que depois teve abrangência internacional (Sauerbrounn, 2014). Tais características estão intrinsecamente ligadas ao processo histórico da democracia liberal burguesa, principalmente no caso estadunidense (Tocqueville, 2005).

Começa também na NPM o resgate da construção histórica da reforma administrativa brasileira, sobretudo na passagem do modelo burocrático de Estado para o modelo que pautou a reforma gerencial.

Reforma gerencial do Estado no Brasil

A formação do estado burocrático brasileiro ocorreu na conjuntura em que o País vivenciava um grande desenvolvimento econômico industrial promovido pela substituição das importações. Entende-se como marco de fundação do modelo burocrático brasileiro a criação do Departamento Administrativo do Serviço Público (DASP), um órgão diretamente subordinado à presidência da república, na Era Vargas, que tinha a atribuição de superar o modelo herdado do período colonial, ao qual faltavam os fundamentos da burocracia moderna, caracterizada pela profissionalização da gestão e dos servidores (Santos, 2010).

O modelo de Vargas caracterizou-se pelo "insulamento burocrático" – isolamento que acontece com alguns administradores que gozam de grande prestígio na política e deixam a sociedade à parte da tomada de decisões, a pretexto de estabelecer um estado nacional desenvolvimentista que perdurou entre os dois regimes autoritários – do getulismo ao militarismo, compreendendo as décadas de 1930 a 1980 (Bresser Pereira, 2008).

Mas assim como ocorreu com o modelo anterior, também o modelo burocrático sofreu o desgaste de não corresponder às expectativas da sociedade e dos próprios políticos, tornando-se alvo de incessantes tentativas de reforma pelos gestores públicos. Evidência disso foi o Decreto-Lei nº 200/67 que "realizou a transferência de atividade (pública) para autarquias, fundações, empresas públicas e sociedade de economia mista, a fim de obter-se maior dinamismo operacional por meio da descentralização funcional".

O Decreto-Lei nº 200/67 é considerado o primeiro momento da Administração Gerencial no Brasil, com o objetivo de reformar a Administração Burocrática para reverter a crise fiscal da época, criando estratégias para reduzir custos e tornar mais eficientes os serviços antes prestados apenas pela Administração Pública (Bresser Pereira e Spink, 2006).

Na sequência, a conjuntura prévia à constituição democrática de 1988 foi o impulso para a ressignificação do papel do Estado e o compartilhamento de responsabilidades entre atores sociais, com ampla participação da sociedade civil nas decisões sobre investimentos em políticas públicas (Costa, 2011; Goulart et al., 2010; Putnam, 1996).

Em 1995, o chamado Plano Diretor de Reforma do Aparelho de Estado (PDRAE) conduziu a emenda constitucional nº 19 de 1998, com a finalidade de migrar para o modelo gerencial de administração. De acordo com Secchi (2009), a Administração Pública Gerencial, também conhecida como Nova Gestão Pública, Administração Gerencial ou Reforma Gerencial (simplesmente), surge como um modelo normativo criado para sanar as deficiências do modelo burocrático que o precedeu, segundo os princípios do estado liberal democrático, com vistas a minimizar os efeitos que travavam o desenvolvimento do serviço público, a aumentar a eficiência, a melhorar a qualidade do serviço e a reduzir custos.

Porém, para Guimarães (2000), isso só será possível quando houver uma ruptura na distribuição dos recursos públicos, ou seja, quando houver uma nova cultura de gestão. Nesse sentido, o construto de governança propõe caminhos orientadores para encontrar as inovações necessárias para a gestão pública.

Governança e gestão em redes no setor público

A concepção de governança pública perpassa por um conjunto de mecanismos institucionalizados pelas interações entre múltiplos atores da sociedade. Para tanto, requerem-se a delimitação de atribuições, o estabelecimento de critérios para a tomada de decisão, a responsabilização pelos resultados (*accountability*), a transparência e a efetividade (Knopp e Alcorofado, 2010).

Três grandes abordagens para a construção de modelos de boa governança são discutidas na literatura: governança corporativa, governança de redes e governança global (Sauerbrounn, 2014).

A governança corporativa evidencia-se nas respostas à sociedade por meio do acesso às informações de como as organizações são monitoradas e avaliadas e como os interesses e expectativas coletivas são efetivamente considerados. Sendo assim, o Instituto Brasileiro de Governança Corporativa (IBGC, 2015, p. 20) a define como "o sistema pelo qual as empresas e demais organizações são dirigidas, monitoradas e incentivadas, envolvendo os relacionamentos entre sócios, conselho de administração, diretoria, órgãos de fiscalização e controle e demais partes interessadas".

Em paralelo a isso, a abordagem de redes enxerga a governança como uma construção de políticas públicas no contexto dos desequilíbrios inerentes aos atores envolvidos, tal como uma arena interativa (*loosely coupled*), em que lógicas concorrentes entre si promovem a construção compartilhada de significados. A governança passa a ser compreendida como um processo coordenado de lógicas plurais e flutuantes entre interpretação e ações práticas situacionais (Sauerbrounn, 2014).

Por fim, a abordagem que trata da dimensão global do desenvolvimento revela um sistema complexo, em que os estudos dos modelos de gestão pública se alicerçam em uma agenda de cooperação internacional para o provimento de bens públicos, mensurado por métricas tais como Indicadores Globais de Governança, *Worldwide Governance Indicators*, propostos pelo Banco Mundial (WGI, 2010).

Quando se confrontam as categorias de análise de Foletto e Tavares (2013) com as abordagens teóricas suscitadas por Sauberbrounn (2014), percebe-se que as características são transversais a todos os modelos. Entretanto, há diferenças hermenêuticas nas três grandes abordagens de governança com relação à descentralização do papel do Estado, conforme sistematizado no quadro I-1.

Sauberbrounn (2014) elucida que o arcabouço conceitual de governança pública é fragilizado em seu constructo quanto à totalidade dos múltiplos indivíduos, instituições, públicas e privadas, e que dificilmente é suficientemente abrangente para a resolução de problemas comuns. Dessa forma, cabe expandir as arenas de debate, a fim de alcançar uma percepção mais democrática, justa e equilibrada das partes interessadas.

Quadro I-1 ■ Modelos de gestão pública para governança.

Governança corporativa	Governança de rede de políticas públicas	Governança global
Processo decisório centralizado	Processo decisório descentralizado e participação na gestão	Processo decisório e internacionalização
Performance institucional	Autonomia	Autonomia
Controle institucional e social	Dimensão política	Dimensão política externa
Indicadores quantitativos	Indicadores qualitativos	Indicadores qualitativos e quantitativos
Financiamento público-privado	Financiamento por parcerias	Financiamento (internacional)

Fonte: Adaptado de Foletto e Tavares (2013) e Sauberbrounn (2014).

Lowi (2009) observa que geralmente a arena de poder é homogeneizada, de modo que grupos de atores são favorecidos ou prejudicados pelas imperfeições do próprio processo de formulação de políticas públicas. Cook (2010) a crítica por ser modelada na noção de tipo ideal, e não necessariamente em algo que se encontra na realidade (Cook, 2010).

Cortês (2009) aponta que o uso geral do termo governança pode ser empregado de maneira metafórica, mas ressalta a existência de espaços de conflitos e interconexões entre relações estatais, societais que disputam a primazia de suas posições. Corroborando essa visão, Rua (1998) define a arena como a composição de atores políticos e sociais, que dispõem de recursos assimétricos de poder, em um jogo de interesses acerca de uma questão específica.

Duas vertentes principais têm sido consideradas no debate sobre as arenas de poder. A primeira diz respeito ao projeto (neo) liberal iniciado na Europa e na América do Norte, que implica desregulamentação e privatizações (Ribeiro, 2012; Frey, 2013; Lefèvre, 1999, 2010). Peters e Pierre (1998) nomearam esse entendimento de "governança sem governo".

A segunda vertente situa a descentralização política em âmbito de governo local (Lefèvre, 2010). Ribeiro (2012) acrescenta a questão da governança em rede, ao observar o relacionamento metropolitano de aglomerações urbanas tais como Londres, Madrid, Viena, Istambul, Paris, Frankfurt, Milão, Lisboa, entre outras.

A democracia local é a arena de arranjos institucionais que reforçam, ou não, o envolvimento e a participação da sociedade civil, que se dá de forma indireta por meio da representatividade política, ou direta, por exemplo, por meio de conselhos participativos, segundo Lefévre (2010). A conformação de uma arena depende da estrutura político-ideológica de poder resultante dos diversos segmentos da sociedade organizada em determinado território, conforme é representado por suas lideranças (Dallabrida, 2010).

Na América Latina, a arena de debates reflete os conflitos da estruturação político-econômica caracterizada pela forte centralidade do poder, em que as estruturas institucionais são vulneráveis ao clientelismo e ao patrimonialismo. Contudo, o fortalecimento do ente federativo municipal, nas constituições democráticas mais recentes, deslocou as decisões para níveis de governo mais próximos dos processos colaborativos, da negociação e das instituições locais, ainda que sejam muito polarizados pela política urbana e pelo planejamento físico-territorial (Frey, 2013).

Nesse sentido, destacam-se mecanismos inovadores, tais como os consórcios intermunicipais que estabelecem autoridades regionais sem comprometer a autonomia municipal, pois as decisões devem ser previamente discutidas e aprovadas pelos conselhos de administração e parlamentos municipais. Ou seja, a busca de soluções comuns para os problemas intersetoriais gera novos recortes regionais e novas arenas (Frey, 2013).

Ivo (2002) aponta que a governança local pressupõe a superação de cenários adversos. O determinismo da lógica fiscal-orçamentária sobre as políticas públicas culmina com a dependência dos municípios em relação aos demais entes federativos, sobretudo a União. Em decorrência disso, a disputa acirrada por recursos dificulta a formação de consensos, as práticas cooperativas e a própria governabilidade. Portanto, é justamente no quesito financiamento de políticas, programas e projetos que a governança, bem como a inovação, tem um dos laboratórios mais desafiadores, a começar pela legislação.

MARCOS DA INOVAÇÃO NA LEGISLAÇÃO DE LICITAÇÕES E CONTRATOS PÚBLICOS

A gestão pública não alcança os objetivos da boa governança apenas com pessoal técnico especializado e disponibilidade orçamentária, exige também cuidado com a busca de equipamentos e materiais, vale dizer, de bens móveis em geral, assim como de bens imóveis, serviços e obras que sejam adequados à implementação efetiva dos projetos e programas de governo. Exige estudo e escolha pela melhor opção possível ao atendimento das demandas sociais e, portanto, do interesse público preponderante, com eficiência, efetividade e eficácia de resultados.

A bem da competitividade, a expansão do mercado de fornecedores justifica perpetuar a adoção do modelo de seleção prévia à contratação, subscrita em processo de competição isonômica, com regras objetivas e claras para todos os interessados. De Constituição a Constituição, enquanto alguns modelos políticos se desfazem e outros emergem, a licitação nunca deixou de existir e, com maior ou menor força, consagrou-se como o procedimento padrão para garantir a livre competição e a seleção da proposta mais vantajosa.

A licitação ocupava alguns espaços na lei, por exemplo, os artigos 125 a 144 do Decreto-Lei nº 200/1967, até ganhar um dispositivo legal só para si, o Decreto-Lei nº 2.300/1986. No século passado, conseguiu-se manter em uma única norma – a Lei Federal nº 8.666/1993, de caráter geral, o que significa dizer, em apertada síntese, ser respeitada por todos, União, Estados, Distrito Federal, em todos os seus poderes, Executivo, Legislativo e, quando o caso, Judiciário, ainda que eventualmente esses também tivessem, ou permanecem tendo, suas normas específicas de licitações e contratos administrativos.

Atualmente o cenário é de inovação e transição. A Lei Federal nº 8.666/1993 – lei geral de licitações e contratos; a Lei Federal nº 10.520/2002 – Modalidade Licitatória Pregão; a Lei Federal nº 12.462/2011 – Regime Diferenciado de Contratação – RDC) permanecerão vigentes somente até 1º de abril de 2023, quando serão definitivamente fundidas e sucedidas pela Lei Federal nº 14.133/2021 – a nova lei de licitações e contratos (NLL), fora ela, haverá apenas três leis específicas – a Lei Federal nº 12.232/2010 – publicidade por agência de propaganda, a Lei Federal nº 13.303/2016 – empresas estatais, e o recém-criado marco legal das *Startups* – a lei complementar nº 182/2021.

Examinando especificamente o novo marco regulatório de licitações e contratos administrativos, é possível que a NLL venha a ser estigmatizada, se é que já não está sendo, como altamente burocrática, justamente por conter uma enorme quantidade de artigos. De fato, esta lei é muito extensa: 194 artigos, sendo 192 de conteúdo, 2 abordando a vigência da lei e a revogação de determinados dispositivos legais do ordenamento jurídico brasileiro, consoante praxe legislativa.

Mas na seara legal, ela traz muitas inovações sob as perspectivas processuais e operacionais para os entes federativos, em especial os estaduais, distrital e municipais, porém não tantas quantas as já vistas em regulamentos federais e já aplicadas pelos órgãos e entidades do Governo Federal.

É verdade, também, que, na prática, ela prestigia condutas administrativas que já são palco, há tempos, de alertas da jurisprudência pátria, por cuidados e respeito à correta programação orçamentária, à busca de equilíbrio financeiro e, consequentemente, da atenção no uso do erário público, assim como a adoção de contratações mais assertivas e eficazes no atendimento das demandas sociais.

Planejamento das contratações públicas

O planejamento é uma das práticas anteriormente mencionadas, que foi alçado à condição de princípio na NLL:

> Vi, art. 5º, caput, da Lei Federal nº 14.133/2021: *Na aplicação desta Lei, serão observados os princípios da legalidade, da impessoalidade, da moralidade, da publicidade, da eficiência, do interesse público, da probidade administrativa, da igualdade, do planejamento, da transparência, da eficácia, da segregação de funções, da motivação, da vinculação ao edital, do julgamento objetivo, da segurança jurídica, da razoabilidade, da competitividade, da proporcionalidade, da celeridade, da economicidade e do desenvolvimento nacional sustentável, assim como as disposições do Decreto-Lei nº 4.657, de 4 de setembro de 1942 (Lei de Introdução às Normas do Direito Brasileiro).*

Aliás, exatamente como o planejamento deve realmente ser, haja vista sua decorrência lógica do princípio da anualidade, a partir da Lei Federal nº 4.320/1964, conhecida como lei orçamentária, e da Lei Complementar Federal nº 101/2000, intitulada como Lei de Responsabilidade Fiscal.

Curioso é notar que a Lei Federal nº 14.133/2021 listou os indicadores basilares do planejamento apenas para os processos de compras, dando a impressão de estar se referindo exclusivamente às aquisições de bens de consumo e de equipamentos, já que subdividiu a seção das "disposições setoriais" em nichos específicos, apartados das "compras" de "obras e serviços de engenharia" e "serviços em geral", entre outros situados no intervalo do art. 40 ao art. 52 dessa lei.

No entanto, quer-se crer que as informações constantes em "compras" também sinalizam, de algum modo, o comportamento esperado em qualquer circunstância, vale dizer, tanto na compra de serviços, incluídos os de engenharia e obras, como até mesmo na compra de bens de consumo e de equipamentos em geral, devendo seguir, basicamente, a mesma tônica do art. 19 da Instrução Normativa 5/2017 do Governo Federal, de que "as contratações de serviços de que tratam esta Instrução Normativa serão realizadas observando-se as seguintes fases: I – Planejamento da Contratação; II – Seleção do Fornecedor; e III – Gestão do Contrato.

Assim, reservados os entendimentos em contrário, dadas as particularidades dos objetos afetos aos serviços, incluídos os de obra e engenharia, sugere-se a adaptação do texto do art. 40 da Lei Federal nº 14.133/2021 a todos os casos em concreto, independentemente da natureza do objeto, haja vista a relevância das informações apresentadas pela lei como minimamente necessárias ao planejamento de compras, que não apenas alertam sobre a conferência obrigatória da expectativa de consumo anual, como também à certificação:

> I – [das] condições de aquisição e pagamento semelhantes às do setor privado;
> II – [do] processamento por meio de sistema de registro de preços, quando pertinente;
> III – [da] determinação de unidades e quantidades a serem adquiridas em função de consumo e utilização prováveis, cuja estimativa será obtida, sempre que possível, mediante adequadas técnicas quantitativas, admitido o fornecimento contínuo;
> IV – [das] condições de guarda e armazenamento que não permitam a deterioração do material; [e]
> V – [do] atendimento aos princípios:
> a) da padronização, considerada a compatibilidade de especificações estéticas, técnicas ou de desempenho;
> b) do parcelamento, quando for tecnicamente viável e economicamente vantajoso;
> c) da responsabilidade fiscal, mediante a comparação da despesa estimada com a prevista no orçamento.

A lei deixa claro que a fase preparatória do processo licitatório é caracterizada pelo planejamento, que, por sua vez, deve ser compatibilizado com o plano de contratações anual e as leis orçamentárias. O Plano de Contratações Anual é tratado na lei como documento facultativo, quando, em verdade e com todo o respeito às também considerações em contrário, não o é. A própria lei informa que se trata de um documento de formalização das demandas, elaborado com a finalidade de "racionalizar as contratações dos órgãos e entidades sob sua competência, garantir o alinhamento com seu planejamento estratégico e subsidiar a elaboração das respectivas leis orçamentárias", a ser "observado pelo ente federativo na realização de licitações e na execução dos contratos" (art. 12, inciso VII e §1º da Lei Federal nº 14.133/2021). Revela conteúdo que dialoga intrinsecamente com toda a previsibilidade de projetos novos, continuidade no atendimento dos projetos em execução e cumprimento de todas as demais obrigações financeiras já previamente assumidas pela administração pública no ano da sua elaboração. Daí sua importância e imprescindibilidade nos processos de contratação pública. Além disso, de acordo com o art. 18, o planejamento aborda "todas as considerações técnicas, mercadológicas e de gestão que podem interferir na contratação".

O conteúdo dessa fase inaugural, preparatória, deve informar sobre: 1. a descrição do objeto nos instrumentos de praxe (termo de referência, projeto básico etc.); 2. a composição dos preços no orçamento estimado; 3. as condições de execução e de pagamento do objeto; 4. as minutas de edital da licitação e do contrato com detalhamento do julgamento objetivo a ser adotado e dos requisitos de qualificação técnica e econômico-financeira a serem exigidos, aliás, providências essas tão corriqueiras do dia a dia. Mais que isso, deve, também, 5. descrever a "necessidade da contratação fundamentada em estudo técnico preliminar que caracterize o interesse público envolvido"; 6. garantir a observância dos potenciais de economia de escala ao definir qual regime de fornecimento de bens, de prestação de serviços ou de execução de obras e serviços de engenharia será adotado; e 7. implementar "a análise dos riscos que possam comprometer o sucesso da licitação e a boa execução contratual" (art. 18, incisos I, VII e X, respectivamente, da Lei Federal nº 14.133/2021).

Estudo técnico preliminar (ETP)

Ainda na etapa do planejamento, outra questão muito importante trazida pela NLL, Lei Federal nº 14.133/2021, foi o detalhamento do que deve integrar o Estudo Técnico Preliminar, segundo o *check list* de Sales (2022). Trata-se de um documento que não é novidade para as contratações públicas, porque já está incluído como referencial prévio e obrigatório à formatação do descritivo de serviços e obras nos Projetos Básicos pela Lei Federal nº 8.666/1993. O ETP é documento integrante da primeira etapa do planejamento que subsidia o caminho crítico da formatação do Termo de Referência, do Anteprojeto e do Projeto Executivo.

Diferentemente do tratamento referencial e obrigatório do marco regulatório anterior (a Lei Federal nº 8.666/1993), a NLL - Lei Federal nº 14.133/2021 diz que o Estudo Técnico Preliminar só se justifica quando é necessário "evidenciar o problema a ser resolvido e sua melhor solução, de modo a permitir a avaliação da viabilidade técnica e econômica da contratação" (§1º do art. 18), uma flexibilização que envolve maior risco. Ainda que não adotado formalmente, parte de seu conteúdo dito obrigatório, quando utilizado, deve ser consolidado em qualquer hipótese de contratação, independentemente da exigência de estudo acerca da melhor solução para a implementação do objeto, afinal informam questões muito significativas ao processamento de qualquer licitação pública, que são: 1. a descrição da necessidade da contratação; 2. a estimativa dos quantitativos a serem contratados; e 3. do valor da contratação; 4. a justificativa para parcelamento ou não da contratação; e 5. o posicionamento conclusivo sobre a adequação da contratação para o atendimento da necessidade a que se destina.

E o mais importante: um planejamento bem estruturado é a base da governança contratual. Como bem lembrado pela Instrução Normativa nº 5/2017, só é alcançado se em conjunto com essa primeira etapa dos Estudos Preliminares existirem outras duas, quais sejam, uma etapa de gerenciamento de riscos bem consolidada e outra de consolidação do Termo de Referência ou Projeto Básico (ver art. 19 ao 23 da Instrução Normativa Federal nº 5/2017).

Matriz de risco

Enfim, sem, ainda, nenhuma pretensão de se esgotar a análise de todas as novidades implementadas pela lei, mas ainda com foco no Planejamento, a Lei Federal nº 14.133/2021 prestigia ao menos três ações que merecem exame cuidadoso durante sua prospecção, sobretudo às contratações consideradas de grande porte, seja por causa do valor a elas atribuído seja pela complexidade e alta heterogeneidade do seu objeto ou, ainda, pelo longo prazo de sua execução, como são os casos das outorgas de serviços públicos aos particulares em modo de concessão pública, sob a modelagem tradicional ou em parceria público-privada.

A Lei Federal nº 14.133/2021 pouco informa sobre a matriz de risco ou o mapa de gerenciamento de risco, limitando-se a dizer que é cláusula contratual, responsável pelo afastamento da ocorrência de sinistros ou mitigação dos efeitos dos riscos que possam remanescer sobre "possíveis eventos supervenientes à assinatura do contrato que possam causar impacto em seu equilíbrio econômico-financeiro e previsão de eventual necessidade de prolação de termo aditivo por ocasião de sua ocorrência", justificando com isso sua definição necessária e as responsabilidades das partes em cada ajuste.

É obrigatória em contratações de obras e serviços de engenharia que adotem como regime de execução do objeto as contratações integrada e semi-integrada, o regime em que o contratado assume a responsabilidade pela elaboração do projeto básico, recebendo da Administração Pública apenas o Anteprojeto como instrumento descritivo do objeto que será contratado, e também realiza, tal como ao regime de contratação semi-integrada, o projeto executivo, o fornecimento de bens ou a prestação de serviços especiais e, ainda, a montagem, testes, pré-operação e todas as ações operacionais necessárias à entrega final do objeto (art. 6º, incisos XXXII e XXXIII da Lei Federal nº 14.133/2021).

A matriz de risco é obrigatória para as contratações consideradas de grande vulto, quais sejam obras, serviços e fornecimentos de grande vulto são aqueles cujos valores estimados superam R$ 216.081.640,00, conforme inciso XXII do mesmo art. 6º, com as atualizações de valores trazidas pelo Decreto Federal nº 10.922/2021.

A matriz de risco facultativa nas demais contratações, embora não revele esse caráter optativo como condição uniforme para a Instrução Normativa nº 5/2017, por exemplo. Aqui, sua realização é obrigatória e está para todo e qualquer serviço, justamente porque o gerenciamento de riscos é etapa integrante do planejamento de uma contratação pública.

Um mecanismo que pode contribuir, e muito, para a minimização dos impactos negativos e aparentemente imprevisíveis às obras e serviços de engenharia, colaborando na "identificação dos principais riscos que possam comprometer a efetividade do planejamento da contratação, da seleção do fornecedor e da gestão contratual ou que impeçam o alcance dos resultados que atendam às necessidades da contratação" (como bem enfatizado na primeira atividade que integra o processo de gerenciamento de riscos pela Instrução Normativa nº 5/2017, art. 25), é a adoção do sistema *Building Information Modelling* – BIM ou, simplesmente, Modelagem da Informação da Construção.

Trata-se de um conjunto de tecnologias e processos integrados que permite a criação de projetos digitais de obras e serviços de engenharia com mais precisão e clareza de todos os materiais e serviços necessários à execução e conclusão das etapas construtivas, uma vez que possibilita a simulação de uso de diferentes metodologias construtivas e seus custos e a identificação de quaisquer interferências negativas que possam ocorrer durante todo o ciclo de vida da construção.

Com isso é possível estimar a avaliação e a mensuração da probabilidade de eventual ocorrência de riscos, seus impactos, tratamentos e eventual definição das ações de contingências desses riscos caso se concretizem.

Na fase preparatória do processo licitatório, esse modelo digital e colaborativo de projeto da construção civil em visão 3D – e não mais em desenhos de representação planificada 2D – não passou despercebido pelo art. 19, §3º, Lei Federal nº 14.133/2021. Ela só não diz, efetivamente, o que é e como deve ser implementado em âmbito administrativo.

Para tanto, sugere-se o acompanhamento das atividades desenvolvidas pelo Comitê Gestor da Estratégia BIM BR, tal como criado pelo Decreto Federal nº 9.983/2019 e, como referencial de uso e implementação no setor público, as diretrizes apresentadas pelo Decreto Federal nº 10.306/2020.

Ganhos significativos terá, sem sombra de dúvida, a gestão pública que adotar em suas contratações, notadamente nas contratações de grande vulto como as outorgas de serviços públicos em modo de concessão tradicional ou parcerias público-privadas, um planejamento bem estruturado, pautado em estudos técnicos preliminares, análise de riscos e desenvolvimento de projetos com tecnologias de criação, acompanhamento e entrega dos equipamentos públicos necessários. Afinal, com esses indicadores respeitados certamente serão a previsibilidade orçamentária e financeira da Administração Pública e, portanto, o erário público, assim como a qualidade dos serviços que a sociedade espera, porque são realizados em ambientes, melhor dizendo, com equipamentos adequados.

CONCESSÕES E PARCERIAS PÚBLICO-PRIVADAS (PPPS)

As concessões e as PPP's são parcerias entre o setor público e o privado, visando entregar novas obras e melhores serviços para a sociedade. A iniciativa privada realiza os investimentos necessários para a execução do empreendimento e adquire o direito de explorar o serviço, para auferir lucro. A empresa ou consórcio de empresas constituem, para tanto, uma Sociedade de Propósito Específico (SPE), com CNPJ próprio, especificamente para executar e explorar o empreendimento.

Por que o setor público adota as concessões e PPPs?

O cenário brasileiro atual caracteriza-se pelo baixo crescimento econômico e pela escassez de recursos públicos nos âmbitos municipais, estaduais e federais. Os recursos públicos utilizados para investimentos tornam-se cada vez mais reduzidos. Isso se explica pela seguinte razão: uma vez concluída a obra de um investimento em um hospital ou em uma rodovia ou ferrovia, por exemplo, no momento seguinte passam a ser geradas despesas de custeio ou manutenção. Portanto, a cada valor investido em obras de interesse público surgem, posteriormente à sua conclusão, despesas de manutenção. Como os recursos provenientes das arrecadações do governo não aumentam na velocidade das necessidades da população e somando-se o fato que todo investimento acaba aumentando as despesas do governo, conclui-se facilmente que em breve recursos para investimento se tornarão praticamente inexistentes.

Resta, então, buscar uma alternativa. É aí que entram as concessões e as parcerias público-privadas. É a busca do capital privado para investimentos em serviços e obras prioritários para a população, como hospitais, creches, iluminação pública, linhas de trens, metrôs e corredores de ônibus, obras de infraestrutura como rodovias, ferrovias e portos, coleta de lixo e construção/operação de aterros sanitários etc.

Além da carência de recursos para os investimentos, podem-se, ainda, citar como razões para a adoção das concessões e PPP's pelo poder público:

1. O fato de não se comprometer o nível de endividamento do governo federal, estados e municípios, uma vez que os investimentos são realizados pela iniciativa privada.
2. Maior rapidez do setor privado para a execução de empreendimentos, pois deixa de existir a burocracia estatal.
3. A expertise do setor privado, maior em relação ao setor público, para a execução e administração de empreendimentos.

Diferenças entre concessão comum e PPP

Existem diferenças conceituais entre concessão comum e parceria público-privada (PPP).

Na concessão comum, o setor público concede a execução e a exploração do empreendimento à concessionária que presta serviço ao usuário (população). O usuário, por meio do pagamento de tarifa, remunera a concessionária.

Não existe remuneração à concessionária por parte do setor público. O retorno financeiro do investimento empresarial é obtido exclusivamente pelo pagamento da tarifa pelo usuário. O risco do empreendimento é assumido totalmente pela empresa privada. Temos como exemplo desse tipo de parceria as concessões rodoviárias.

As parcerias público-privadas, por sua vez, dividem-se em PPP patrocinada e PPP administrativa (com setor público como usuário direto e como não usuário).

Na PPP patrocinada, o setor público concede a execução e a exploração do empreendimento à concessionária que presta serviço ao usuário (população). O usuário, por meio do pagamento de tarifa, remunera a concessionária. No entanto, a remuneração por parte do usuário não é suficiente para a obtenção do retorno financeiro do empreendimento, sendo necessária, portanto, a remuneração por parte do setor público à empresa privada.

Na PPP administrativa (setor público como usuário direto), a concessionária executa o investimento e presta o serviço. Nesse caso, o usuário é o próprio setor público que remunera a empresa privada. Um exemplo é a execução dos serviços de lavanderia, segurança e limpeza por empresa privada em um hospital público.

E na PPP administrativa (setor público como não usuário direto), o setor público concede a execução e a exploração do empreendimento e remunera a concessionária que presta serviço ao usuário. Nesse caso, não ocorre remuneração por parte do usuário.

Portanto, a diferença básica entre concessão comum e PPP's é a forma de remuneração da concessionária: quando não existe participação do governo, temos concessão comum; quando existe a remuneração por parte do setor público, temos PPP.

Legislação básica

As concessões têm como legislação básica, a Lei nº 8.987, de 13/02/1995, e as PPP's, a Lei nº 11.079, de 30/12/2004, **modificada pela Lei 13.529/2017**.

No caso das PPP's existe ainda a necessidade de uma estrutura legal no âmbito local de Estados e Municípios, ou seja:

I – Uma lei no Estado ou município regulamentando as PPP's.
II – Um Decreto do Poder Executivo regulamentando a Lei.
III – A criação de um Conselho Gestor de PPP's formado por membros da administração pública.

Projetos típicos de PPP's

A partir deste tópico, concentraremos nossos estudos nas Parcerias Público-Privadas, modalidade de parceria com o setor privado onde existe a necessidade de remuneração por parte do setor público nos projetos:

- Mobilidade urbana (metrô, trens metropolitanos, veículo leve sobre trilhos – VLT, veículo leve sobre pneus – VLP).
- Rodovias e ferrovias.
- Saneamento.
- Iluminação pública.
- Rodoviárias e aeroportos.
- Turismo (pontos turísticos e centros de convenções).
- Saúde (unidades básicas e hospitais).

Características de uma PPP

As Parcerias Público-Privadas possuem as seguintes características:

- Valor: acima de 10 milhões de reais.
- Prazo de vigência: mínimo de 5 anos e máximo de 35 anos. Findo o prazo, o empreendimento volta ao setor público.
- Existe a necessidade de um Fundo Garantidor que serve como garantia do pagamento pelo setor público. Para não haver possibilidades de uso indevido dos recursos do fundo, esse é administrado por uma entidade independente.
- Existe o compartilhamento do risco do empreendimento pelos parceiros públicos e privados.
- Previsão em contrato de remuneração variável ao setor privado, por meio de critérios de desempenho da prestação de serviços. Esses indicadores de desempenho são instrumentos de fiscalização do governo e servem para garantir a qualidade desses serviços. A empresa privada terá como meta a excelência dos serviços para não ter sua remuneração diminuída.

Etapas para a implantação de uma PPP

Para a implantação de uma Parceria Público-Privada, é necessário o cumprimento das seguintes etapas:

I – Identificação da necessidade do empreendimento para a sociedade.

II – Elaboração de uma proposta preliminar de parceria que é enviada ao conselho gestor para análise. Nessa proposta, deve constar a definição dos objetivos e metas, a modalidade da parceria (PPP ou concessão comum), verificação do enquadramento do empreendimento no planejamento plurianual e enquadramento na legislação local.

III – Aprovação da proposta preliminar pelo conselho gestor.

IV – Elaboração do estudo técnico: estudo da viabilidade técnica, econômica e ambiental, conhecido como EVTEA. Para a realização desse estudo é necessária uma equipe altamente especializada nas referidas áreas. Normalmente, essas equipes não se constituem com membros da administração local. Elas são contratadas por meio de entidades de notório saber que dispensam licitação – geralmente fundações vinculadas a universidades de referência, e por meio de Procedimento de Manifestação de Interesse (PMI).

A PMI é uma autorização do setor público à iniciativa privada para apresentar estudos de projetos de PPP. Para tanto, existe a necessidade de um decreto do poder executivo e um chamamento público. O projeto vencedor recebe remuneração.

Outra modalidade para execução de projetos de PPP é a Manifestação de Interesse da Iniciativa Privada (MIP), em que pessoas físicas ou jurídicas, por iniciativa própria, apresentam projetos ou estudos de viabilidade para PPP's.

Vencida a etapa do estudo técnico, é feita, então, a consolidação das modelagens econômica, jurídica e técnica-operacional. E, sequencialmente, cumpridas as seguintes etapas finais:

V – Elaboração das minutas do edital de **licitação** e contrato para consulta pública, onde são angariadas contribuições de empresas e técnicos para seu aperfeiçoamento.

VI – Publicação do edital de licitação.

VII – Recebimento de propostas das empresas interessadas em participar do certame.

VIII – Julgamento das propostas, onde o critério normalmente estabelecido é o menor valor da contraprestação a ser paga pelo setor público, aliada com a melhor técnica para a prestação dos serviços. Os pesos para técnica e preço são estabelecidos no edital.

IX – Assinatura do contrato entre o setor público e a iniciativa privada.

Modelagem econômica de uma PPP

O objetivo da modelagem econômica é identificar a viabilidade econômica do projeto de PPP, isto é, seu estudo da rentabilidade, que deve ser feito pela empresa que deseja executar e explorar o empreendimento e entendido pelo setor público, para melhor apreciação das propostas.

A modelagem econômica é, portanto, composta pelas seguintes etapas:

I – Identificação do total de investimentos necessários para a execução do empreendimento.

II - Identificação das necessidades de financiamento.
III - Cálculo do fluxo de receitas do projeto ao longo do tempo.
IV - Cálculo dos custos fixos e variáveis do projeto (custos operacionais e despesas administrativas).
V - Estabelecimento do fluxo de caixa do projeto (sucessão de recebimentos e pagamentos ao longo do prazo do projeto).
VI - Por meio dos métodos de análise de investimentos, Taxa Interna de Retorno (TIR) e Valor Presente Líquido (VPL) calcula-se a rentabilidade do projeto e, portanto, sua viabilidade econômica.

Enfim, fato é que, para existir interesse do investidor privado em firmar uma parceria com um governo, é necessário haver uma relação de confiança e garantia que suas remunerações serão pagas.

Os prazos de uma PPP normalmente são longos, de 5 a 35 anos, e os investimentos necessários são altos, podendo ser compartilhados com o governo ou totalmente bancados pela iniciativa privada. Prazos longos e investimentos altos são sinônimos de risco alto.

Portanto, garantia de recebimento da remuneração e uma TIR do investimento compatível com o nível de risco são condições necessárias e básicas para atrair o investidor. Lembrando que a TIR é a taxa de juros que remunera o investimento ao longo do prazo do projeto, considerando todos os pagamentos e recebimentos do investidor.

A Parceria Público-Privada é a saída inteligente para resolver os problemas da falta de recursos públicos para despesas com investimento. Sempre é bom ressaltar que qualquer contrato de parceria só alcançará sucesso se for bom para ambas as partes: as necessidades da população atendidas com qualidade e economicidade e a iniciativa privada recebendo uma remuneração justa pelo seu trabalho.

ESTUDO DE CASO: FINANCIAMENTO DO SANEAMENTO NO BRASIL

As primeiras obras de saneamento básico no Brasil, mais especificamente de abastecimento de água, remontam ao período colonial, quando em razão do crescimento das cidades foram construídas fontes públicas, canalizações e aquedutos (Murtha, Castro e Heller, 2015). Em âmbito de exemplo, Silveira (1998) cita que a cidade de Porto Alegre iniciou a implantação de sua rede de abastecimento de água potável em 1869 e Campos (2005) que a primeira parte das obras de abastecimento canalizado do sistema Cantareira, em São Paulo, aconteceu em 1881, embora a cidade já contasse com chafarizes públicos.

Em meados do século XIX, nas grandes cidades, como São Paulo, difundia-se a visão de que os serviços de saneamento poderiam ser explorados pelo mercado privado à semelhança de outros serviços públicos (eletricidade, transportes urbanos e telefonia), enquanto o Estado investia em obras de melhoramento, sobretudo na expansão e manutenção do sistema viário e na construção e recuperação de espaços públicos (parques, praças etc.) (Rolnik, 1999). Nesse sentido, Santos, Kuwajima e Santana (2020) apontam que até o início dos anos de 1930 o setor de saneamento teve o domínio privado, transacionando para uma gestão municipal a partir de 1950, quando surgem também as primeiras iniciativas estaduais, decorrentes de concessões dos municípios para empresas estaduais e de economia mista.

Entretanto, se por um lado a implantação das infraestruturas sanitárias remonta ao crescimento das cidades, por outro a estruturação legal do setor, em âmbito nacional, é relativamente recente. O Plano Nacional de Saneamento (Planasa), a primeira agenda nacional para o setor, foi lançado em 1971, a fim de combater a precariedade das condições de habitação e higiene e seus desdobramentos na saúde pública, com a tese de aumento da escala para os serviços de água (Sanchez, 2001; Pires, 1977).

O Planasa esteve vigente durante o regime militar e inaugurou medidas econômicas importantes como a instituição do Sistema Financeiro do Saneamento, em 1968, sob responsabilidade do Banco Nacional da Habitação (BNH) e a autorização, em 1969, de aplicar recursos do fundo de garantia do trabalhador (FGTS) no desenvolvimento do setor de infraestrutura (Sanchez, 2001; Pires, 1977). No entanto, o saneamento sofreu grande centralização de capital, tendo interferência da União, por meio de determinações estruturantes do Plano (Saiani e Toneto Jr, 2010). E apesar do avanço notório das infraestruturas sanitárias no período, o início dos anos de 1980 foi marcado por uma acentuada crise inflacionária (Gremaud, Vasconcellos e Toneto Jr, 2011), que, aliada ao endividamento externo, culminou na extinção do BNH em 1986.

Com o fim do BNH, principal responsável pelos repasses de recursos públicos financiadores de obras de infraestrutura no País, logo foi extinto também o Planasa, em 1991, dando início a um período marcado por profundas mudanças políticas e sociais no País e por reformas setoriais espaçadas e lentas. A trajetória pós-Planasa não foi iniciada pela elaboração de uma nova política nacional condizente com as diretrizes do País, mantendo-se por quase 20 anos um período de lapso político-institucional que favoreceu a desarticulação e a fragmentação do setor em âmbito nacional (Araújo Filho, 2008).

A ausência de um marco legal de referência para a atuação dos diferentes níveis de governo associada ao enfraquecimento da capacidade de planejamento do setor favoreceu o surgimento e prolongamento da condição de imprevisibilidade no processo de alocação de recursos (Sousa e Costa, 2016), que posteriormente foi agravada pela dificuldade de autossustento das infraestruturas por parte dos titulares dos serviços e pelos baixos investimentos no setor (Santos, Kuwajima e Santana, 2020).

Consolidou-se então o cenário de dependência de vultosos recursos para o financiamento dos componentes do saneamento básico (Kuwajima et al., 2020), que têm sido provisionados, primeiramente, pelo financiamento público, sobretudo originários dos Orçamentos Gerais da União e dos Estados e dos financiamentos junto à Caixa Econômica Federal (Britto et al., 2014).

Apenas em 2007, com a promulgação da Lei nº 11.445, foram novamente lançadas as bases de uma Política Nacional de Saneamento Básico (PNSB), regulamentando o setor em âmbito nacional e consolidando novo ambiente político-institucional. O início dos anos 2000 também marcou a retomada dos investimentos públicos em saneamento básico, sendo consolidada por meio do Programa de Aceleração do Crescimento (PAC), que ampliou consideravelmente os recursos disponíveis.

Todavia, mesmo diante da estruturação legal e da liberação de recursos ainda permaneciam entraves a serem resolvidos. Mostrava-se urgente a necessidade de estabelecimento de diretrizes coerentes no País a fim de assegurar que os serviços públicos de saneamento dispusessem de financiamento permanente e fossem prestados à população de forma planejada, regulada, fiscalizada e passível de controle social (Britto et al., 2014).

Mendes e Santos (2021) destacam que a partir de 2013, ano da última seleção pública do PAC, o breve período de crescimento advindo da alocação desses recursos foi seguido por significativa queda nos investimentos em infraestrutura, que se manteve em progressiva redução refletindo as crises fiscal e econômica que acometeram o Brasil a partir do segundo trimestre de 2014. Os impactos da crise financeira que acometeu o País foram sentidos principalmente pelos municípios mais pobres e endividados, que, ao mesmo tempo que possuem os maiores déficits nos serviços de água e esgoto, são justamente os que têm tido maior dificuldades para acessar recursos para o setor (Mendes e Santos, 2021).

Diante do tímido avanço rumo ao equilíbrio dos investimentos para a universalização e pulverização regulatória do setor, quase 10 anos depois da instituição da Lei nº 11.445/2007, foi promulgada a Lei nº 14.026, em julho de 2020, atualizando o Marco Legal do Saneamento Básico no Brasil. Materializado na letra da lei, entre outras alterações, o discurso, ou intenção, de estimular a expansão dos serviços em ritmo mais acelerado, por meio de ganhos de escala e escopo e da garantia de divisão do mercado de saneamento entre os setores públicos e privados, teve foco na indução regulatória à competição (Guerra e Véras, 2021).

Atualmente, o País caminha, como ocorre nos países mais ricos, para a gestão local de tributos (impostos, contribuições, taxas e tarifas de serviços locais) como forma de aumentar o financiamento e a sustentação de sistemas e infraestruturas urbanas (Santos, Kuwajima e Santana, 2020). A busca por sustentabilidade financeira diante do cenário de evidente enfraquecimento dos cofres públicos impulsionou, e tem impulsionado, a mudança de paradigma e o estabelecimento de modelos inovadores de concessão e financiamento no País.

Esses novos modelos ainda carecem de tempo para ser avaliados com mais precisão, entretanto algumas externalidades positivas já podem ser observadas em algumas das modelagens que se concretizaram entre 2020 e 2021, sobretudo quanto à previsão de investimentos. Como exemplo cabe citar as pontuações de Guerra e Verás (2021) na concessão dos serviços de saneamento da Companhia Estadual de Águas e Esgotos do Rio de Janeiro (CEDAE) e as observações de Assed e Assed (2021) e Carvalho (2021) sobre a concessão dos serviços na região metropolitana de Maceió.

Concessões e PPPs no setor de saneamento básico

Inicialmente cabe esclarecer que as inovações trazidas pela modernização na legislação brasileira, a saber, pela atualização do Marco Legal do Saneamento (Lei nº 14.026/2020), da Lei Geral de Concessões, Parceria Público-Privada e Consórcios Públicos (PL 7.063/17, atual lei 13.529/17) e da Nova Lei de Licitações (Lei nº 14.133/2021), dizem respeito, entre outros pontos, ao aumento da segurança jurídica, sobretudo contratual, e da previsibilidade para a atração de investidores e não necessariamente da abertura do mercado para o capital privado, uma vez que as legislações que precediam a essas já permitiam essa abertura.

A concessão dos serviços públicos de saneamento básico à iniciativa privada nos estados do Tocantins, em 1998, e do Amazonas, em 2000, servem como exemplo de estruturações estabelecidas nas legislações anteriores. Como referência de caso mais recente, e na iminência da atualização legal, pode-se mencionar a concessão dos serviços de esgotamento sanitário do Mato Grosso do Sul por meio de uma PPP, que, apesar de ter sido concluída em 2021, iniciou em 2016 (Aesbe, 2022).

Entretanto, as atualizações legais se configuram como um avanço regulatório que tende a atenuar algumas das falhas de mercado que predominam no setor de saneamento, principalmente os efeitos da exploração monopólica pela abertura do mercado à competição, e das assimetrias de informações entre os agentes interessados na prestação dos serviços (Guerra e Verás, 2021; Carvalho, 2021).

O panorama atual do setor no Brasil configurado pelas mudanças no ambiente regulatório, pela entrada de novos atores no mercado e pelo forte incentivo do governo federal à desestatização, é novo e, pelo menos inicialmente, caminha para um modelo de regulação e prestação por desempenho. Desse modo, à medida que a administração pública se distancia do modelo anterior, marcado pela exploração pública dos serviços e disciplinados, em grande medida, por meio dos contratos de programa, instrumento celebrado sem licitação (Guerra e Verás, 2021), exige-se que os novos modelos de prestação por meio de concessão sejam inovadores, eficientes, competitivos e que comprovem sua capacidade financeira de universalizar os serviços (Araújo e Dantas, 2021).

Diante desse novo cenário, o governo federal, por meio do Ministério do Desenvolvimento Regional (MDR), estimou um potencial de embolso de cerca de R$ 1 trilhão junto a iniciativa privada em projetos e ações nas áreas de saneamento básico, iluminação pública, mobilidade urbana, segurança hídrica e habitação (Brasil, 2022b). No setor do saneamento básico, quatro grandes concessões dos serviços de abastecimento de água e esgotamento sanitário leiloadas entre 2020 e 2021 captaram mais de R$

61 bilhões entre investimentos e outorgas. A tabela I-1 reúne o capital mobilizado (investimentos estimados e outorgas) nos leilões das concessões de serviços de saneamento de Alagoas, Amapá e Rio de Janeiro, cujas modelagens foram desenvolvidas pelo Banco Nacional de Desenvolvimento Econômico e Social (BNDES).

Tabela I-1 ■ Total de investimentos e outorgas dos leilões de saneamento básico (em milhões).

Projeto	Tipo de concessão	CAPEX estimado	Outorga
Alagoas – Bloco A	Concessão da distribuição de água e tratamento de esgoto	R$ 2.568	R$ 2.000
Alagoas – Bloco B	Concessão da distribuição de água e tratamento de esgoto	R$ 2.900	R$ 1.200
Alagoas – Bloco C	Concessão da distribuição de água e tratamento de esgoto	R$ 2.900	R$ 430
Amapá – Saneamento	Concessão plena de água e tratamento de esgoto	R$ 3.100	R$ 900
Rio de Janeiro – Bloco 3	Concessão da distribuição de água e tratamento de esgoto	R$ 4.700	R$ 2.200
Rio de Janeiro – Blocos 1, 2 e 4	Concessão da distribuição de água e tratamento de esgoto	R$ 22.300	R$ 22.700
Total dos leilões realizados		R$ 38.468	R$ 29.430
Total (investimento + outorga)		R$ 67.898	

Fonte: Elaborado pelos autores a partir de dados primários coletados no portal do BNDES (2022)[16].

De acordo com o Plano Nacional de Saneamento Básico (Plansab), em sua versão revisada de 2019, o total de investimentos no setor de saneamento básico para iniciativas de abastecimento de água, esgotamento sanitário, manejo de águas pluviais, manejo de resíduos sólidos e de gestão, com recursos onerosos, recursos não onerosos e outras fontes[17], entre 2003 e 2017, foi de cerca de R$ 184,66 bilhões[18], uma média anual de investi-

[16] Os dados podem ser acessados diretamente na página do Hub de projetos do BNDES: https://hubdeprojetos.bndes.gov.br/pt/projetos/nossos-projetos?setor=saneamento.

[17] O Plansab considerou como outras fontes os investimentos realizados pelos prestadores com recursos próprios, os investimentos com recursos de estados e municípios e oriundos de fontes internacionais.

[18] Valor calculado a partir de dados coletados no Sistema Nacional de Informações sobre Saneamento (SNIS) e no Sistema Integrado de Administração Financeira (SIAFI).

mentos de R$ 12,13 bilhões (Brasil – MDR, 2019). O total captado apenas nos leilões listados na tabela I-1 representa aproximadamente 37% do total investido no setor entre 2003 e 2017.

A discussão do saneamento básico enquanto serviço público e enquanto direito humano vai além do aspecto financeiro. Entretanto, diante do cenário de restrições do orçamento público, os novos modelos de concessão se desenham como alternativas para a obtenção de recursos, principalmente tendo em vista que a estimativa para a universalização do saneamento no País até 2033 é desafiadora, cerca de R$ 47 bilhões por ano, segundo estudo da Associação Brasileira das Concessionárias Privadas de Serviços Públicos de Água e Esgoto (ABCON) e da KPMG (ABCON e KPMG, 2020).

Debêntures incentivadas

Outro caminho para o financiamento de projetos de saneamento básico no País é por meio das debêntures incentivadas, títulos privados relacionados a investimentos em projetos de infraestrutura[19], que se distinguem das debêntures convencionais por possuírem alíquotas de imposto de renda (IR) reduzidas[20] (Bragança, Pessoa e Souza, 2015) e por atenderem requisitos específicos definidos pelo Decreto nº 8.874/2016. Os incentivos, ou subsídios, concedidos se justificam pela natureza dos projetos contemplados: projetos que apresentam benefícios sociais e ambientais que não são capturáveis em suas receitas e implicam, frequentemente, custos adicionais para serem providos (Pereira e Miterhof, 2022).

As debêntures incentivadas foram criadas por meio da Lei nº 12.431/2011, sendo emitidas por empresas concessionárias autorizadas,

[19] O Decreto nº 8.874/2016 determina que os projetos de investimento devem visar a implantação, ampliação, manutenção, recuperação, adequação ou modernização de empreendimentos em infraestrutura dos seguintes setores: logística e transporte, mobilidade urbana, energia, telecomunicações, radiodifusão, saneamento básico e irrigação. Entretanto, em sua redação (art. 2, § 1º), a expressão "entre outros" dá margem para o entendimento de que outros setores de infraestrutura podem ser contemplados pelas debêntures, mas não há clara definição quanto a esses.

[20] Os benefícios fiscais das debêntures de infraestrutura são distintos para residentes no exterior e domésticos. No caso dos residentes no exterior, a alíquota do IR é reduzida a zero e isenta do recolhimento do imposto sobre operações financeiras (IOF). Para os residentes no Brasil, as debêntures têm alíquota de IR de 15% quando adquiridas por pessoa jurídica e igual a zero quando adquiridas por pessoa física.

em alternativa às fontes tradicionais de financiamento, e que progressivamente têm-se consolidado no mercado de capitais como mecanismo de financiamento de longo prazo para as empresas. Conforme mencionam Wajnberg e Castro (2016), mesmo diante do cenário de grande instabilidade financeira que acometeu o País e do envolvimento de atores importantes do setor na operação Lava Jato, as emissões de debêntures incentivadas ocorreram com relativa frequência.

Desde 2012, ano da primeira emissão, até fevereiro de 2022 foram emitidas 485 debêntures incentivadas para projetos de energia, transporte e logística, telecomunicações e saneamento básico (Figura I-4). O setor que concentra o maior número de debêntures é o de energia (66,3%), seguido pelo de transporte e logística (26,1%). Até fevereiro de 2022 o saneamento básico contava com 28 debêntures, entretanto, segundo o MDR, o número de projetos prioritários é de 40 em 14 estados (Brasil, 2022b).

Em termos de valores, entre 2012 e 2022, o valor do CAPEX dos projetos de infraestrutura de saneamento que emitiram debêntures totalizou R$ 12,81 bilhões e outros R$ 18,24 bilhões[21] aguardam para serem emiti-

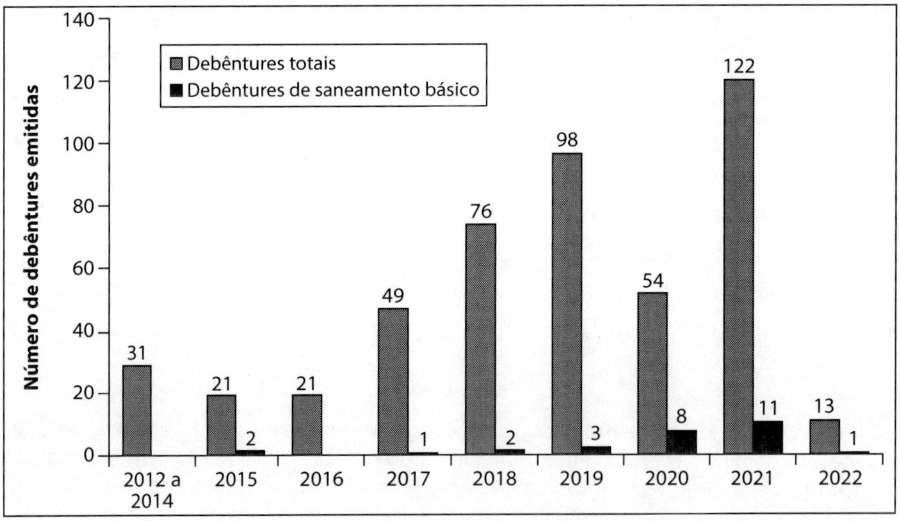

Figura I-4 ■ Quantidade de debêntures incentivada emitidas entre 2012 e 2022. **Fonte**: Elaborada pelos autores a partir de dados coletados no Boletim Informativo de Debêntures Incentivadas (Brasil, 2022a).

[21] CAPEX total das portarias aguardando emissão de debêntures para o setor de saneamento básico e mobilidade (BrasiL, 2022).

dos. Além disso, foram captados mais de 8,05 bilhões pelo mercado, conforme apresenta a figura I-5.

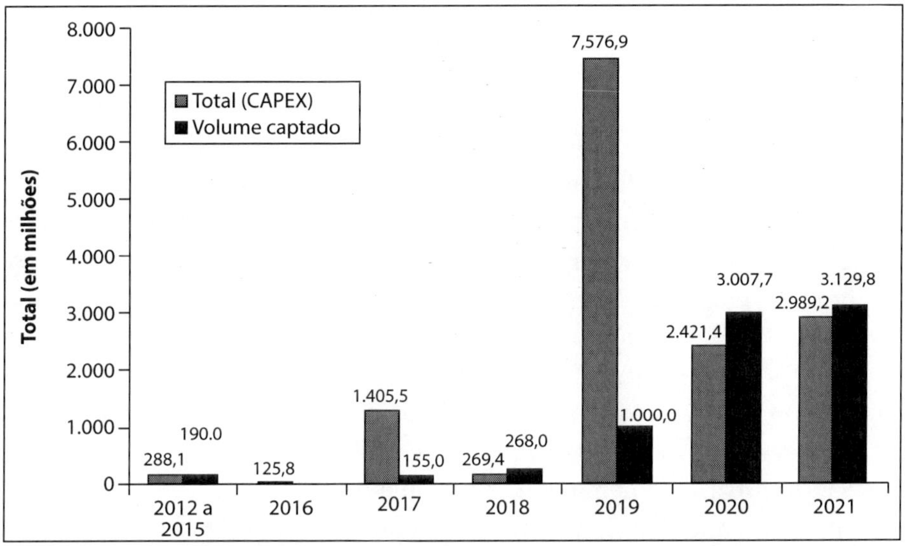

Figura I-5 ■ Total (CAPEX) de projetos que emitiram debêntures e volume total captado entre 2012 e 2022. **Fonte**: Elaborada pelos autores a partir de dados coletados no Boletim Informativo de Debêntures Incentivadas (Brasil, 2022a).

Para Simões (2021), as emissões de debêntures incentivadas promovem aumento no financiamento dos investimentos de infraestrutura do País no curto prazo. Todavia, conforme destaca Morettini (2019), o crescimento progressivo das debêntures não apartou, nem de longe, o financiamento público de sua posição de protagonismo, mas delineia um caminho até então exitoso rumo à descentralização do financiamento de projetos de infraestrutura.

CONSIDERAÇÕES FINAIS

Este capítulo abordou as principais premissas de fomento à inovação no setor público brasileiro, quais sejam, as novas formas de contratação e as novas estratégias de financiamento. A demanda por inovação faz parte do modelo gerencial introduzido pelo Plano Diretor de Reforma do Aparelho do Estado, inspirado pela Nova Gestão Pública pautada pelas tendências liberalizantes do final do século XX. Desde então, a Administração Pública mimetiza os modelos do setor privado, em busca de evidenciar o valor público que agrega, movida pela pressão das leis e da sociedade por meio do controle social, que se dá principalmente através dos processos eleitorais.

A reforma gerencial desencadeou inovações nos perfis dos contratados, tais como as Organizações Sociais, as Organizações da Sociedade Civil e as Parcerias Público-Privadas, a fim de absorver a agilidade, a competitividade e a eficiência do setor privado e do terceiro setor. A coisa pública passou a ser realizada por múltiplos setores, entes federativos, órgãos, instituições, empresas, consórcios, impondo a necessidade de governança em redes.

As PPPs também funcionam como parceiros investidores que compartilham bônus e ônus com o setor público, incrementando sua capacidade de financiamento de obras, programas e políticas públicas.

Para reforçar o princípio constitucional da eficiência criou-se a Lei de Responsabilidade Fiscal, que institucionaliza a aplicação de indicadores da gestão orçamentária, enquanto a lei de licitações e contratos zela de todos os princípios nas contratações públicas – legalidade, impessoalidade, moralidade, publicidade e eficiência.

Esta última recebeu várias inovações ao longo do tempo, que culminou com a Nova Lei de Licitações, a qual inclusive adicionou novos princípios: "(...) da probidade administrativa, da igualdade, do planejamento, da transparência, da eficácia, da segregação de funções, da motivação, da vinculação ao edital, do julgamento objetivo, da segurança jurídica, da razoabilidade, da competitividade, da proporcionalidade, da celeridade, da economicidade e do desenvolvimento nacional sustentável (Brasil, 2021[22])". Observa-se a forte correlação com princípios inovadores da iniciativa privada, tais como *compliance, environment, social and governance* (ESG).

A NLL espelhou outras práticas do setor privado, as quais, para o setor público, representam importantes inovações, tais como o condicionamento das contratações públicas ao planejamento consubstanciado no orçamento, no estudo técnico preliminar e na matriz de riscos. A nova lei incentiva as inovações tecnológicas, ao acolher as modalidades licitatórias

[22] Art. 5º, caput, da Lei Federal nº 14.133/2021. Disponível em: http://www.planalto.gov.br. Acesso em 31 jul. 2022.

eletrônicas, o *Building Information Modelling*, para as obras e serviços de engenharia, e os novos regimes contratuais que permitem aos licitantes apresentarem distintos projetos, tecnologias, modelagens financeiras e orçamentos.

A história da administração pública brasileira evidencia que o principal desafio para a inovação é superar a inércia dos modelos e entraves anteriores e que a mudança de modelos é um processo gradual, como ainda se pode observar na própria implantação da reforma gerencial e na construção da governança em redes.

Também a mudança de marcos legais carrega os constructos dos modelos anteriores – caso da Nova Lei de Licitações e Contratos Públicos, que é um compilado repaginado de leis precedentes, acrescido de inovações.

Mesmo com essas ressalvas, a inovação segue imperativa no setor público, e a política de saneamento bem a exemplifica, ao se valer do novo Marco Legal do Saneamento (Lei nº 14.026/2020), da nova Lei Geral de Concessões, Parceria Público-Privada e Consórcios Públicos (PL 7.063/17, atual lei 13.529/2017) e da nova Lei de Licitações (Lei 14.133/2021). Os novos dispositivos legais exigem que os novos modelos de prestação por meio de concessão sejam inovadores, eficientes, competitivos e que comprovem sua capacidade financeira de universalizar os serviços, subsidiando os usuários de baixa renda, inclusive. A novidade é que tais condicionantes não impedem a captação de recursos no mercado financeiro, a exemplo das debêntures incentivadas, e, mesmo as concessões em si, valem-se cada vez mais dos leilões. Todavia, é preciso ter cautela com a tendência à concentração de investimentos em territórios nobres, em detrimento de subsídios cruzados aos territórios mais vulneráveis, segundo Keppke, Monteiro e Nascimento (2021).

O estudo de caso em saneamento demonstra que a necessidade de prospectar recursos para implantar políticas públicas essenciais é capaz de superar todas as barreiras e inércia burocrática, sinalizando sim que a inovação no setor público é possível!

REFERÊNCIAS

Araújo Filho VF. O quadro institucional do setor de saneamento básico e a estratégia operacional do PAC: possíveis impactos sobre o perfil dos investimentos e a redução do déficit. Boletim Regional, Urbano e Ambiental, Brasília, n. 1, p. 61-5, abr. 2008.

Araújo BC, Dantas RND. Descentralização dos serviços de saneamento básico no Brasil: entre universalização e eficiência. In: Frota L, Peixinho M. (Coords). Marco regulatório do saneamento básico: estudos em homenagem ao Ministro Luiz Fux. Brasília: OAB Editora; 2021.

Assed GF, Assed CF. A teoria dos leilões e o novo marco regulatório do saneamento básico brasileiro. Revista Videre. 2021;13(27):78-97.

Associação Brasileira das Concessionárias Privadas de Serviços Públicos de Água e Esgoto (ABCON); KPMG. Quanto custa universalizar o saneamento no Brasil? Brasil: KPMG, 2020. Disponível em: https://assets.kpmg/content/dam/kpmg/br/pdf/2020/07/kpmg-quanto-custa-universalizar-o-saneamento-no-brasil.pdf. Acesso em 24 abr. 2022.

Associação Brasileira das Empresas Estaduais de Saneamento (AESBE). Leilões do setor de saneamento. Revista Sanear. Ano 15, n. 40, p. 15-9, 2022.

Bragança GGF, Pessoa ML, Souza GM. Evolução recente do mercado de debêntures no Brasil: as debêntures incentivadas. Brasília: Ipea; 2015 (Texto para Discussão do Ipea, n. 2158).

Brasil. Boletim Informativo de Debêntures Incentivadas: e demais instrumentos da Lei nº 12.431/2011. 99. ed. Brasília: Ministério da Economia, 2022a. Disponível em: https://www.gov.br/economia/pt-br/centrais-de-conteudo/publicacoes/boletins/boletim-de-debentures-incentivadas. Acesso em 28 abr. 2022.

Brasil. Carteira de projetos de desenvolvimento regional para o setor privado: 2021-2022. Brasília: MDR; 2022b.

Brasil. Ministério do Desenvolvimento Regional. Secretaria Nacional de Saneamento. Plansab – Plano Nacional de Saneamento Básico. Brasília: MDR; 2019. 240p.

Brasil. Portal de Compras do Governo Federal. Instrução Normativa nº 5, de 26 de maio de 2017. Disponível em: https://www.gov.br/compras/pt-br/acesso-a-informacao/legislacao/instrucoes-normativas/instrucao-normativa-no-5-de-26-de-maio-de-2017-atualizada. Acesso em 1º jun. 2022.

Brasil. Presidência da República. Secretaria-Geral. Subchefia para Assuntos Jurídicos. Decreto nº 10.922, de 30 de dezembro de 2021. Disponível em: http://www.planalto.gov.br/ccivil_03/_ato2019-2022/2021/Decreto/D10922.htm. Acesso em 1º jun. 2022.

Brasil. Presidência da República. Secretaria-Geral. Subchefia para Assuntos Jurídicos.. Lei nº 14.133, de 1º de abril de 2021. Disponível em: http://www.planalto.gov.br/ccivil_03/_ato2019-2022/2021/lei/L14133.htm. Acesso em 31 mai. 2022.

Bresser Pereira LC. O modelo estrutural de gerência pública. Revista de Administração Pública (RAP). Rio de Janeiro: FGV/EBAPE, v. 42, n. 2, p. 391-410, mar./abr. 2008.

Bresser Pereira LC, Spink P. Reforma do Estado e Administração Pública Gerencial. 7ª ed. Rio de Janeiro: ed FGV. 2006.

Britto AL (coord); Cordeiro BS, Pereira TD, Hubner C F, Sousa ACA, Galvão AC Jr, et al. Avaliação político-institucional do setor de saneamento básico. Brasília: Ministério das Cidades/Secretaria Nacional de Saneamento Ambiental, 2014. (Panorama do Saneamento Básico no Brasil, v. 4).

Campos C. A promoção e a produção das redes de águas e esgotos na cidade de São Paulo, 1875-1892. Anais do Museu Paulista. São Paulo, v. 13, n. 2, p. 189-232, 2005.

Carvalho AA. Regulação econômica e contratos sob o novo marco legal do saneamento básico: estudo de caso da concessão da região metropolitana de Maceió. 2021. 54 f. Dissertação (Mestrado) – Escola Nacional de Administração Pública, Brasília, 2021.

Cook BJ. Arenas of Power and new policy theory: toward a synthesis. Center for public administration and policy. Virginia, EUA. September, 2010.

Cortês SV. Sistema Único de Sáude: espaços decisórios e a arena política de saúde. Cad. Saúde Pública, Rio de Janeiro, v. 25, n. 7, jul., 2009, p. 1626-33.

Costa EJM da. Planejamento territorial, gestão de políticas públicas e descentralização regional: a experiência do estado do Pará. Revista DRd Desenvolvimento Regional em Debate. Ano 1, n. 1, dez. 2011.

Cova CJG. Manual de estruturação de concessões e parcerias público-privadas. São Paulo, SP: Cengage Learning, 2017.

Dallabrida VR. Desenvolvimento e governança territorial: um ensaio preliminar sobre a necessidade da regulação no processo de gestão do desenvolvimento. REDES, Santa Cruz do Sul, v. 15, n. 3, p. 165-86, set/dez. 2010.

Foletto PR, Tavares SMN. Especificidades da governança universitária: alguns aspectos. In: Colombo SS (org). Gestão Universitária: os caminhos para excelência. Porto Alegre: Penso; 2013.

Frey K. Governança urbana e participação pública. Revista de Administração – RAC Eletrônica, v. 1, n. 1, p. 136-50, 2013.

Goulart S, Vieira MMF, Costa CF, Knopp G da C. Articulações em rede e acontecimentos no território: subsídios teóricos para a formação de políticas públicas para o desenvolvimento. Cad EBAPE BR, v. 8, n. 3, artigo 1, Rio de Janeiro, Set, 2010.

Gremaud AP, Vasconcellos MAS, Toneto R Jr. Economia Brasileira Contemporânea. 7ª ed. São Paulo: Atlas; 2011.

Guerra S, Véras R. Novo marco regulatório do saneamento. Revista de Direito Econômico e Socioambiental, Curitiba, v. 12, n. 1, p. 196-215, jan./abr. 2021.

Guimarães TA. A nova administração pública e a abordagem da competência. Revista de Administração Pública, vol 34, n. 3, 2000.

IBGC (Instituto Brasileiro de Governança Corporativa). Código das melhores práticas de governança corporativa. 5.ed./Instituto Brasileiro de Governança Corporativa. São Paulo, SP: IBGC, 2015. 108p.

Ivo ABL. Governabilidade e governança na América Latina: teses e paradoxos. VII Congreso Internacional del CLAD sobre la Reforma del Estado y de la Administración Pública, Lisboa, Portugal, 8-11 oct. 2002

Keppke RS, Monteiro ES, Nascimento GC. Como evitar a reprodução das desigualdades na produção do espaço urbano? Desafios do sistema de planejamento urbano e orçamentário. Revista Simetria, São Paulo, v. 1, n. 8, p. 115-31, jul/dez, 2021.

Knopp G, Alcorofado F. Governança Social, Intersetorialidade e Territorialidade Em Políticas Públicas: O Caso Da Oscip Centro Mineiro De Alianças Intersetoriais (Cemais). III Congresso CONSAD de Gestão Pública, 2010.

Kuwajima JI, Santos GR, Fechini VM, Santana AS. Saneamento no Brasil: proposta de priorização do investimento público. Brasília: Ipea, 2020 (Texto para Discussão, n. 2614).

Lefèvre C. The improbable metropolis: decentralization, local democracy and metropolitan áreas in the Western world. Análise Social, vol. XLV (197), 2010, 623-37.

Lefevre C. Building Metropolitan Governments in Europe: 1960-2000. From functional to political legitimacy. In: International Forum on Metropolization, Santa Cruz, Bolivia. 1999.

Lima PDB. A Excelência em Gestão Pública: A Trajetória e Estratégia do GESPÚBLICA. Rio de Janeiro: Qualitymark; 2009.

Lowi TJ. Arenas of power. The Australian Journal of Public Administration, vol. 68, no. 4, 2009, p. 484-91.

Macedo R. Introdução às Parcerias Público-Privadas (PPPs). São Paulo, SP – Fundação Espaço Democrático (PSD), 2015.

Mendes AT, Santos GR. Análise dos investimentos em água e esgoto entre 2009 e 2018 segundo o SNIS frente a uma proposta de priorização dos recursos públicos. In: Congresso Brasileiro de Engenharia Sanitária e Ambiental. 31., 2021, Curitiba. Anais Eletrônicos [...]. Curitiba: ABES, 2021.

Morettini FTR. Financiamento de longo prazo e desenvolvimento: uma análise da regulação das debêntures de infraestrutura no financiamento nacional entre os anos de 2011 e 2016. 2019. 233 f. Tese (Doutorado em Direito) – Faculdade de Direito, Universidade de São Paulo, São Paulo, 2019.

Murtha NA, Castro JE, Heller L. Uma perspectiva histórica das primeiras políticas públicas de saneamento e de recursos hídricos no Brasil. Ambiente & Sociedade, v. 18, n. 3, p. 193-210, 2015.

Pereira TR, Miterhof MT. Uma nota sobre a eficiência fiscal das debêntures incentivadas em infraestrutura no Brasil. Revista Brasileira de Economia, Rio de Janeiro, v. 75, n. 2, p. 245-65, abr./jun. 2022.

Peters BG, Pierre J. Governance without government? Rethinking public administration. Journal of public administration research and theory, v. 8, n. 2, p. 223-243, 1998.

Pires IM. O atual estágio do PLANASA. Revista DAE, n. 243, p. 29-45, 1977.

Putnam RD. Comunidade e Democracia – a experiência da Itália Moderna. Editora da Fundação Getúlio Vargas. Rio de Janeiro [Cap 6. Capital social e desempenho institucional, p. 173-94], 1996.

Ribeiro LC de Q (Coord). Observatório das Metrópoles: Território, coesão social e governança democrática. 2012.

Rolnik R. Para além da lei: legislação urbanística e cidadania (São Paulo 1886-1936). In: Souza MAA, et al. (Orgs). Metrópole e globalização: conhecendo a cidade de São Paulo. São Paulo: Editora CEDESP, 1999.

Rua MG. Exclusion Social y Acción Colectiva en el Medio Rural: El Movimiento de los Sin Tierra de Brasil. Nueva Sociedad, v. 156, 1998.

Saiani CCS, Toneto R Jr. Evolução do acesso a serviços de saneamento básico no Brasil (1970 a 2004). Economia e Sociedade, v. 19, n. 1, p. 79-106, 2010.

Sales AMC. Termo de referência, estudo técnico preliminar, anteprojeto e projeto básico: um checklist do conteúdo obrigatório e de qual peça processual usar nas licitações e contratações públicas. Tribunal de Contas do Município de São Paulo. Escola Superior de Gestão e Contas Públicas Conselheiro Eurípedes Sales. Revista Simetria, v.1, n. 8 (2021). Disponível em: https://revista.tcm.sp.gov.br/simetria/article/view/98. Acesso em 31 mai. 2022.

Sanchez OA. A privatização do saneamento. São Paulo em Perspectiva, v. 15, n. 1, p. 89-101, 2001.

Santos AF dos. Evolução dos Modelos de Administração Pública no Brasil. Revista Científica Multidisciplinar Núcleo do Conhecimento. Edição 04. Ano 02, v. 01. Julho de 2010.

Santos GR, Kuwajima JI, Santana AS. Regulação e Investimento no Setor de Saneamento no Brasil: trajetórias, desafios e incertezas. Rio de Janeiro: Ipea, 2020 (Texto para Discussão do Ipea, n. 2587).

Sauberbrounn FF. Revisitando Abordagens em Governança Pública em Busca de uma Proposta para o Estudo da Dimensão Público-Privada no SUS. XXXVIII Encontro ANPAD. Rio de Janeiro, 13 a 17 de setembro, 2014.

Secchi L. Modelos Organizacionais e reformas da administração pública. Revista de Administração Pública, v. 42, n. 2, 2009.

Silveira ALL. Hidrologia Urbana no Brasil. In: Braga B, Tucci CEM, Tozzi M (eds.). Drenagem Urbana: Gerenciamento, Simulação, Controle. ABRH Publicações. Porto Alegre: UFRGS; 1998. p. 22.

Simões IL. Debêntures incentivadas: evolução e contribuição no setor de infraestrutura do Brasil. 2021. 44 f. Dissertação (Mestrado Profissional em Economia) - Fundação Getúlio Vargas, Escola de Economia de São Paulo, São Paulo, 2021.

Sousa ACA, Costa NR. Política de saneamento básico no Brasil: discussão de uma trajetória. História, Ciências, Saúde - Manguinhos, Rio de Janeiro, v. 23, n. 3, p. 615-34, jul./set. 2016.

Tocqueville A de A. Democracia na America: leis e costumes de certas leis e certos costumes políticos que foram naturalmente sugeridos aos americanos por seu estado social democrático. Eduardo Brandão (tradução). 2. ed. São Paulo: Martins Fontes; 2005.

Wajnberg D, Castro EC. Debêntures de projetos de infraestrutura: uma comparação entre as experiências brasileira e internacional. Revista do BNDES, Rio de Janeiro, n. 46, p. 103-61, 2016.

World Bank Group - WGI. Worldwide governance indicators. World Bank Group, 2010.

Parte II

INOVAÇÃO SUSTENTÁVEL COM FOCO NO CLIENTE CIDADÃO

Capítulo 3

O Cliente Cidadão: Transformação Digital e Cultural na Gestão Pública

Nilton Gomes de Moraes
Carlos Eduardo Rodrigues

INTRODUÇÃO

Quando se fala de clientes para uma empresa privada a satisfação deles é de suma importância para manter e ampliar as vendas. Já no universo público essa satisfação tem uma amplitude muito maior para a sociedade, apesar de não gerar nenhum lucro (Kanaane, Fiel Filho e Ferreira, 2010). No mundo atual, onde as empresas buscam aceleradamente um ambiente disruptivo de Transformação Digital, os clientes de lá são os cidadãos daqui e ficam cada dia mais exigentes com base nas experiências inovadoras que o mundo privado lhes proporciona.

Este capítulo tem o objetivo de discutir como a gestão pública deve se reinventar para acompanhar o comportamento e as necessidades desse novo modelo de cliente cidadão, buscando transformar a experiência e gerando satisfação não só para o cidadão isoladamente, mas também para toda sociedade impactada.

O setor público agora precisa inovar continuamente seus serviços com os pilares da tecnologia, pessoas e, principalmente, o olhar dos cidadãos, transformando digitalmente a experiência no uso dos serviços públicos (BID, 2021).

Cada vez mais é necessário aos entes públicos que entreguem experiências simples, eficazes e eficientes, concentrando as operações nas coisas que os cidadãos valorizam com plataformas e parcerias para acelerar e escalar essas inovações.

Por outro lado, o descompasso entre o setor privado e o público precisa ser minimizado, pois pode gerar desapontamento entre cidadãos e os próprios profissionais que atuam no serviço público. Este capítulo irá tratar o setor público como uma empresa, já que os passos para a Transformação Digital em ambos os setores são praticamente idênticos.

Por fim, elevado número de ferramentas está disponível para implementação imediata na experiência do cliente/cidadão como os *chatbots* que nada mais são do que robôs virtuais de atendimento. Essas ferramentas podem ser rapidamente implementadas por meio de parcerias com o setor privado.

TRANSFORMAÇÃO DIGITAL COMO NECESSIDADE DO CIDADÃO

Muitas das coisas que eram vistas em seriados e filmes de ficção científica antigos já se fazem presentes no cotidiano do nosso tempo. Recursos antes tidos como futuristas estão presentes em nosso dia a dia, ao alcance de praticamente todas as pessoas e acionados ao toque dos dedos por um *smartfone* ou uma tela de um totem em uma praça de alimentação de shopping center.

Não é alternativa para o serviço público fechar os olhos para essa nova realidade e é torna-se de suma importância encarar as inovações do mercado com uma visão positiva e usufruir de todos os benefícios que essas ferramentas podem nos propiciar. Com isso, torna-se necessário desmistificar o conceito de Transformação Digital para que ela não pareça como mais uma "modinha" da atualidade, até porque isso já é uma realidade que profissionais, gestores e empresários estão utilizando e colhendo resultados, seja na redução de custos, seja na melhoria de produtos e serviços.

Quando se usa o termo Transformação Digital, estamos falando do uso da tecnologia para converter processos analógicos em digitais gerando ganhos de inteligência informacional e eficiência (BID, 2021), além de tomadas de decisões mais ágeis e acertadas baseadas em fatos em alguns casos automatizados de forma preditiva.

Essa metodologia permite que as companhias utilizem a tecnologia para antecipar problemas, identificar oportunidades de melhorias e aprimorar processos organizacionais para colher resultados mais positivos.

Porém se engana que imagina que a Transformação Digital é pautada apenas em tecnologia e processos, pois o principal pilar dessa matéria é o atendimento às necessidades dos clientes. E nessa linha torna-se muito importante que o foco não seja apenas no produto ou na tecnologia.

Algumas literaturas trazem o conceito da Transformação Digital baseado em muitos pontos, mas aqui o traremos de forma simplificada em 4 pilares principais, conforme a figura II-1.

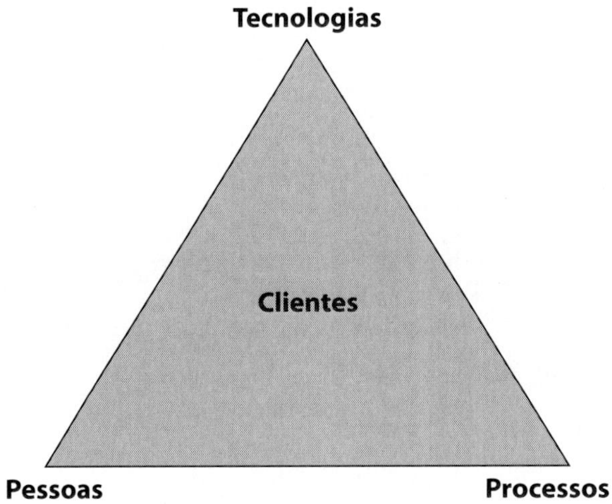

Figura II-1 ■ Pilares da Transformação Digital. **Fonte**: autor.

A devida aplicação e tratamento das necessidades e requisitos de cada pilar é fundamental para uma estruturação de meios que ofereceram otimização para o atingimento dos resultados planejados e para que a Transformação Digital atinja o resultado pretendido.

Muito importante salientar que o objetivo precisa ser o de impulsionar o negócio ou o serviço prestado, tornando tudo dinâmico e mensurável para que as tomadas de decisão sejam sempre baseadas em fatos. Com isso existe a possibilidade real e contínua de melhorar custos, *performance*, gerir melhor riscos e ameaças além de, certamente, proporcionar maior satisfação aos clientes cidadãos.

Aliás, é preciso ter um foco apurado no cliente cidadão, ser empático e tentar enxergar como ele, seus desejos e necessidades enquanto consumidor ou usuário de produto ou serviço público. O sucesso da Transformação Digital depende de um forte entendimento dos anseios e necessidades desses clientes (Furlan, 2015).

Como a figura II-1 nos mostra, o cliente cidadão está no centro de toda estratégia de Transformação Digital, pois, no final das contas, ele será o grande beneficiado da aplicação das tecnologias e inovações que serão feitas.

Lembrar que o cliente cidadão será o grande beneficiado, mas não será o único e de tão grande importância, é preciso ainda envolver as pessoas do time: a força de trabalho.

A princípio, para a força de trabalho, a Transformação Digital pode significar maior carga de trabalho nas fases de sua implementação, porém com a maturidade das ferramentas e metodologias ora implantadas fatalmente existirá uma migração de trabalhos executados de forma repetitiva para automatizações, resultando em tempo e dados consolidados para que o mesmo funcionário que fazia esses trabalhos possa se emprenhar na gestão desses e não mais esteja na sua execução pura.

Está-se falando dos funcionários ou servidores, dos terceiros, e de toda cadeia produtiva que integra a execução das tarefas, não só para obter esse correto entendimento, como também para gerar mais e melhores percepções para a implementação das melhorias e inovações advindas desse processo.

Por falar em processo, outro pilar importante dessa matéria é o correto estabelecimento e estudo dos processos produtivos da empresa ou repartição. A experiência prática mostra que o simples ato de "puxar o freio de mão" e descrever os processos como eles estão já nos trazem gratas surpresas no aparecimento de sugestões de melhorias que, muitas das vezes, nem têm a ver com a questão da Transformação Digital.

O aparecimento de questões simples, como porque fazemos esse relatório, ou para que é usado esse formulário ou ainda quem é o responsável por essa etapa, pode resultar em melhorias no processo, de forma a se evitar o desperdício de recursos humanos e financeiros, além de ganhos em *performance* e em qualidade nos produtos e serviços gerados.

Para esse pilar são identificados os principais pontos que poderão receber as soluções tecnológicas que, normalmente, já estão presentes em algum segmento de mercado.

Tomando esse gancho da tecnologia é fácil concluir que não tem como ser diferente: transformar digitalmente é transformar tecnologicamente. Não é possível uma mudança efetiva se não tiver a incorporação de novas tecnologias e soluções informatizadas que tragam inteligências computacionais aptas a lidar com os desafios digitais da atualidade (BPM CBOK, 2014).

Essa inteligência computacional ou em inteligência artificial se trata do aprendizado de máquina para padrões que geram análises preditivas dos dados gerando novos modelos de negócio e consolidando-se pelo aprimoramento do atendimento ao cliente e à assertividade nas tomadas de decisão.

Na teoria, tudo isso nos parece bem simples, mas fazer a "virada de chave" para uma empresa ou repartição pública ser transformada digitalmente não é tão simples quanto à modernidade e a disponibilidade de ferramentas digitais nos faz parecer. Afinal, digitalizar todos os dados e padrões preexistentes não é um desafio tão simples e, de forma alguma, é algo superficial. A implantação de um *chatbot*, por exemplo, necessita do planejamento e estabelecimento de todas as respostas padronizadas para as principais perguntas e questionamentos dos clientes buscando a satisfação com o oferecimento da solução de problemas ou serviços (Kanaane, Fiel Filho e Ferreira, 2010).

Outro ponto interessante da Transformação Digital é que ela não é responsabilidade exclusiva de um departamento de Tecnologia da Informação e muito menos se caracteriza por um projeto estritamente técnico. A participação da força de trabalho funcional, ou seja, a que é responsável pela execução dos processos no seu dia a dia, é fundamental, pois é esse time que precisa estar integrado em todas as suas fases, tanto para decisão, quanto para desenvolvimento, homologação, aplicação e implementação das soluções.

Tornar-se digital significa uma total mudança de mentalidade (*midset*), ou seja, uma mudança cultural tanto para os colaboradores quanto para a liderança onde representa uma sensível mudança na forma de gestão. Essa alteração na gestão transforma a liderança que sai de um caráter de execução para uma forma mais fluida em que ocorrem as tomadas de decisões muito mais rápidas e com um grau de assertividade muito maior.

ROADMAP DA TRANSFORMAÇÃO DIGITAL - ESTABELECENDO A TRILHA

O termo *roadmap* em uma tradução simples do inglês significa roteiro que nada mais é do que o plano de ação que irá direcionar todas as etapas de implementação da estratégia, nesse caso da Transformação Digital. Ele se assemelha a um cronograma e é usado nas empresas para organizar e gerenciar o desenvolvimento de produtos, o planejamento estratégico do ano, o desenvolvimento de pessoas, entre outras aplicações (FIA, 2022).

Pode-se definir como um documento de alto nível que explicita o objetivo digital que uma empresa deseja alcançar, identificando as iniciativas digitais que conduzirão para alcançar as metas de Transformação Digital e estabelece o plano de ação para alinhar as iniciativas digitais aos objetivos de negócios de curto, médio e longo prazo.

O estabelecimento do *roadmap* é o primeiro passo para a adequação de toda a estratégia da empresa ou repartição no direcionamento de uma trilha segura para o atingimento dos resultados da Transformação Digital (BID, 2021). Esse documento é de vital importância, pois descreve os objetivos de curto, médio e longo prazo da empresa e, consequentemente, quais serão as ações necessárias para alcançar esses resultados almejados.

Para o estabelecimento dessa trilha é muito importante a participação de todas as partes interessadas no negócio a fim de que a Transformação Digital busque o atingimento das necessidades de TODAS as partes interessadas (BPM CBOK, 2014). Importante salientar que essa premissa deve nortear o planejamento estratégico da empresa como um todo.

Delimitar essa trilha é uma ação fundamental para viabilizar uma revisão estruturada da estratégia atual de Transformação Digital e suas iniciativas, considerando os aprendizados e resultados da jornada, necessidades de ajustes na jornada, avaliação de oportunidades de melhoria nas ações em execução e identificação de novas oportunidades de transformação em comparação com as aplicações já efetuadas no mercado por meio de *benchmarkings*.

Precisa ainda prover um direcionamento claro e orientado ao negócio com relação a missão, objetivos de negócio, indicadores e iniciativas que alimentarão o pilar de Transformação Digital.

De acordo com as metodologias existentes, há vários meios para se estabelecer o planejamento dessa trilha da Transformação Digital. Aqui aborda-se uma metodologia muito simples, mas que facilitará muito sua consecução. Essa metodologia direciona para que o estabelecimento do *roadmap* seja estruturado em algumas fases que podem ser moldadas de acordo com as características de cada organização. Aqui, trata-se esse planejamento delimitando em 3 fases principais:

Fase 1 – diagnóstico da situação atual e geração dos primeiros *insights*.

Essa fase pode contar com dois objetivos principais: conscientização da liderança para o engajamento e diagnóstico da situação atual do negócio com relação à Transformação Digital. Ao final dessa fase é importante que tenhamos o entendimento do nível de prontidão da empresa para a Transformação Digital e que já tenhamos os primeiros *insights* para as oportunidades a serem endereçadas.

Fase 2 – diagramação. Definição dos direcionadores e levantamento de oportunidades de Transformação Digital.

Nessa etapa, a organização deve identificar as oportunidades de alto impacto para a Transformação Digital. As oportunidades são exploradas e classificadas de acordo com os direcionadores estratégicos, táticos e operacionais. A ideia ao final dessa etapa é de ter uma lista priorizada de oportunidades a serem endereçadas.

Fase 3 – estruturação das iniciativas e planejamento do *roadmap*.

Finalmente, com os *insights* gerados nas duas fases anteriores, o resultado dessa etapa é o desenho final do *roadmap* que mostra a trilha completa de como a maturidade digital será alcançada. Esse *roadmap* visa mostrar, em uma linha temporal, a estratégia de implementação das diversas iniciativas e frentes de trabalho para a Transformação Digital (Figura II-2).

Cabe salientar que nenhuma análise ou crítica foi feita sobre essas representações que se tem por objetivo apenas exemplificar. Apenas é importante salientar que a representação final do *roadmap* para cada organização deve necessariamente estar incorporada na linha que a cultura da organização apresenta, ou seja, a empresa ou repartição pública deve se enxergar dentro da imagem do planejamento digital. Essa adequação é de suma importância para que a força de trabalho (inclusive a liderança) se identifique e se engaje na estratégia digital da organização.

ESTUDO DAS NECESSIDADES – COMO ENCANTAR O CIDADÃO

Quando estamos estabelecendo uma estratégia, seja ela para a Transformação Digital ou qualquer uma outra, uma das coisas mais importantes e que determinam o sucesso dessa estratégia é o estudo e entendimento

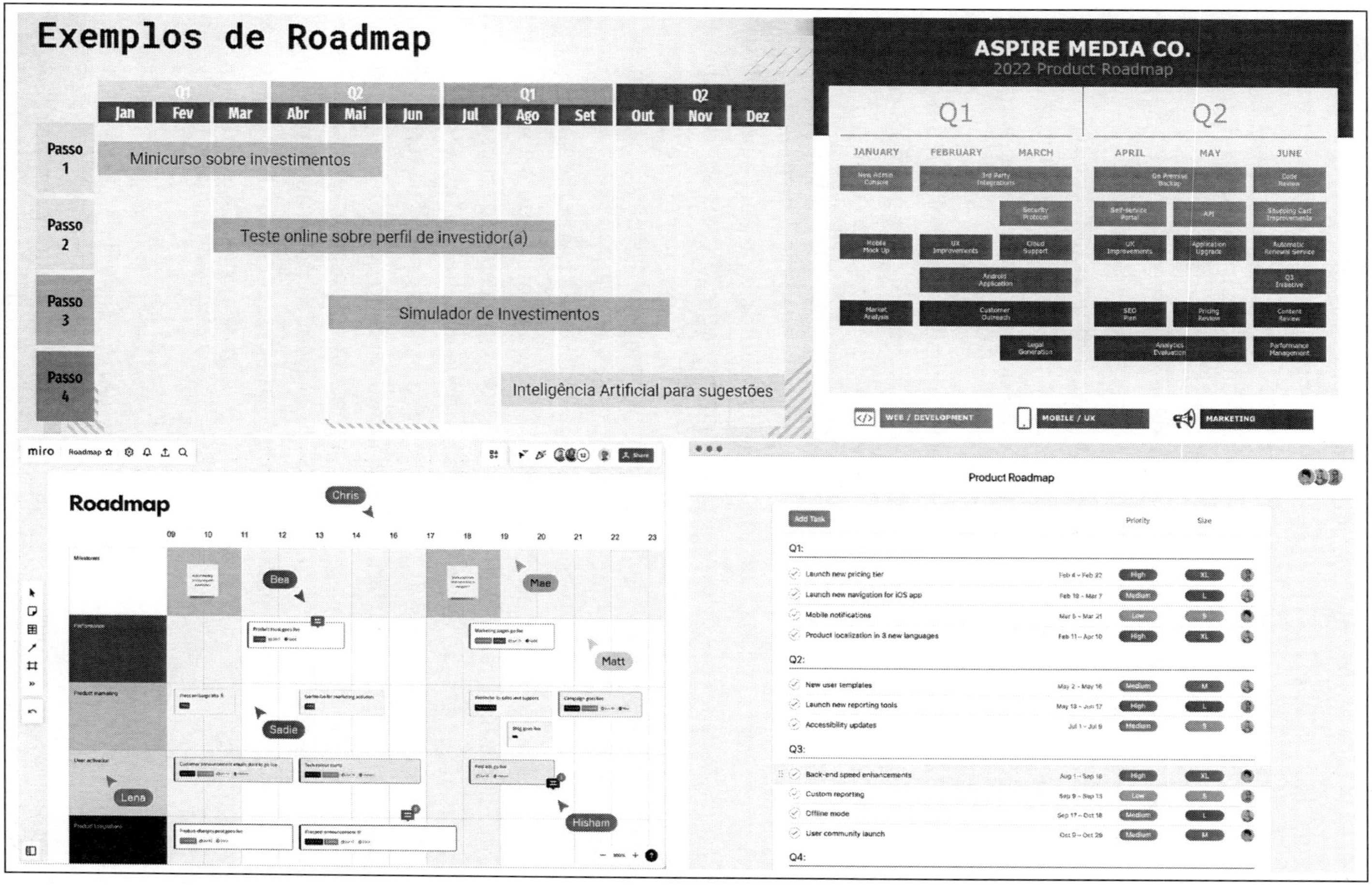

Figura II-2 ■ Representações gráficas de *Roadmaps*. **Fonte**: Alura, Miro e FIA, Adaptado pelo autor.

das necessidades dos clientes que serão atendidos por essa estratégia (Kanaane, Fiel Filho e Ferreira, 2010). Nada mais justo e lógico do que contemplar os desejos e anseios do cliente cidadão para que se possa oferecer produtos e serviços de qualidade e que contemplem suas expectativas (o ideal é que sempre essas expectativas sejam superadas).

Dependendo do perfil dos clientes, deve-se adotar uma estratégia própria para a captação das demandas e necessidades deles. Podem-se usar pesquisas físicas ou virtuais, grupos focais com lideranças de bairro, por exemplo, e análises das demandas por serviços solicitados. Muito importantes são também a análise da satisfação dos clientes e, principalmente, o tratamento das causas de insatisfação.

É fundamental entender que o mesmo cidadão que é cliente no poder público está dentro de um moderno ecossistema de informação e conectividade, tendo acesso a todas as comodidades do mundo moderno. Esse mesmo cliente que utiliza redes de *E-commerce* usa aplicativos para mobilidade urbana, dá comando de voz para seu carro ou *smartfone*, manuseia sua *smartv* em canais de *streaming*, faz pedido de refeição por aplicativo etc. As modernas tecnologias digitais não são mais segredo para ninguém em qualquer parte do mundo e esse conhecimento faz com que a expectativa desse cliente cidadão com o poder concedente seja no mesmo grau das facilidades que ele experimenta do meio privado.

Se pretende encantar o cidadão, é ponto pacífico tratar de equilibrar a disparidade com o mundo da iniciativa privada eliminando o abismo que existe em muitas áreas. O cliente espera por isso e cada dia mais aumenta seu grau de exigência sobre todos os serviços que lhe são prestados.

A estratégia de Transformação Digital deve incorporar o atendimento dessas necessidades (Furlan, 2015) e, muito mais do que somente implantar tecnologias atuais, deve estabelecer um novo patamar para a cultura organizacional digital a fim de que o poder público possa acompanhar as transformações tecnológicas do mundo moderno e diminuir o *gap* de tempo para a aplicação de novas tecnologias em seus processos produtivos.

PEQUENOS AVANÇOS GERANDO GRANDES INOVAÇÕES

As principais inovações do mundo moderno foram, quase sempre, fatores muito simples que tiveram um poder disruptivo de mexer inclusive com a cultura de muitos povos. Veja o exemplo da febre de aplicativos e comércio eletrônico ou dos aplicativos de transporte, por exemplo. É claro que o fato de se ter vivido em tempos de pandemia tornou a necessidade de virtualização de atividades como as de compras e interação (ferramentas para reuniões virtuais), mas não podemos atentar para o fato que, mesmo com o fim ou pelo menos o controle da pandemia, algumas inovações digitais trazidas entraram no dia a dia das pessoas e hoje elas não saberiam mais viver sem elas.

Uma das necessidades mais prementes do cliente cidadão é a transparência na gestão de seus problemas por parte do setor público e, segundo a Fundação Nacional da Qualidade (FNQ, 2021), apareceram no mercado, uma verdadeira explosão de ferramentas digitais, levando a um empoderamento das pessoas e fazendo emergir novos valores, que podem ser resumidos em:

- Senso de utilidade maior do que o senso de propriedade, transformando ativos pessoais em meios de produção, o que é muito interessante e desafiador para as empresas.
- Instantaneidade, ou seja, as pessoas querem tudo rápido.
- Compartilhamento, cada vez mais estimulado no mundo digital.
- Sustentabilidades ambiental, social, econômica e ética, que implicam práticas reais de transparência.

Como regra geral, a solução para os principais problemas que requerem uma evolução digital é muito mais simples do que às vezes se pensa e a maioria das soluções já está disponível no mercado para a implementação. O grande problema, muitas vezes, é a burocracia que se tem que vencer para a captação e implementação dessas tecnologias, mas vê-se que até nos aspectos legislativos os recentes regulamentos, decretos e leis que regem as contratações do setor Público já englobam inclusive a forma de contratação de *startups* que podem trazer a inovação para dentro do ambiente público.

Como se explorou neste capítulo, uma análise detalhada do processo pode já representar grandes ganhos de qualidade, agilidade e custo para o serviço ou produto sem a necessidade de grandes inovações de caráter disruptivo. O pensamento ágil (FNQ, 2021) tão mencionado pelos grandes gurus da Transformação Digital nada mais é que a resposta simples, direta e evolutiva para os problemas enfrentados no dia a dia desses processos.

Mas engana-se quem imagina ser simples a introdução das tecnologias disponíveis nos processos produtivos das organizações. Após o planejamento do crescimento da maturidade digital da empresa ou repartição pública, o maior desafio é engajar a força de trabalho para a implementação do planejamento anteriormente estabelecido pelo *roadmap* da Transformação Digital.

Quando se comentou anteriormente que um dos mais importantes pilares desse enquadramento digital são as pessoas, é nessa fase que se vê na prática a importância da conscientização e engajamento das pessoas que irão implementar e utilizar as ferramentas digitais para a melhoria da experiência do cliente cidadão.

Um enorme e robusto processo de gestão da mudança deve ser implementado para que a estratégia obtenha êxito. Pessoas devem ser mais que comunicadas buscando uma apropriação por parte de todo o time a respeito da mudança. Essa força de trabalho deve-se sentir como parte desse grande avanço e se apropriar da sensação gostosa de ser um agente transformador que adiciona qualidade, confiabilidade e modernidade, capaz de melhorar o atendimento com os produtos e serviços da organização.

A implementação do *roadmap* pode ser feita com a organização da força de trabalho por meio de times e são comumente utilizadas diversas metodologias ágeis disponíveis. Seja qual for a metodologia escolhida, a grande chave de sucesso dessa forma de implementação são as entregas evolutivas com a participação ativa dos clientes avaliando as melhorias e direcionando as novas entregas e desenvolvimentos vindouros.

As metodologias ágeis parte do princípio de que não precisa chegar até o final do projeto para implantar as melhorias ou ferramentas, pode-se ir implantando pequenos avanços de forma que, mesmo no início do projeto, os clientes possam já ir sentindo pequenas mudanças evolutivas que gradativamente já possam ir transformando sua experiência e facilitando seu dia a dia com as ferramentas digitais.

É evidente que os ganhos com a implementação das tecnologias digitais vão muito além de apenas ganhos para os clientes cidadãos, existem ganhos principalmente na gestão que podem ser facilmente observados pela redução de custos, otimização de recursos humanos e visualização clara de indicadores de gestão.

O processo da Transformação Digital acaba sendo como uma bola de neve para a melhoria da gestão, pois muda a cultura da organização para implementar a melhoria contínua de forma natural, pois as entradas e os resultados obtidos sempre remetem a novas intervenções com o sentido claro da melhoria.

SMART CITIES CONECTANDO O CIDADÃO E A SOCIEDADE

Em relação ao termo *smart city*, fala-se de um conceito que é adotado quando uma cidade faz ampla utilização de meios tecnológicos para conectar os equipamentos públicos e cidadãos a fim de conectar tudo o que acontece em toda a cidade, além de melhorar a conectividade das pessoas e otimizar e agregar os serviços do cotidiano da sociedade (Hauser e Bochi, 2017).

Uma visão geral sobre as *smart cities*

Essas cidades inteligentes ou *smart cities* podem ser definidas como grandes sistemas de pessoas interagindo e usando energia, materiais, serviços e financiamento para catalisar o desenvolvimento econômico e a melhoria da qualidade de vida. Esses tipos de interação promovem o uso estratégico de toda infraestrutura de equipamentos urbanos, serviços prestados diretamente pelo poder público ou por terceiros à população e de conectividade integrada de todos os cidadãos nas diversas esferas e classes sociais. Auxilia ainda na gestão pública, pois de um lado atende com eficiência a população e de outro gera um grande banco de dados de informações que podem ser trabalhadas e nortear as tomadas de decisão, inclusive com a identificação de padrões e tomadas de decisão de forma automática.

Essa característica transforma as cidades comuns em *smart cities*, já que acabam utilizando um certo grau de inteligência artificial para que os padrões de resposta aos principais problemas sejam incorporados ao dia a dia dessa cidade, auxiliando no planejamento e direcionando a gestão urbana a fim de atender as necessidades sociais e econômicas da sociedade civil.

Alguns podem até caracterizar esse conceito como algo utópico e futurista, porém esse é um ponto fundamental para alavancar o desenvolvimento sustentável das cidades trazendo enormes e reais possibilidades de redução de custos e otimização de recursos públicos e privados. Uma cidade inteligente ainda propicia a atração de empresas, pois, diretamente, oferece a melhor logística de seus produtos e matérias-primas em seu ciclo produtivo (Hauser e Bochi, 2017).

A geração de valor pela população em uma cidade inteligente pode alavancar seu PIB com as diversas otimizações que propicia. Como exemplo pode-se citar a coleta de lixo inteligente, em que as rotas são otimizadas e o sistema pode ser automatizado com a coleta de lixo de acordo com a demanda e com uma separação automática dos materiais que podem ser reciclados, indo direto para esse fim. Esse resíduo reaproveitado pode gerar renda capaz de minimizar os custos do sistema de coleta que com a otimização propiciada pelo planejamento de atividades já poupou custos relativos a recursos humanos, combustíveis fósseis etc. Por falar em combustíveis, a destinação final do lixo pode propiciar ainda a geração de energia em forma de biogás suficiente para alimentar uma indústria ou mesmo os caminhões de coleta.

Atualmente muitas cidades pelo mundo estão investindo pesado na transformação de diversos produtos e serviços com o viés digital para que seu crescimento social, político e econômico seja potencializado (Hauser e Bochi, 2017). Dado esse fato, a discussão desse assunto já movimenta diversos fóruns globais em busca de soluções cada vez mais inteligentes e automatizadas para o enfrentamento do crescente grau de exigência dos mercados e da sociedade.

No Brasil têm-se diversas cidades com tecnologias implantadas em prol do cidadão e da melhoria da gestão pública. Pode-se citar o *ranking Connected Smart Cities* que compõe um estudo desenvolvido pela consultoria *Urban System* que visa o entendimento e definição dos indicadores que apontem o estágio das cidades brasileiras para seu desenvolvimento inteligente, sustentável e humano.

Neste *ranking* são delineados 11 eixos temáticos com 75 indicadores que se conectam entre si (Figura II-3).

Posicionadas as cidades do Brasil nestes 11 eixos e seus respectivos indicadores, foi composto um *ranking* que em 2021 apresenta na figura II-4 as 15 cidades mais bem colocadas.

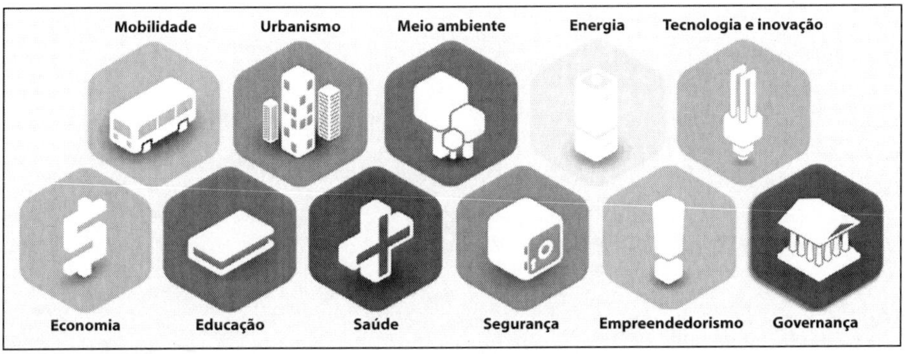

Figura II-3 ■ Eixos de avaliação *smart cities*. **Fonte**: *Urban System*, 2022.

***Ranking* Geral**

Posição	UF	Município	Nota	Porte	Região
1	SP	São Paulo	37,584	Mais de 500 mil	Sudeste
2	SC	Florianópolis	37,385	Mais de 500 mil	Sul
3	PR	Curitiba	37,375	Mais de 500 mil	Sul
4	DF	Brasília	37,314	Mais de 500 mil	Centro-Oeste
5	ES	Vitória	37,182	100 a 500 mil	Sudeste
6	SP	São Caetano do Sul	36,942	100 a 500 mil	Sudeste
7	RJ	Rio de Janeiro	36,907	Mais de 500 mil	Sudeste
8	SP	Campinas	36,389	Mais de 500 mil	Sudeste
9	RJ	Niterói	36,309	Mais de 500 mil	Sudeste
10	BA	Salvador	36,187	Mais de 500 mil	Nordeste
11	SP	Barueri	36,147	100 a 500 mil	Sudeste
12	SC	Balneário Camboriú	35,975	100 a 500 mil	Sul
13	MS	Campo Grande	35,537	Mais de 500 mil	Centro-Oeste
14	SP	Santos	35,506	100 a 500 mil	Sudeste
15	MG	Belo Horizonte	35,075	Mais de 500 mil	Sudeste

Figura II-4 ■ *Ranking* geral de avaliação *smart cities*. **Fonte**: *Urban System*, 2022.

É muito importante salientar que mesmo a cidade mais bem colocada, que nesse caso é São Paulo, inúmeras oportunidades de melhorias podem ser listadas e o campo para aprimoramento e desenvolvimento da cidade inteligente ainda é muito vasto.

Na figura II-5, a título de exemplo, destacamos os resultados da cidade de São Paulo.

Facilmente pode-se notar que se tem muito a caminhar no campo da educação, governança, meio ambiente e segurança. Porém, mesmo em

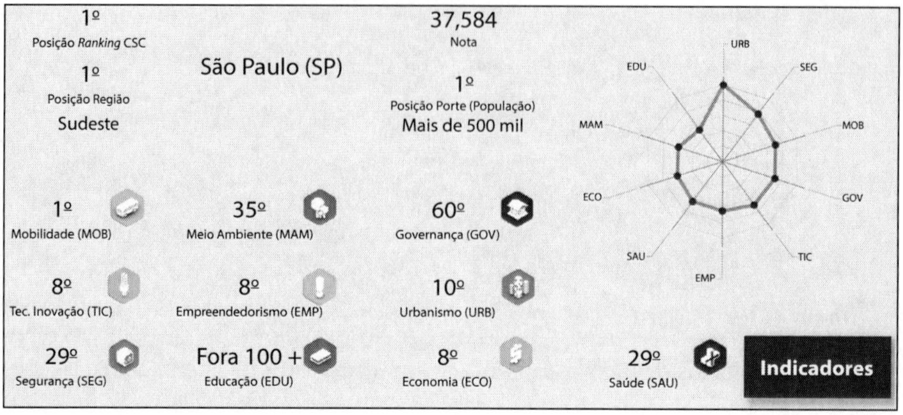

Figura II-5 ■ Resultados da cidade de São Paulo na avaliação *smart cities*. **Fonte**: *Urban System*, 2022.

campos que a cidade figura em primeiro lugar no *ranking*, existem muitos pontos a serem explorados.

Descreveu-se até agora da situação do Brasil, porém quando se analisam estudos com abrangência mundial, vê-se que a cidade de São Paulo que se tomou de exemplo nem sequer figura entre as 15 cidades mundiais mais inteligentes (Thormundsson, 2020). Esse *ranking* representa o índice de cidades em movimento e é medido por nove indicadores/dimensões que são: governança, planejamento urbano, tecnologia, meio ambiente, projeção internacional, coesão social, capital humano, mobilidade, transporte e economia. A figura II-6 mostra as 15 cidades mais bem colocadas nessa classificação.

Vale destacar que a cidade de Londres apresenta um plano muito bem fundamentado de desenvolvimento em infraestrutura e com um objetivo muito claro de zerar as emissões de carbono em 2050. O governo do Reino Unido apresentou ao parlamento uma proposta de emenda sobre a lei de mudança climática (*Climate Change Act*) de 2008 para que as emissões de gases de efeito estufa do país sejam neutralizadas até 2050, em consonância com os compromissos assumidos pelos britânicos no âmbito do Acordo de Paris e das metas globais para descarbonizar a economia global em meados deste século. Essa proposta coloca o Reino Unido no caminho para se tornar a primeira economia do G7 a definir uma lei para emissões líquidas zero e é impossível de se atingir sem a digitalização massiva das suas cidades.

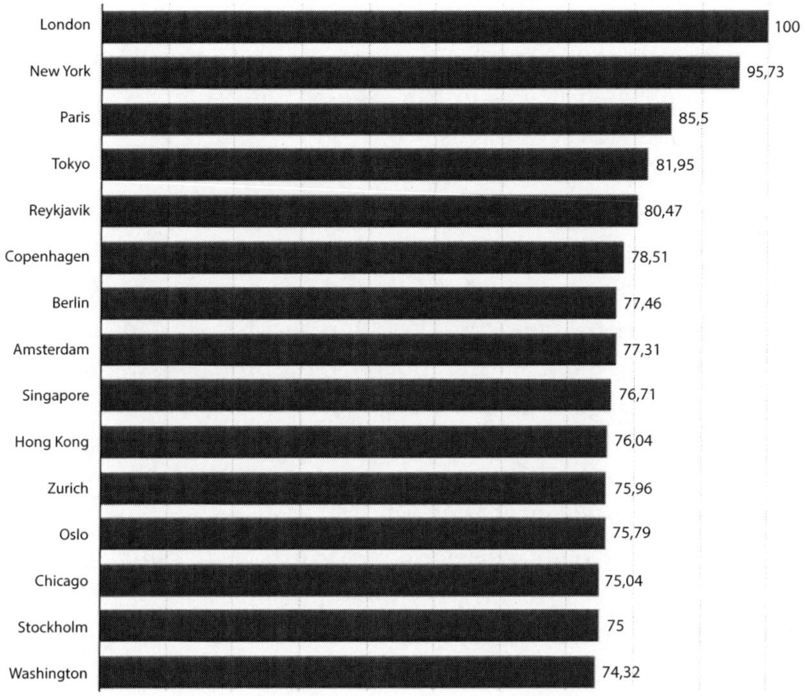

Figura II-6 ■ *Rankings smart cities* pelo mundo. **Fonte**: Thormundsson, 2020.

Principais projetos

Nesse contexto, diversas tecnologias existentes que utilizam sensores aliados com a conectividade dos *smartfones*, que são uma verdadeira febre nas populações (artigos de primeira necessidade nos dias de hoje), impulsionam a Transformação Digital de uma cidade, impulsionando sua transformação em *smart city*. Com isso a gama de projetos passa a ser ilimitada, indo de simples iluminações de *led* inteligentes a veículos autônomos, transporte público inteligente, coleta de lixo inteligente, aproveitamento e geração de energias renováveis para a segurança das ruas e calçadas.

Fazendo um giro rápido e direto por alguns projetos de *smart cities* pelo mundo, podem-se citar os seguintes *cases*:

Sistema de tráfego inteligente

Columbus, capital de Ohio (Estados Unidos), desenvolveu um sistema de tráfego inteligente para liberar interseções para veículos de emergência.

Foram instalados diversos sensores nas ruas da cidade integrados com quase dois mil computadores de bordo instalados em veículos particulares, transporte público e veículos utilizados em transporte de carga e demais atividades produtivas e logísticas.

Tudo isso está conectado a um sistema de comunicação, que envia mensagens de segurança entre os veículos e para os motoristas (os voluntários receberão um alerta que uma ambulância está se aproximando, por exemplo).

A ideia é que essas interações permitam a coleta de dados não identificáveis por meio de um sistema operacional próprio para permitir aos operadores de tráfego tomarem a melhor decisão sobre qual via liberar para ambulâncias e outros veículos.

Implantação estruturada de fibra óptica

Mênfis é a segunda cidade mais populosa do estado de Tennessee (Estados Unidos) e desenvolveu sua própria fibra óptica para iniciar a jornada de Transformação Digital do município. Toda essa infraestrutura foi essencial para ajudar a migração de muitos serviços para a nuvem.

O gerenciamento de capital humano e o de fornecedores contratados pela prefeitura, entre outros serviços, além do sistema principal do município, foram alocados para a nuvem. Assim como as plataformas de produtividade utilizadas pelos servidores.

Bancos de praças e parques inteligentes

Em Paris (França), alguns bancos que foram projetados pelo Barão Haussmann no século XIX foram equipados com sensores de Internet das Coisas *(IoT)* e conexão *Bluetooth* para monitorar sua localização, temperatura, uso, entre outras informações.

Tudo isso está disponível para os cidadãos, para os turistas e para os responsáveis do planejamento urbano da cidade porque toda a solução é baseada em um API (interface de comunicação entre sistemas) alocado na nuvem e que propicia o entendimento por parte do poder público de como os usuários utilizam os parques públicos e suas necessidades.

Os usuários também podem baixar um aplicativo móvel e responder algumas pesquisas sobre os parques, sendo que os dados obtidos possibilitam que a equipe de planejamento urbano faça melhorias nas instalações de forma inteligente.

Iluminação pública inteligente

A cidade de Cleveland, em Ohio (Estados Unidos), focou na modernização da iluminação pública da mesma forma que a cidade do Rio de Janeiro. Em seu dimensionamento esse projeto previu instalar mais de 60 mil lâmpadas LED e utilizar essa estrutura de forma a criar uma rede inteligente.

Um dos principais benefícios desse projeto é a redução de até 20% nos custos operacionais por ano na iluminação pública (maior durabilidade) e diminuição de até 50% no gasto anual de energia elétrica. O grande destaque do projeto é que a infraestrutura de comunicação foi instalada em apenas três dias.

Já o controle remoto da iluminação poderá ser feito a partir de um sistema *web* conectado a uma rede de conexão própria. Uma única estação base de conectividade conseguirá cobrir uma área de até 20 km de raio e monitorar até 50 mil lâmpadas.

Reciclagem e prevenção a crimes

Um dos grandes exemplos que se pode tomar quanto à digitalização dos serviços públicos ao cidadão é a cidade de Atlanta (Estados Unidos). Lá existem diversos projetos focados em transformá-la em uma cidade totalmente digital para proporcionar melhor qualidade de vida para a os cidadãos gerando aumento em seu índice de satisfação com os serviços públicos.

O primeiro destaque positivo entre vários é o projeto de coleta de lixo, em que as lixeiras e os caminhões de coletas estão equipados com sensores *IoT* preparados para monitorar quais resíduos foram descartados no cesto, em qual tempo e qual a melhor rota o veículo deve tomar para que essa coleta possa ocorrer. Já de início essa implementação proporcionou uma economia de aproximadamente US$ 100 mil anuais na coleta seletiva, gerando ainda recursos com o lixo reciclado e um encantamento dos usuários do sistema de coleta.

Outro projeto de destaque em Atlanta foi o de segurança, que desenvolveu uma inteligente forma de prevenção ao crime onde postes estrategicamente localizados foram equipados com sensores e câmeras para identificar a ocorrência de tiros próximos a eles.

O sistema é tão apurado que esses sensores podem registrar um tiro em um raio de aproximadamente 6 km, além de indicar qual tipo de arma foi utilizado. Automaticamente um alerta é enviado para os profissionais de segurança, paramédicos e serviços de emergência, reduzindo o tempo de chegada ao local para o atendimento de vítimas e a repressão do crime com uma velocidade muito maior do que a convencional.

SOCIEDADE 5.0

O primeiro conceito de Sociedade 5.0 surgiu em 2016 quando o governo japonês lançou o 5º Plano Básico de Ciência e Tecnologia (Ferramental, 2020), com a definição de diversas políticas de inovação para nortear as políticas públicas do País nos próximos 5 anos.

Para entender esse conceito, precisa-se revisitar os outros quatro estágios da sociedade humana (Ingram, 2020):

Sociedade 1.0 – Sociedade da Caça. A sociedade vivia da subsistência pela caça e coleta de frutos e vegetais da própria natureza ao redor. As pessoas eram nômades e mudavam seus locais de acordo com a oferta de alimentos.

Sociedade 2.0 – Sociedade da Agricultura. Nesse estágio da formação da sociedade os indivíduos aprenderam a cultivar os alimentos e promoveram a primeira revolução na humanidade, o estilo de vida nômade deu lugar para o sedentário e impulsionou a explosão populacional na Terra.

Sociedade 3.0 – Sociedade Industrial. A humanidade passou a produzir bens de consumo em escala industrial com o surgimento de diversas máquinas e técnicas de produção. Os motores a vapor foram a grande novidade da época e como resultado tivemos a Revolução Industrial.

Sociedade 4.0 – Sociedade da Informação. Esse foi o estágio em que o mundo virou digital com o surgimento dos computadores e algumas atividades praticamente impossíveis passaram a ser viáveis com a possibilidade de processar uma grande quantidade de dados e se comunicar em tempo real com pessoas de qualquer canto do planeta.

Finalmente chegamos até a **Sociedade 5.0**, na qual temos os computadores e a hiperconexão resultando em um modo de vida mais inteligente, eficiente e sustentável, promovendo a integração do ciberespaço com o espaço físico (máquina *vs.* homem).

Indo mais ao ponto, a Sociedade 5.0 é o conceito da sociedade que se desenvolve centrada no ser humano, tendo como objetivo o equilíbrio entre o avanço econômico e a resolução de problemas sociais por um sistema que integra altamente o ciberespaço, a sustentabilidade e o espaço físico (G20, 2020).

Para promover o conceito o governo japonês divulgou um vídeo facilmente encontrado na *internet* e coloca o ser humano como grande beneficiário das inovações e transformações tecnológicas. Também cita problemas e desafios que a implementação de tecnologia promete resolver ou reduzir os danos das consequências que eles causam.

Alguns dos principais problemas da humanidade atual listados são: aumento na demanda por energia, aumento na demanda por alimentos, competição internacional, aumento na desigualdade na concentração de riqueza e aumento da desigualdade de gênero, credo ou raça.

A partir desses problemas os conceitos da Sociedade 5.0 traz a oportunidade de resolução colocando o ser humano com o papel e o objetivo principais para o desenvolvimento das tecnologias (Ferramental, 2020).

Bem-estar social por meio do uso das tecnologias

Um objetivo muito claro sobre o conceito de Sociedade 5.0 é que a implementação massiva da tecnologia busca diretamente o bem-estar social dos indivíduos, já que apresenta uma convergência aberta do meio digital com o meio físico, trazendo facilidades e conveniências para o cliente cidadão. Deferentemente do conceito da Sociedade 4.0, onde as pessoas utilizam a tecnologia para buscar informações, na 5.0 a tecnologia analisa as informações e age em prol dos usuários e sociedade, facilitando a vida das pessoas e poupando recursos naturais.

Na Sociedade 5.0, esses dados acumulados são analisados pelas máquinas (também classificado como inteligência artificial), em que são tomadas diversas ações sem a ação do humano, mas em benefício dos indivíduos e do meio ambiente (Ingram, 2020). Todos são analisados e conectados a objetos e sistemas para otimizar os resultados e produzir valores de forma mais fluida e automática sem a necessidade de grandes análises teóricas.

Adaptando soluções de mercado para o benefício da sociedade

A Sociedade 5.0 tem como objetivo a solução de inúmeros problemas sociais, mas existem diversos obstáculos para sua implementação e as maiores dificuldades não configuram como desafios de tecnologia.

O maior desafio encontrado é a mudança de *mindset* da sociedade de caráter individualista para um pensamento de colaboração em busca de um bem comum. Muitas vezes percebemos que o estágio atual da nossa cultura dificulta essa orientação e o atingimento pleno dos benefícios dessa metodologia.

A maioria das tecnologias da Sociedade 5.0 já foram desenvolvidas ou estão em estágio avançado de desenvolvimento, já podendo ser empregadas, pelo menos em estágio piloto. Porém é comum que grande parte das empresas de tecnologia priorizem a obtenção de lucro em detrimento da construção de uma sociedade mais eficaz (G20, 2020), porém é nítida a mudança de pensamento com a adoção de princípios como o ESG (traduzido do inglês como Ambiental, Social e Governança) e os Objetivos de Desenvolvimento Sustentável (ODS).

É imprescindível que não sejam somente as empresas a se preocuparem com o desenvolvimento da Sociedade 5.0, já que é de suma importância e estruturante o envolvimento e a liderança do poder público, aprimorando suas práticas de gestão pública, planejando a integração das tecnologias e criando legislações para uma transição segura para o novo normal de uma sociedade *smart*.

Visualizando resultados em longo prazo

É evidente que os resultados da implementação das tecnologias e da mudança cultural promovidas pela Sociedade 5.0 não ocorrem, em sua maioria, em curto prazo. O planejamento e estabelecimento de *roadmap* adequado deve ser feito para que os resultados mais expressivos sejam alcançados em médio e longo prazo, comportando os seguintes temas:

- Utilização de energias renováveis: fundamental para que as máquinas e robôs funcionem utilizando uma forma de gerar energia sustentável. A diferença é que, na Sociedade 5.0, não serão utilizados recursos energéticos finitos, como petróleo e carvão, mas sim renováveis, como o Sol e o vento.

- Implementação de Inteligência Artificial propiciando que máquinas e sistemas tomem decisões sem a interferência humana, propiciando a alimentação de padrões na forma de permitir às máquinas aprenderem com a experiência adquirida.
- Utilização da robótica com inteligência artificial e *machine learning* em serviços pesados na agricultura, limpeza e outros ramos, diminuindo os acidentes de trabalho.
- Aplicação de *Internet* das Coisas: também conhecida pela sigla *IoT* (*Internet of Things*), é a tecnologia que permite que objetos (como eletrodomésticos) estejam conectados à rede e funcionem de maneira mais eficiente por meio da coleta e interpretação de dados.
- Computação em nuvem: com essa tecnologia e graças ao aumento na velocidade de conexão, sistemas complexos podem ser executados em *hardwares* cada vez menores.
- Veículos autônomos: para que os veículos (de transporte de pessoas e cargas) funcionem sem piloto, são utilizadas várias tecnologias de que falamos aqui: inteligência artificial, *Internet* das Coisas, computação em nuvem e energias renováveis.

PARCERIAS POTENCIALIZANDO A TRANSFORMAÇÃO GOVERNAMENTAL

As parcerias entre o setor privado e a administração pública são muito utilizadas no exterior e não são novas no Brasil, que já ele tem uma experiência de longa data com parcerias entre o setor público e o setor privado (Prado, 2010), a exemplo dos contratos de concessão e permissão de serviço público, convênios, franquias e as sociedades de economia mista (rodovias e aeroportos, por exemplo).

Uso de PPPs e concessões como aceleradores

Nesta discussão fica claro que a construção de uma Sociedade 5.0 é muito mais do que a iniciativa isolada do poder público e fica clara a importância de parcerias para o atingimento desses objetivos. Projetos de grande monta, como a implantação de iluminação pública inteligente (alta economia de energia com LEDs integrados com o monitoramento público de segurança, por exemplo), denotam a necessidade do estabelecimento de parcerias entre o Estado e a iniciativa privada em prol do bem comum.

A busca de investidores em projetos de infraestrutura com alto valor para a sociedade precisa ser intensificada, já que em médio e longo prazo podem significar grandes passos na evolução das cidades em um ambiente de transformação.

O art. 175 da Constituição da República de 1988 estabelece que "incumbe ao poder público, na forma da lei, diretamente ou sob regime de concessão ou permissão, sempre por meio de licitação, a prestação de serviços públicos". Esse artigo recebeu outras regulamentações posteriores, como a Lei Federal nº 11.079/2004, em que foram criadas duas modalidades: a concessão patrocinada e a concessão administrativa.

Concessão patrocinada é a concessão de serviços públicos ou de obras públicas que envolve, além da tarifa cobrada aos usuários, uma contraprestação pecuniária do parceiro público ao parceiro privado. E a concessão administrativa consiste no contrato de prestação de serviços em que a administração pública seja a usuária direta ou indireta, ainda que envolva execução de obra ou fornecimento e instalação de bens.

O poder concedente precisa estruturar projetos e buscar parcerias para que a Sociedade 5.0 seja uma realidade e traga os benefícios esperados.

O universo das *startups* no serviço público

Segundo o dicionário informal, *startup* significa o ato de começar algo, normalmente relacionado com companhias e empresas que estão no início de suas atividades e que buscam explorar atividades inovadoras no mercado que pesquisam a inovação em qualquer área ou ramo de atividade, procurando desenvolver um modelo de negócio escalável e que seja repetível.

O termo *startup*, para designar empresas recém-criadas e rentáveis, começou a ser popularizado nos anos 1990, quando houve a primeira grande "bolha da *internet*". Muitos empreendedores com ideias inovadoras e promissoras, principalmente associadas à tecnologia, encontraram financiamento para seus projetos, que se mostraram extremamente lucrativos e sustentáveis.

Naquele período, grande parte da explosão de empresas *startup* surgiu no Vale do Silício (*Silicon Valley*), uma região da Califórnia, Estados Unidos, de onde saíram empresas como Google, Apple Inc., Facebook, Yahoo!, Microsoft, entre outras.

No Vale do Silício, as *startups* têm conquistado mais espaço, com forte propósito social de construir uma sociedade melhor e preservar o meio ambiente. Esses empreendedores sabem, afinal, que o bem-estar geral da população é um indicador positivo também para os negócios.

A utilização no serviço público de empresas como *startups* ainda é muito incipiente, mas é necessário introduzir a inovação de forma disruptiva para protagonizar o desenvolvimento de novas tecnologias e serviços de maneira a encantar o cliente cidadão.

CONSIDERAÇÕES FINAIS

O sonho de um futuro digital já permeia a humanidade há muito tempo. Já em meados da década de 1970, vários seriados de televisão e desenhos animados traziam o futuro com robôs, naves espaciais, carros que voavam, robôs que limpavam as casas, conversavam com os moradores e até cuidavam de *pets*, além de muitos outros devaneios de um mundo digital. Com o trágico acontecimento da pandemia da Covid-19, muitas inovações que ainda estavam em fase de piloto ou que estavam em um plano mais etéreo saíram do papel e viraram realidade.

Hoje o mundo está a cada dia mais conectado e as facilidades digitais se tornaram vitais para a maioria das pessoas. Pedir uma pizza ou chamar um veículo por aplicativo são hábitos que se incorporaram em nossas rotinas de forma definitiva. Nesse panorama, a população que usufrui dessas facilidades da iniciativa privada precisa mais e mais que o setor público também busque utilizar da tecnologia para o bem-estar comum.

A Transformação Digital passa a ser uma obrigação para o Estado, tanto para oferecer maior conforto para a população com um serviço de melhor qualidade, quanto para a redução de custos para o serviço público. As ferramentas digitais precisam estar incorporadas nos processos internos reduzindo trabalhos manuais e retrabalhos, fazendo com que a administração pública seja cada dia mais eficiente em sua gestão.

Externamente essas ferramentas precisam ser usadas transformando a realidade de uma cidade analógica para uma cidade inteligente com um atendimento aos seus cidadãos com excelência. Parcerias com o setor privado precisam ser estabelecidas para que os investimentos em tecnologias, como iluminação LED, fibras ópticas, aplicativos para celular, transporte público inteligente, coleta de resíduos otimizada, cibersegurança, monitoramento por câmeras inteligentes e muitas outras, possam ser implementadas gerando maior grau de satisfação do cliente cidadão.

REFERÊNCIAS

BID. 2021. Transformação Digital dos Estados Brasileiros. Tendências na Transformação Digital em Governos Estaduais e no Distrito Federal do Brasil. Disponível em: https://publications.iadb.org/pt/transformacao-digital-dos-governos-brasileiros-satisfacao-dos-cidadaos-com-os-servicos-publicos-0. Acesso em 06 nov. 2021.

BPM CBOK: Guia para o Gerenciamento de Processos de Negócio – Corpo Comum de Conhecimento. Versão 3.0, 2ª ed. ABPMP Brasil, 2014.

Brasil. Decreto nº 10.332, de 28 de abril de 2020. Institui a Estratégia de Governo Digital para o período de 2020 a 2022, no âmbito dos órgãos e das entidades da administração pública federal direta, autárquica e fundacional e dá outras providências. Imprensa Nacional. Disponível em: https://www.in.gov.br/web/dou/-/decreto-n-10.332-de-28-de-abril-de-2020-254430358. Acesso em 6 nov. 2022.

Ferramental – Revista – Japão: 4ª Revolução Industrial na área da saúde e sua Sociedade 5.0. Disponível em: https://www.revistaferramental.com.br/artigo/japao-4-revolucao-industrial-na-area-da-saude-e-sua-sociedade-5-0. Acesso em 15 jun. 2022.

FIA Business School. Roadmap: o que é, para que serve, modelos e como fazer o seu. Disponível em: https://fia.com.br/blog/roadmap/. Acesso em 18 abr. 2022.

FNQ – Fundação Nacional da Qualidade – Guia completo sobre a Transformação Digital nas empresas. São Paulo: FNQ; 2021.

Furlan JD. Business Transformation: Construindo as Organizações do Século 21. São Paulo: JDFurlan, 2015.

G20 – Riyadh Summit Leaders' Declaration – November, 22nd, 2020. Disponível em: https://www.gov.br/mre/en/contact-us/press-area/press-releases/g20-riyadh-summit-leaders2019-declaration. Acesso em 15 jun. 2022.

Hauser G, Bochi TC. Smart city: cenários urbanos da inovação. Brasília: ANPROTEC; 2017. p. 41,

INGRAM – Sociedade 5.0: Conceitos e transformações! 2020. Disponível em: https://blog.ingrammicro.com.br/inovacao-e-tendencias/sociedade-5/. Acesso em 15 jun. 2022.

Kanaane R, Fiel Filho A, Ferreira MG. Gestão pública: planejamento, processos, sistemas de informação e pessoas. São Paulo: Atlas; 2010.

Prado LN. Comentários à Lei de PPP – Parceria Público-Privada. São Paulo: Malheiros Editores; 2010. p. 57-86.

Ranking Connected Smart Cities – Urban Systems. Disponível em: https://www.urbansystems.com.br/rankingconnectedsmartcities. Acesso em 03 mar. 2022.

Roadmap: como criar e manter o mapa de produto. Disponível em: https://www.alura.com.br/conteudo/roadmap-criar-manter-mapa-produto. Acesso em 15 maio, 2023.

Roadmap. Disponível em: https://miro.com/pt/agile/o-que-e-roadmap/. Acesso em 15 maio, 2023.

Roadmap: o que é, para que serve, modelos e como fazer o seu. Disponível em: https://fia.com.br/blog/roadmap/. Acesso em 15 maio, 2023.

Thormundsson Bergur. Global smart cities ranking 2020 – Statista. Disponível em: https://www.statista.com/statistics/1233581/smart-cities-ranking-worldwide/. Acesso em:17 jul. 2022.

CAPÍTULO 4

A Nova Agenda Urbana: Cidades Sustentáveis, Inteligentes e Resilientes

Harmi Takiya
Iara Negreiros
Rosane Segantin Keppke
Alex Kenya Abiko
Rogerio Blau Alves
Fernando Tobal Berssaneti

INTRODUÇÃO

Este capítulo discute a agenda, os conceitos, os desafios, os instrumentos e os indicadores de planejamento e gestão das cidades sustentáveis, inteligentes e resilientes, com fundamento nos Objetivos de Desenvolvimento Sustentável da Agenda 2030, Objetivo 11 – "tornar as cidades e comunidades mais inclusivas, seguras, resilientes e sustentáveis" (United Nations, 2015) e nas três Normas da *International Organization for Standardization* – ISO, da série 37120: ABNT NBR ISO 37120:2021 – "Cidades e comunidades sustentáveis – Indicadores para serviços urbanos e qualidade de vida" (ABNT, 2021a), ABNT NBR ISO 37122:2020 – "Cidades e comunidades sustentáveis – Indicadores para cidades inteligentes" (ABNT, 2020) e ABNT NBR ISO 37123:2021 – "Cidades e comunidades sustentáveis – Indicadores para cidades resilientes" (ABNT, 2021b). Questões tais como política urbana, infraestrutura, mobilidade, serviços urbanos, mudanças climáticas, competitividade econômica, participação civil e desigualdades territoriais estão no núcleo desta discussão que estimula a compreensão, a conscientização e a mobilização em favor da melhoria de qualidade de vida das cidades brasileiras. A óptica da transparência de dados e os conceitos de dados abertos são aqui trazidos e discutidos.

Criada pelo UN-Habitat - Programa das Nações Unidas - para os Assentamentos Humanos, a Nova Agenda Urbana contém um compromisso dos Estados Membros de adotar uma abordagem urbana que aproveita as oportunidades da digitalização, energia limpa e tecnologias, proporcionando assim opções para os habitantes fazerem escolhas mais ambientalmente amigáveis e impulsionar o crescimento econômico sustentável, permitindo que as cidades melhorem a prestação de serviços (UN-Habitat, 2020a). O UN-Habitat é uma agência especializada da ONU dedicada à promoção de cidades mais social e ambientalmente sustentáveis, promovendo mudanças transformadoras em cidades e assentamentos humanos por meio de conhecimento, assessoria política, assistência técnica e ação colaborativa.

As plataformas digitais e a tecnologia criam um ambiente propício para uma estável prestação de serviços e infraestrutura urbana, organizando cidades mais inteligentes, que utilizam informações para produzir gestão mais inteligente, melhor prestação de serviços, aumentando a transparência, participação e prestação de contas. Assim, elaboram-se economias mais inteligentes, promovendo empreendedorismo, inovação, produtividade, como a economia de aplicativos e a de dados abertos. Da mesma forma, pode-se promover gestão mais inteligente da mobilidade urbana, por meio de sistemas de transporte público multimodal eficiente e interoperável; dos ambientes urbanos, propiciando sustentabilidade e resiliência e o desenvolvimento de energia verde; da qualidade de vida inteligente dos cidadãos, aumentando a segurança e reduzindo os riscos, e criando um público mais bem informado e fomentando a criatividade, inclusão, empoderamento e participação. Os marcos legais têm papel crucial a desempenhar, para aumentar a proteção de dados e encontrar um equilíbrio razoável entre direitos, por um lado, e interesses públicos, por outro (UN-Habitat, 2020a).

A resiliência urbana é hoje condição necessária para o enfrentamento aos eventos extremos que chegam com as mudanças climáticas. Para isso, seria necessário enfrentar os passivos urbano-ambientais, principalmente as áreas de risco de deslizamento e inundação, as quais vão ao encontro das Soluções Baseadas na Natureza – SBN. Quando Soluções Baseadas na Natureza são incorporadas à gestão, as áreas urbanas podem-se beneficiar de múltiplos serviços ecossistêmicos, incluindo sequestro de carbono, regulação do clima, captação de águas pluviais, depuração da água e purificação do ar (UN-Habitat, 2020b). Fundos de resposta e emergência também devem ser destinados a Soluções Baseadas na Natureza, que integram infraestruturas urbanas em espaço aberto e redes de serviços básicos, auxiliando regiões a melhorarem sua resiliência climática e avançar na sua recuperação socioeconômica (UN-Habitat, 2021). Isso implica desocupar as áreas inundáveis, o que demanda prioridade à política de Habitação de Interesse Social, drenagem e saneamento para as favelas ribeirinhas.

Por fim, concluindo o tripé da Nova Agenda Urbana, a "cidade inteligente" (ABNT, 2020; ITU, 2019) é aquela que dá conta não apenas da sustentabilidade e da resiliência, mas também da universalização do uso das tecnologias para o melhor funcionamento e fruição da urbe. Trata não apenas das tecnologias digitais e dos aplicativos cívicos, mas também das tecnologias sociais e da economia criativa, considerando que cidade inteligente é também cidade includente.

O objetivo deste capítulo é analisar a utilização dos conceitos e indicadores urbanos das Normas ISO da série 37120, que pontuam as definições de desenvolvimento sustentável de cidades e comunidades, cidades inteligentes e cidades resilientes, alinhados aos temas de dados abertos governamentais e governo orientado a dados. Assim, é possível considerar e ponderar como esses conceitos da Nova Agenda Urbana enfrentam desafios e, ao mesmo tempo, oportunidades para a melhoria contínua da qualidade de vida dos cidadãos.

METODOLOGIA

O estudo apresentado neste capítulo busca explorar a compreensão da situação atual da pesquisa que vem sendo desenvolvida sobre cidades sustentáveis, inteligentes e resilientes, à luz da utilização de dados abertos e indicadores urbanos normalizados. Adotou-se a bibliometria como método de pesquisa, elaborando-se a revisão de literatura e análise da produção científica sobre esses temas.

A primeira etapa iniciou-se com a coleta de dados da literatura por meio de uma abrangente pesquisa *on-line* usando as bases de dados *Web of Science* e *Scopus*, em que foram coletados os artigos mais recentes de periódicos.

Dessa forma, buscou-se o levantamento de publicações científicas englobando os indicadores urbanos normalizados das três citadas Normas ISO - ABNT NBR ISO 37120:2021 (ABNT, 2021a), ABNT NBR ISO 37122:2020 (ABNT, 2020) e ABNT NBR ISO 37123:2021 (ABNT, 2021b) – e referências às suas aplicações práticas, bem como dos temas de dados abertos governamentais e governo orientado a dados. A partir da leitura dos artigos mais relevantes, foram mantidos aqueles que atenderam ao escopo geral proposto para esta pesquisa.

Os artigos mais relevantes tiveram seus conteúdos analisados, inclusive suas referências, com o apoio do VOSViewer®. Nessa etapa, foi explorada a relação entre autores e suas coautorias para identificar a evolução internacional do campo de conhecimento sobre indicadores urbanos normalizados e dados abertos governamentais e suas respectivas correlações. Optou-se por realizar uma categorização para classificar qualitativamente os artigos selecionados. Assim, adotou-se a categorização por coautoria de países, utilizando arquivos resultantes das buscas nas bases do *Web of Science* e do *Scopus* separadamente, foram identificados 29 documentos do Brasil, correspondendo a 71 citações, conexões entre outros países que também elaboraram artigos sobre esses assuntos, sobre os resultados do *Web of Science* (Figura II-7A). Paralelamente, com os mesmos parâmetros de análise no VOSViewer® nos resultados da base *Scopus*, foram identificados 23 documentos do Brasil, com 76 citações (Figura II-7B).

A análise bibliométrica perpassou pela geração de redes de relacionamento, de forma automática, pelo *software* VosViewer®, resultando na rede de coautoria de países apresentada na figura II-7, que mostra a rede de países que mais colaboram e contribuem em conjunto para os temas analisados. Observou-se que os Estados Unidos são o país que mais possui publicações relacionadas aos temas dessa pesquisa, e os autores brasileiros se relacionam diretamente com Estados Unidos, Índia, Holanda e Reino Unido. Além disso, é importante salientar que o Brasil faz parte do agrupamento (*cluster*) de maior número de publicações, coincidentemente de cor azul nas duas bases, *Web of Science* e *Scopus*, o que denota que os autores brasileiros estão alinhados aos autores que mais publicam esses temas, internacionalmente.

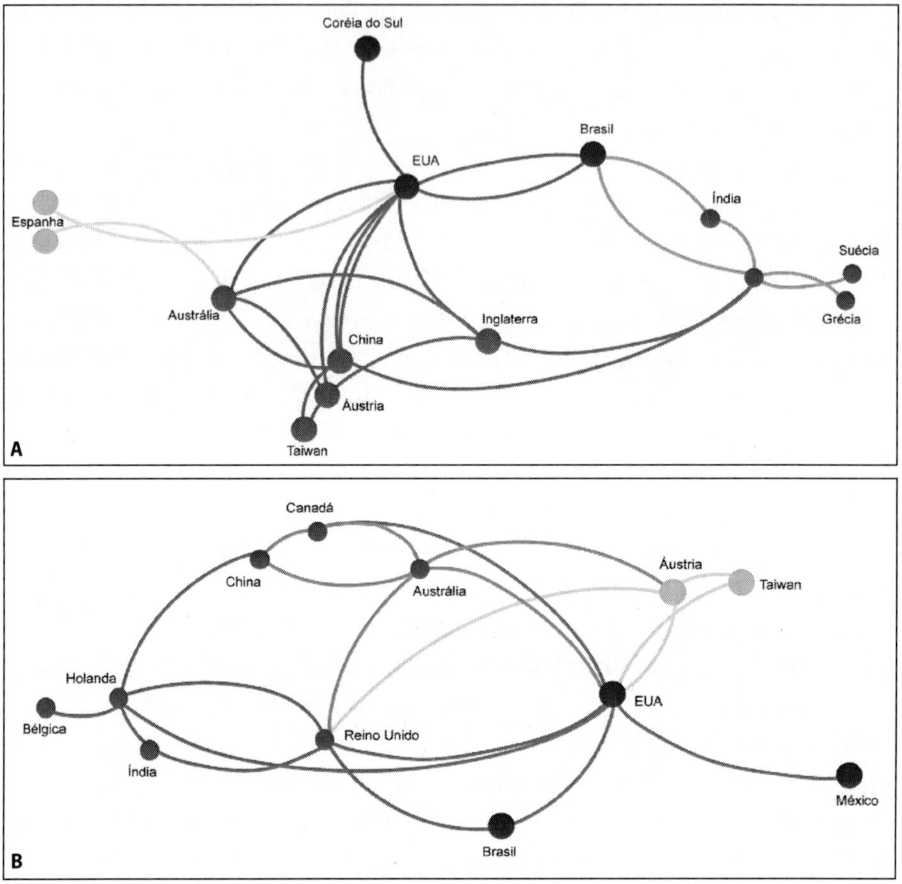

Figura II-7 ▪ Visualização do VOSViewer® para coautoria de países. **A**) Base do *Web of Science*. **B**) Base do *Scopus*. Círculos maiores representam maior quantidade de publicações, e círculos são agrupamentos (*clusters*) criados pelo próprio VOSViewer®, a partir dos relacionamentos entre coautores e países. **Fonte**: autores.

Verificou-se que os estudos científicos publicados sobre os temas de indicadores urbanos normalizados e dados abertos governamentais, apesar de crescentes, ainda são recentes, com pouca concentração de estudos por conjunto de países. Além disso, o desenvolvimento dessa revisão da literatura proporcionou o reconhecimento do estado da arte sobre os temas de dados abertos governamentais e dos indicadores urbanos normalizados de cidades sustentáveis, inteligentes e resilientes, e demais assuntos correlatos.

CONCEITOS

A partir dos documentos do Brasil identificados na revisão bibliográfica e análise bibliométrica, alinhados às próprias Normas da série 37120 e à legislação vigente, bem como publicações do UN-Habitat, é possível apontar uma gama de conceitos relacionados ao objetivo de pesquisa deste capítulo, apresentados nos itens a seguir.

Cidades sustentáveis, inteligentes e resilientes

Em novembro de 2013 foi criado o *Technical Committee*, ou Comitê Técnico, da *International Organization for Standardization* – ISO de número ISO/TC 268 – *Sustainable cities and communities*, ou cidades e comunidades sustentáveis. O escopo deste comitê consiste na normalização técnica do tema e inclui o desenvolvimento de requisitos de sistema de gestão, estruturas, instruções, métodos e ferramentas relevantes para auxiliar comunidades de todos os tipos e tamanhos, partes interessadas, fornecedores e prestadores de serviços a se tornarem mais sustentáveis e resilientes ao longo de seu ciclo de vida e a demonstrarem seus resultados obtidos nesse sentido (ISO, 2013).

Segundo ISO (2022), o ISO/TC 268 tem como escopo a padronização no campo de cidades e comunidades sustentáveis, incluindo o desenvolvimento de requisitos, estruturas, orientações e técnicas e ferramentas de apoio relacionadas à realização do desenvolvimento sustentável, considerando inteligência e resiliência, para ajudar todas as cidades e comunidades e suas partes interessadas em áreas rurais e urbanas a tornarem-se mais sustentáveis. A série proposta de normas internacionais incentivará o desenvolvimento e a implementação de abordagens holísticas e integradas para o desenvolvimento sustentável e a sustentabilidade, com a contribuição para os Objetivos de Desenvolvimento Sustentável da ONU por meio de seu trabalho de padronização (ISO, 2022).

É importante destacar que desde sua criação, em 2013, o ISO/TC 268 já publicou 32 normas e está com 20 outras em elaboração, as primeiras da organização voltadas exclusivamente às cidades. Além disto, o ISO/TC 268 conta com a participação de 71 países, divididos entre 40 membros participantes e 31 observadores. Cabe importância, também, mencionar as instituições que são oficialmente parceiras do ISO/TC 268, entre muitos outros comitês da ISO, do IEC - *International Electrotechnical Commission*, ou Comissão Eletrotécnica Internacional, CASCO - *Committee on Conformity Assessment*, *Environmental Coalition on Standards*, GCIF - *Global City Indicators Facility*, ICLEI - *International Council for Local Environmental Initiatives*, ITU - *International Telecommunication Union*, UNEP - *United Nations Environment Programme*, UNISDR - *UN Office for Disaster Risk Reduction*, entre muitos outros (ISO, 2022).

No Brasil, em outubro de 2015, foi criada pela Associação Brasileira de Normas Técnicas - ABNT a "Comissão de Estudo Especial de Cidades e Comunidades Sustentáveis", de mesmo número 268 do ISO/TC, pois se trata de uma comissão espelho, nos moldes da ABNT, ou seja, reflete o estudo e a eventual adoção das publicações do ISO/TC 268 para o País, e, na outra direção, reflete as especificidades do Brasil por meio de contribuições e votos diretos aos textos das normas em elaboração pelo ISO/TC 268, em suas várias fases de consulta aos 40 países que são membros participantes, incluindo o Brasil. Em um processo multidisciplinar e participativo, a ABNT/CEE-268 publicou oito das 32 Normas do ISO/TC 268, realizando a adaptação técnica à realidade brasileira e adotando-as como NBR ISO. É importante mencionar que a Norma hierarquicamente mais importante da série ISO 37120, por ser uma Norma de requisitos, foi adotada como ABNT NBR ISO 37101:2017 - "Desenvolvimento sustentável de comunidades - Sistema de gestão para desenvolvimento sustentável - Requisitos com orientações para uso" (ABNT, 2017). Essa Norma afirma que "inteligência e resiliência estão incorporadas ao processo de desenvolvimento sustentável: desenvolvimento sustentável é o processo abrangente, enquanto inteligência e resiliência são características" (ABNT, 2017, p. 1).

Isso posto, a série proposta de Normas Internacionais pelo ISO/TC 268, internalizadas no Brasil pela ABNT/CEE-268, com o cuidado de envolver diversa gama de instituições e partes interessadas, incentiva o desenvolvimento e a implementação de abordagens holísticas e integradas para o desenvolvimento sustentável e a sustentabilidade, sem prejuízo de conflitos conceituais entre renomadas instituições. A intenção é promover consenso internacional em princípios gerais e em suas aplicações a vários tipos de comunidades urbanas. Um dos principais benefícios de um processo ISO aberto e transparente é permitir que representantes das cidades participem da elaboração de normas e colaborem com suas próprias experiências e contribuições para que ferramentas úteis e globalmente relevantes para sustentabilidade e resiliência de comunidades e cidades possam ser criadas.

Isso se reflete claramente no conceito de sustentabilidade, cidade inteligente e cidade resiliente presentes nas próprias Normas ISO. Um claro exemplo é a definição de cidade inteligente da ABNT NBR ISO 37122:2020:

> "cidade que aumenta o ritmo em que proporciona resultados de sustentabilidade social, econômica e ambiental e que responde a desafios como mudanças climáticas, rápido crescimento populacional e instabilidades de ordem política e econômica, melhorando fundamentalmente a forma como engaja a sociedade, aplica métodos de liderança colaborativa, trabalha por meio de disciplinas e sistemas municipais, e usa informações de dados e tecnologias modernas, para fornecer melhores serviços e qualidade de vida para os que nela habitam (residentes, empresas, visitantes), agora e no futuro previsível, sem desvantagens injustas ou degradação do ambiente natural" (ABNT, 2020, p. 2)

Pode-se notar que, comparativamente ao modelo da ITU – *International Telecommunication Union*, ou União Internacional de Telecomunicações, a definição de cidade inteligente sustentável é similar:

> "utiliza as tecnologias e outros meios para melhorar a qualidade de vida, a eficiência da operação dos serviços urbanos e a produtividade sustentável, garantindo que sejam atendidas as necessidades das gerações atuais e futuras em relação aos aspectos econômicos, ambientais e socioculturais" (ITU, 2019, p. 4).

É interessante notar que, em ambos os casos do exemplo, não se trata de tecnologias especificamente de informação e comunicação, as chamadas TICs, mas qualquer tipo de tecnologia e "informações de dados" (ABNT, 2020, p. 2) ou "outros meios" (ITU, 2019, p. 4). Ao mesmo tempo, os conceitos de cidades inteligentes estão intimamente relacionados ao conceito de sustentabilidade e desenvolvimento sustentável.

Complementarmente, a definição de cidade resiliente, como "cidade capaz de preparar-se, recuperar-se e adaptar-se aos choques e tensões" (ABNT, 2021b), também está alinhada à questão da sustentabilidade:

> "...uma cidade resiliente pode resistir, absorver, acomodar, adaptar-se, transformar e recuperar-se de efeitos de desastres e choques em tempo hábil e de maneira eficiente, inclusive por meio da preservação, restauração de estruturas e serviços básicos essenciais de maneira sustentável, e por meio de práticas de gerenciamento de riscos. Envolve partes interessadas e especialmente os cidadãos na redução de riscos de desastres por meio de processos de cogeração; reduz a vulnerabilidade e exposição a desastres naturais e causados pelo homem; e aumenta a sua capacidade de resposta a desastres, choques e outras tensões crônicas imprevistas por meio da preparação aprimorada" (ABNT, 2021b, p. 3).

A Nova Agenda Urbana (UN-Habitat, 2020a) englobou os 17 ODS – Objetivos de Desenvolvimento Sustentável (United Nations, 2015) –, que determinam ambiciosas metas nas três dimensões do desenvolvimento sustentável: desenvolvimento econômico, inclusão social e sustentabilidade ambiental, fundamentados para uma boa governança. Porém, a transformação dos ODS em ferramentas práticas para a solução de problemas urbanos, no contexto local, carece de medidas e dados que contemplem desde a mobilização de governos, academia, sociedade civil e empresas até a existência de um painel para monitorar o processo e assegurar responsabilidades e a criação de instrumentos de gestão para as transformações necessárias para se alcançar os ODS até 2030 (Negreiros, 2018). Nesse sentido, o ISO/TC 268 estabelece, na série de Normas 37120, os métodos de mensuração de um abrangente conjunto de 276 indicadores que permite que uma cidade, independentemente do seu tamanho, possa monitorar e medir seu desempenho social, econômico e ambiental em relação a outras cidades (ABNT, 2021a). As três Normas de indicadores, a saber ABNT NBR ISO 37120:2021, 37122:2020 e 37123:2021 (ABNT, 2021a; ABNT, 2020; ABNT, 2021b), podem ser utilizadas por "qualquer cidade, municipalidade ou governo local que intencione medir seu desempenho de forma comparável e verificável, independentemente do tamanho e localização" (ABNT, 2021a, p. 1).

Os 276 indicadores incluídos nas três Normas podem ajudar as cidades a avaliar seu desempenho e medir seu progresso gradativamente, com o objetivo final de melhorar a qualidade de vida e sustentabilidade. A abordagem uniforme da norma permite que as cidades comparem sua posição em relação a outras cidades, e essa informação pode, por sua vez, ser usada para identificar as melhores práticas e aprender umas com as outras (ABNT, 2021a). As Normas ABNT NBR ISO 37120:2021, 37122:2020 e 37123:2021 fornecem 276 indicadores para cidades e comunidades sustentáveis, em torno de 19 temas, com a recomendação de que sejam coletados e analisados conjuntamente (Figura II-8).

Figura II-8 ■ Desenvolvimento sustentável de comunidades – relação entre a família de normas para indicadores de cidades. **Fonte**: ABNT (2020, p. 1).

Os 276 indicadores das três normas, ABNT NBR ISO 37120:2021, 37122:2020 e 37123:2021, são estruturados em torno de 19 temas. Especificamente no caso da ABNT NBR ISO 37120:2021, reconhecendo as diferenças das cidades ao redor do mundo, em recursos e capacidades, o conjunto de indicadores foi dividido em: "essenciais" (aqueles que são requeridos para demonstrar o desempenho da prestação de serviços urbanos e qualidade de vida), "de apoio" (aqueles que são recomendados para demonstrar o desempenho da prestação de serviços urbanos e qualidade de vida e que podem ser selecionados de acordo com os objetivos da cidade) e "de perfil" (aqueles que são recomendados para fornecer estatísticas básicas e informações do contexto para auxiliar as cidades a realizar comparações entre pares). A divisão dos 276 indicadores das três normas nos 19 temas, bem como a divisão específica dos tipos de indicadores da ABNT NBR ISO 37120:2021, são demonstradas na tabela II-1.

Tabela II-1 ▪ Temas e quantidade de indicadores das normas ABNT NBR ISO 37120:2021, 37122:2020 e 37123:2021.

Seção	Tema	NBR ISO 37120:2021				NBR ISO 37122:2020	NBR ISO 37123:2021	TOTAL
		Essenciais	De apoio	De perfil	Total			
5	Economia	01	07	03	**11**	**04**	**07**	**22**
6	Educação	04	02		**06**	**03**	**04**	**13**
7	Energia	05	02	02	**09**	**10**	**03**	**22**
8	Meio ambiente e mudanças climáticas	03	06		**09**	**03**	**09**	**21**
9	Finanças	02	02	02	**06**	**02**	**07**	**15**
10	Governança	01	03		**04**	**04**	**06**	**14**
11	Saúde	04	02		**06**	**03**	**04**	**13**
12	Habitação	02	02	06	**10**	**02**	**06**	**18**
13	População e condições sociais	01	02	06	**09**	**04**	**05**	**18**
14	Recreação		02		**02**	**01**		**03**
15	Segurança	05	05		**10**	**01**	**04**	**15**
16	Resíduos sólidos	05	05		**10**	**06**	**01**	**17**
17	Esporte e cultura	01	02		**03**	**04**		**07**
18	Telecomunicação		02		**02**	**03**	**01**	**06**
19	Transporte	02	05	02	**09**	**14**	**01**	**24**
20	Agricultura local/urbana e segurança alimentar	01	03		**04**	**03**	**02**	**09**
21	Planejamento urbano	01	03	03	**07**	**04**	**06**	**17**
22	Esgoto	03	01		**04**	**05**		**09**
23	Água	04	03		**07**	**04**	**02**	**13**
	Total dos 19 temas	**45**	**59**	**24**	**128**	**80**	**68**	**276**

Fonte: Autores, a partir de ABNT, 2021a; ABNT, 2020; ABNT, 2021b.

Cabe salientar que as três normas de indicadores, ABNT NBR ISO 37120:2021, 37122:2020 e 37123:2021, não trazem valores de referência, tampouco metas para serem seguidas. A Norma de Sistema de Gestão,

ABNT NBR ISO 37101:2017, visa "utilizar indicadores e métricas para um apoio estruturado e consistente à gestão sustentável, inteligente e resiliente de comunidades" (ABNT, 2017, p. ix), como parte de uma "abordagem holística, incluindo boa governança e organização, processos e comportamento adequados, e uso apropriado e inovador de técnicas, tecnologias e recursos naturais" (ABNT, 2017, p. 1). Dessa forma, indicadores como os propostos na série de Normas 37120 são medidas quantitativas, qualitativas ou descritivas definidas para a utilização no monitoramento e avaliação do desempenho geral de uma cidade ou comunidade.

Transparência e dados abertos governamentais

A política de governo aberto se implanta sobre pilares da transparência, acesso a informações, participação social e dados abertos.

A legislação sobre transparência de dados no Brasil é recente, comparada com outros países como a Suécia e Colômbia, que garantem esse direito à população desde 1766 e 1888, respectivamente (PCRJ, 2022). O marco regulatório brasileiro, conhecido como a Lei de Acesso à Informação foi promulgada em 18 de novembro de 2011 (Brasil, 2011), e seu Decreto Regulamentador em 16 de maio de 2012 (Brasil, 2012).

Fucs (2013) compara a legislação sobre transparência da Suécia que iniciou em 1766, considerada vanguarda em iniciativas democratizantes pelo autor, com a lei de acesso à informação brasileira (Brasil, 2011). Entre as diferenças apresentadas, os pontos destacados apontam, em primeiro lugar, a ausência de preocupação maior do estado sueco com o sigilo das informações fiscais dos seus cidadãos, com a divulgação em páginas na *internet* de informações sobre renda média do cidadão sueco, pessoas que mais ganharam na comuna de determinada região, entre outras informações. Em segundo lugar, Fucs (2013) verificou que na Suécia a transparência é percebida pelo funcionário público como legítima garantia do serviço do direito de liberdade de expressão de o servidor prestar contas à sociedade sobre seus atos. O terceiro aspecto observado é a desnecessidade, em termos gerais, de o demandante na Suécia ter de se identificar para solicitar uma informação específica. O autor finaliza seu artigo citando como bom exemplo de "esforço democrático para ruptura do paradigma fiscal" a monarquia da Suécia, cujos membros são vistos como servidores estatais, submetendo-

-se, inclusive, ao acesso de suas informações fiscais ao conhecimento da sociedade como um todo, assim como qualquer cidadão sueco.

O Brasil é integrante do OGP – *Open Government Partnership* – desde sua fundação em setembro de 2011, que juntamente com os Estados Unidos, Reino Unido, Indonésia, Filipinas, Noruega, África do Sul e México adotaram a declaração de governo aberto e anunciaram seus primeiros planos de ação. Na declaração assinada pelos países são assumidos quatro compromissos fundamentais: aumentar a disponibilidade de informações sobre as atividades governamentais; apoiar a participação cívica; implementar os mais altos padrões de integridade profissional por todas as administrações; e ampliar o acesso a novas tecnologias para fins de abertura e prestação de contas.

Após 10 anos da sua assinatura em 2011, 47 novos países ingressaram nessa parceria. Embora uma década tenha se passado, são muitos os desafios a serem ainda enfrentados, principalmente pela administração pública. Macedo e Lemos (2021) apontam *datasets* geralmente incompletos, falta de padrão e de metadados; interface de dados, infraestrutura e gerenciamento de dados deficientes e inconsistentes, falta de capacitação e treinamento. No quadro II-1 são listados os desafios apontados pelo autor citado.

Cabe mencionar que a cidade de São Paulo participa da Parceria para Governo Aberto – *Open Government Partnership* (OGP) – por meio da Supervisão de Governo Aberto da Secretaria de Governo, com diversos projetos junto à sociedade civil. Pode-se citar o Programa Agentes de Governo Aberto que já capacitou mais de 32.000 cidadãos no período de 2015 a 2021 (PMSP, 2022).

Algumas iniciativas recentes adotando os conceitos de governo aberto de dados abertos no Brasil podem ser citadas, como estudo realizado sobre o tratamento dispensado no sistema eletrônico do serviço de informação – *e-sic* de Brasília (Possamai e de Souza, 2020); o trabalho realizado no portal de dados abertos da cidade Rio de Janeiro no período de 2013 a 2016 (Matheus, Maia Ribeiro e Vaz, 2018) que apontaram como desafio a descontinuidade na administração. Já Santana, Silva e da Silva, 2022) apresentam um diagnóstico do nível de transparência dos municípios da Região Metropolitana do Recife. Estudo sobre avaliação de portais de transparência por observadores sociais de 16 estados brasileiros é apresentado por Negri, Santos e Moraes, 2021, que concluem que observador social percebe o valor dos dados disponibilizados para realizar sua atividade de fiscal e também cidadã.

Quadro II-1 ■ Desafios para abertura de dados governamentais.

Desafios	Descrição
Infraestrutura dos dados	A infraestrutura e o gerenciamento de dados governamentais se mostram deficientes e inconsistentes devido a alterações frequentes nos *datasets*
Acesso aos dados e usabilidade	A interface dos dados não possui um bom projeto de *designer*, afetando a capacidade de localização, consumo e integração. Os portais geralmente possuem uma abordagem técnica e orientada a desenvolvedores, não contemplando os usuários finais e cidadãos comuns
Publicação	Os *datasets* são geralmente incompletos, sem informações adicionais, com falta de padrão e muitas vezes sem metadados significativos, evidenciando problemas de interoperabilidade e em fontes de referência comuns. As publicações de forma geral não utilizam todo o potencial da *web* de dados e os preceitos do LOD, essenciais para conectar *datasets* heterogêneos e descobrir recursos relacionados
Políticos e sociais	Os dados de maior impacto social ainda permanecem amplamente fora do escopo de abertura. A abertura de dados capacita os empoderados, fortalecendo ainda mais aqueles que já têm poder e privando os demais
Econômicos	Os dados abertos carecem de um modelo financeiro sustentável, além de sofrerem críticas por facilitar a neoliberalização por meio da comercialização dos serviços públicos
Organização e processos internos	Se as autoridades públicas não perceberem o valor para abrir dados, não alocarão os recursos necessários para garantir sua realização. Soma-se a isso a necessidade de proteger seus interesses pessoais como uma forte razão para que mantenham alguns dados secretos ou inacessíveis
Legais e de privacidade	A natureza dos dados abertos impõe novas demandas ao governo para prover privacidade, segurança e impedir o uso indevido das informações. Os governos devem determinar a política sobre quais dados devem ser compartilhados e suas circunstâncias adequadas
Capacitação e treinamento	Grande parte dos usuários não possui as habilidades necessárias para avaliar a qualidade e a adequação ao uso de dados, além de não possuir o alcance do que podem fazer com informações associadas. Soma-se a isso a necessidade de estudantes recém-formados e profissionais que lidam com tratamento e análise de dados serem devidamente treinados e capacitados tecnicamente em várias competências interdisciplinares

Fonte: Macedo e Lemos, 2021, p. 23.

Pode-se dizer que um grande passo a favor da transparência de dados – como consequência da lei de acesso à informação – foi dado ainda em 2012, com a instituição da Infraestrutura Nacional de Dados Abertos – INDA (Brasil e Ministério do Planejamento, Orçamento e Gestão, 2012), como política para garantir e facilitar o acesso pelos cidadãos aos dados e informações produzidos pelo poder público. A Instrução Normativa 4 define em seu artigo 2º Inciso VI, dados abertos como: "dados públicos representados em meio digital, estruturados em formato aberto, processáveis por máquina, referenciados na rede mundial de computadores e disponibilizados sob licença aberta que permita sua livre utilização, consumo ou cruzamento" (Brasil, Ministério do Planejamento, Orçamento e Gestão, 2012, artigo 2º Inciso VI).

Em 2016, foi publicado o Decreto Federal 8.777, que apenas acrescentou na definição de dados abertos anterior, do INDA de 2012, em seu final "... consumo ou cruzamento, limitando-se a creditar a autoria ou a fonte" (Brasil, 2016, artigo 2º Inciso III). O citado Decreto também define a Política de Dados Abertos do Poder Executivo Federal e princípios e diretrizes assertivos e consistentes (Figura II-9).

PUBLICIDADE	"I – observância da publicidade das bases de dados como preceito geral e do sigilo como exceção"
ACESSO IRRESTRITO	"II – garantia de acesso irrestrito às bases de dados, as quais devem ser legíveis por máquina e estar disponíveis em formato aberto"
DESCRIÇÃO DAS BASES DE DADOS	"III – descrição das bases de dados, com informação suficiente para a compreensão de eventuais ressalvas quanto à sua qualidade e integridade"
REÚSO	"IV – permissão irrestrita de reúso das bases de dados publicadas em formato aberto"
COMPLETUDE INTEROPERABILIDADE	"V – completude e interoperabilidade das bases de dados, as quais devem ser disponibilizadas em sua forma primária, com o maior grau de granularidade possível, ou referenciar as bases primárias, quando disponibilizadas de forma agregada"
ATUALIZAÇÃO	"VI – atualização periódica, de forma a garantir a perenidade dos dados, a padronização de estruturas de informação e o valor dos dados à sociedade e atender às necessidades de seus usuários"
RESPONSÁVEL	"VII – designação clara de responsável pela publicação, atualização, evolução e manutenção de cada base de dado aberta, incluída a prestação de assistência quanto ao uso de dados"

Figura II-9 ■ Princípios e diretrizes dos dados abertos. **Fonte**: Autores (Brasil, 2016, artigo 3º).

Alguns autores citam (Matheus, Maia Ribeiro, Vaz, 2018) e definem (Attard et al., 2015) um ciclo de vida para os dados abertos. O ciclo é constituído basicamente por três fases: o da criação e pré-processamento dos dados até serem publicados; uso dos dados publicados; e manutenção sustentável dos dados (curadoria), conforme figura II-10.

Figura II-10 ■ Ciclo de vida dos dados abertos. **Fonte**: adaptado de Attard et al., 2015, p. 403.

É importante ressaltar que o uso e reúso dos dados tem importante significado à medida que, ao trabalhar e retrabalhar o dado primário, o usuário do dado pode transformar a informação aderindo assim aos seus objetivos da busca pela informação. Outra característica importante é a usabilidade do portal de dados abertos, ou seja, sua facilidade de acesso e busca por dados. Uma ponderação apresentada por Monteiro e Caballero (2021), em estudos sobre dados em geral, é que às vezes o consumo do dado não é imediato, necessitando de capacitação para compreendê-lo. Dessa forma, ressalta-se aqui a importância da capacitação, também mencionada por Macedo e Lemos (2021), para antes mesmo de interpretar o dado saber buscá-lo, acessá-lo e transformá-lo, pois, muitas vezes, as plataformas de dados abertos governamentais não se apresentam amigáveis.

O programa *Open Data for Development* (OD4D) publica o *ranking* denominado *Open Data Barometer* (OD4D, 2017) de países que adotam medidas de transparência de dados – dados abertos. Os parâmetros utilizados para classificação são: censo; orçamento público; despesa pública; registro empresarial; legislação; transporte público; comércio internacional; saúde; educação; estatísticas de crimes; estatísticas ambientais; resultados de eleições; mapas; propriedade de imóveis. O Brasil ocupa a 18ª colocação entre os 115 países analisados na última versão completa publicada, que analisou os países em 2016 (OD4D, 2017). As melhores pontuações do Brasil foram verificadas nos temas despesas públicas, censo e resultado de eleições, sendo seu pior desempenho nos itens legislação, orçamento público e mapas.

Segundo a organização DataPortals.org, em abril de 2022, foram mapeados e georreferenciados 593 portais de dados abertos no mundo. No estado de São Paulo, constam 7 portais, e 44 no Brasil, em diversos estados.

Recentemente, em setembro de 2020, entrou em vigor a Lei Geral de Proteção de Dados – LGPD (Brasil, 2018) que, embora em um primeiro momento possa parecer conflitiva com os conceitos de dados abertos, entende-se não se poderia considerar em uma análise mais global dessa forma. A LGPD foi instituída para tratar e respeitar os direitos fundamentais do titular do dado, respondidas as perguntas básicas: finalidade, adequação e necessidade, e respeitadas as premissas da LGPD, o dado poderia ser aberto. Entretanto, o tema é ainda complexo, como apontado por Felzmann et al. (2019) em estudo sobre transparência, dados abertos e sistemas de inteligência artificial. Em 1º agosto de 2021 iniciou-se a aplicação de infrações referentes à LGPD.

Reflexões pós-pandemia

A Covid-19 impactou fortemente o modo de vida urbana, e certamente reorientará os processos de ocupação, produção e uso do espaço urbano. O *lockdown* fomentou a naturalização do teletrabalho, do *e-commerce*, dos serviços e da educação a distância, os quais, mesmo diante da nostalgia do presencial, deflagraram uma pós-pandemia híbrida, com tendência progressiva à virtualização. Impactos positivos e negativos incidiram sobre a cidade, de um lado o maior suprimento digital das necessidades humanas, a menor necessidade de deslocamentos, a menor emissão de gases de efeito estufa, a maior fluidez do trânsito, a maior percepção do valor dos espaços públicos (Ximenes, 2021), mas, de outra parte, o baixo grau de conectividade das redes de TIC, o despreparo docente e discente para a educação mediada por tecnologia, a inadequação das residências para o *home office* e, principalmente, o acirramento das desigualdades sociais e territoriais. Segundo Marino (2020), o mapa de calor do contágio em São Paulo era também o mapa das desigualdades, o mapa da moradia daqueles que não puderam aderir ao teletrabalho, que tinham piores condições de saneamento, que se submetiam a maiores tempos de deslocamento no transporte público e que trabalhavam em atividades econômicas mais vulneráveis à crise e ao desemprego. Khan et al. (2021) chegaram a conclusões semelhantes em pesquisa realizada na Índia, a qual atribuiu os fatores de maior contágio às desigualdades sociais e não às altas densidades simplesmente.

No âmbito urbanístico, a "cidade de 15 minutos" (Moreno, 2020) foi inesperadamente viabilizada em São Paulo, não pela proximidade casa-trabalho, casa-comércio e serviços, mas sim pela proliferação das entregas por aplicativo. O isolamento social em residências diminutas evidenciou a importância dos parques, praças e espaços públicos de convívio para a sanidade física e mental humana. Com a retomada progressiva dos encontros sociais, as calçadas e os *parklets* tornaram-se solução para os protocolos de distanciamento em restaurantes e afins (PMSP, 2021), valorizando a bandeira da "cidade para as pessoas" (Gehl, 2010).

No entanto, o isolamento social contrariou temporariamente as recomendações acadêmicas para conter o fenômeno do espalhamento urbano, promover maiores densidades e priorizar o transporte coletivo em detrimento do automóvel particular. Segundo dados do SECOVI-SP (2020), cidades do interior do Estado de São Paulo tiveram ondas de novos condomínios e valorização de imóveis em razão da demanda dos *homeworkers*. Exemplo nesse sentido foi a cidade de Holambra (SP) – de acordo com projeção do IBGE, em 2022 sua população cresceria 38,10% em relação ao censo de 2010, o que segundo um jornal local ocorreu graças à proliferação dos loteamentos e condomínios de média a alta renda (HOLAM-

BRENSE, 2021). Como regra, os migrantes da capital pressionam por maior capacidade urbana de suporte, principalmente tecnológica, e levam hábitos de consumo e cultura metropolitana para o interior, dinamizando as atividades econômicas, corroborando a possibilidade futura de haver novas configurações de rede de cidades.

Os dois anos da pandemia concorreram com eventos extremos decorrentes das mudanças climáticas. Secas e inundações excepcionais somadas a déficits de saneamento e drenagem foram muito danosas para os protocolos sanitários, notadamente nos assentamentos precários. Testou-se em profundidade a resiliência urbana, ao mesmo tempo que era testada ao limite a resiliência das políticas de saúde, educação, desenvolvimento econômico e desenvolvimento social. Mas o que não é benefício é aprendizado, nesse sentido a Covid-19 foi uma difícil lição sobre a necessidade de adaptar a cidade para evitar velhos e futuros passivos urbano-ambientais, para tanto as cidades e as comunidades precisam se tornar cada vez mais sustentáveis, mais inteligentes e mais resilientes aos riscos que certamente enfrentarão (United Nations, 2015).

Durante o isolamento social da Covid-19, a contribuição da natureza para a saúde e o bem-estar dos cidadãos foi essencial, o que já era claro muito antes da atual pandemia: árvores em áreas urbanas, por exemplo, removem poluentes, regulam temperaturas e capturam carbono (UN-Habitat, 2021). Como mostra a figura II-11, muitas soluções baseadas na natureza são estratégias eficazes para os desafios imediatos da Covid-19 e as ameaças de longo prazo representadas pelas mudanças climáticas.

CONSIDERAÇÕES FINAIS

Práticas de dados abertos e transparentes são essenciais para permitir que as partes interessadas e os cidadãos compreendam os objetivos dos projetos de cidades inteligentes. Utilizar uma abordagem de cidade inteligente não só permite que os governos melhorem a prestação de serviços e a responsabilização às partes interessadas, mas também oferece oportunidades e opções para os cidadãos fazerem escolhas mais ecológicas, impulsionando o crescimento econômico sustentável. Bem-informados, os cidadãos estarão mais bem preparados para participar da governança e para contribuir para a formulação de políticas (UN-Habitat, 2020a).

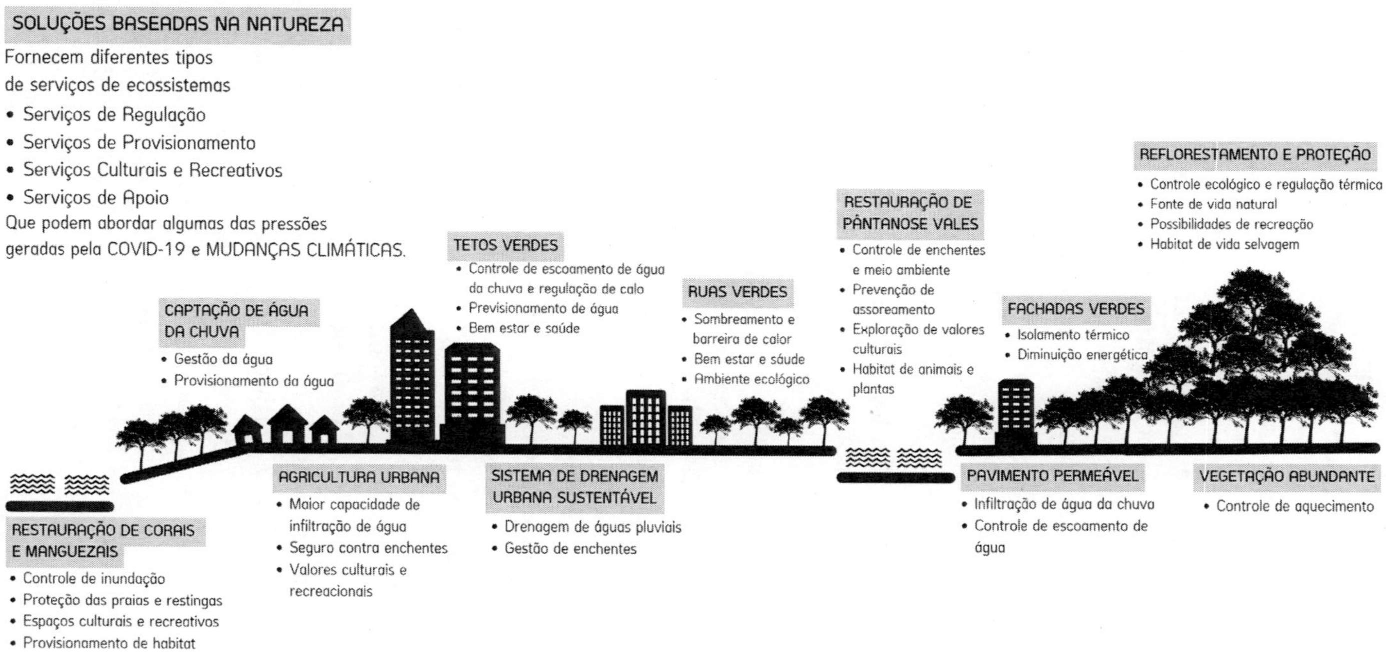

Figura II-11 ■ Soluções baseadas na natureza como resposta às pressões da Covid-19 e das mudanças climáticas. **Fonte**: adaptada de (UN-Habitat, 2021, p. 12).

Utilizar tecnologias no desenvolvimento urbano requer que os governos nacional, subnacional e local tenham a capacidade de conduzir a coleta, o mapeamento, a análise e a divulgação de dados. A coleta e a análise de dados são necessárias para uma boa governança, especificamente na criação de habitação, registros de propriedade e sistemas de governança não discriminatórios. Melhorar a transparência de dados sobre gastos e alocação de recursos pode ser uma ferramenta para avaliar o progresso em direção à equidade e à integração espacial. Estratégias de governo eletrônico (*e-government*) e ferramentas de governança digital centradas no cidadão podem permitir que cidadãos, especialmente aqueles de grupos marginalizados, desenvolvam e exerçam maior responsabilidade cívica, ampliando a participação e promovendo a governança responsável (UN-Habitat, 2020a).

O desafio de mensurar e divulgar dados urbanos, por meio de indicadores padronizados e alinhados aos ODS – Objetivos de Desenvolvimento Sustentável (United Nations, 2015), vem sendo discutido pelo ISO/TC 268 e no Brasil pela ABNT/CEE-268, como apresentado no item Cidades sustentáveis, inteligentes e resilientes. Não há uma receita pronta e padronizada a ser seguida internacionalmente por todas as cidades, mas a intenção de promover consenso internacional em princípios gerais de gestão, adaptando suas aplicações a vários tipos de comunidades urbanas, com o cuidado de envolver diversa gama de partes interessadas, propicia que representantes das cidades do mundo todo participem da elaboração de normas e colaborem com suas próprias experiências. Os conceitos de cidades sustentáveis, inteligentes e resilientes presentes nas Normas ISO refletem esse processo participativo e aberto.

Conforme apresentado nos itens anteriores, pode-se afirmar que o Brasil embora tenha editado a Lei de Acesso à Informação tardiamente (em 2011) comparado com alguns países, em relação à política de governo aberto e dados abertos, o Brasil participa da Parceria para Governo Aberto – *Open Government Partnership* (OGP, 2011) desde a sua fundação em 2011, sendo signatário do compromisso com princípios fundamentais acerca de transparência, qualidade de dados e participação, conforme mencionado no item Transparência e dados abertos governamentais.

O histórico de mais de 10 anos na área de governo aberto e dados abertos governamentais tem posicionado o País e muitas cidades brasileiras em patamares elevados em termos de ações governamentais de transparência de dados, inclusive com um número expressivo de publicações científicas nessa temática, conforme também debatido nos itens Metodologia e Transparência e dados abertos governamentais. Mas há ainda muito a ser feito. Podem-se citar alguns desafios a serem enfrentados em relação aos dados abertos governamentais como: facilidade de acesso, qualidade dos dados, fontes confiáveis, presença de série histórica e atualização constante, reúso de dados, entre outros.

Convém que sejam priorizados padrões ambientais mais rigorosos, incluindo uma gestão de recursos mais holística, redução da poluição e aumento das áreas de preservação de habitats e de biodiversidade por meio do estabelecimento de limites de expansão: essas medidas, ou Soluções Baseadas na Natureza (SBN), auxiliarão a mitigar os efeitos das mudanças climáticas (UN-Habitat, 2021), conforme discutido no item Reflexões pós- pandemias. As soluções baseadas na natureza representam uma abordagem integrada para entregar valor ambiental em todo o *continuum* urbano-rural, mas há desafios a serem superados: em áreas urbanas, soluções têm sido associadas a efeitos positivos tanto sobre a natureza urbana quanto à saúde humana. No entanto, na aplicação de soluções baseadas na natureza em ambientes urbanos, ainda existem lacunas de conhecimento sobre a eficácia dessas soluções para enfrentar os diferentes desafios ambientais, de envolvimento de várias partes interessadas e de integração com a infraestrutura existente (UN-Habitat, 2020b).

REFERÊNCIAS

ABNT – Associação Brasileira de Normas Técnicas. ABNT NBR ISO 37101:2017 – Desenvolvimento sustentável de comunidades – Sistema de gestão para desenvolvimento sustentável – Requisitos com orientações para uso, 2017.

ABNT – Associação Brasileira de Normas Técnicas. ABNT NBR ISO 37122:2020 – Cidades e comunidades sustentáveis – Indicadores para cidades inteligentes, 2020.

ABNT – Associação Brasileira de Normas Técnicas. ABNT NBR ISO 37120:2021 – Cidades e comunidades sustentáveis – Indicadores para serviços urbanos e qualidade de vida, 2021a.

ABNT – Associação Brasileira de Normas Técnicas. ABNT NBR ISO 37123:2021 – Cidades e comunidades sustentáveis – Indicadores para cidades resilientes, 2021b.

Attard J, Orlandi F, Scerri S, Auer S. A systematic review of open government data initiatives. Government Information Quarterly, v. 32, n. 4, p. 399-418, 2015. Disponível em: http://dx.doi.org/10.1016/j.giq.2015.07.006. Acesso em 16 jan. 2022.

Brasil. Lei nº 12.527 de 18 de novembro de 2011. Lei de Acesso à Informação. Brasília: Diário Oficial da União, 18 nov. 2011. Disponível em: http://www.planalto.gov.br/ccivil_03/_Ato2011-2014/2011/Lei/L12527.htm. Acesso em 13 abr. 2022.

Brasil. Decreto nº 7.724, de 16 de maio de 2012. Regulamenta a Lei nº 12.527, de 18 de novembro de 2011, que dispõe sobre o acesso a informações. Brasília: Diário Oficial da União, 16 maio 2012. Disponível em: http://www.planalto.gov.br/ccivil_03/_ato2011-2014/2012/decreto/d7724.htm. Acesso em 13 abr. 2022.

Brasil. Decreto nº 8.777 de 11 de maio de 2016. Institui a Política de Dados Abertos do Poder Executivo federal. Brasília: Diário Oficial da União, 11 maio 2016. Disponível em: http://www.planalto.gov.br/ccivil_03/_ato2015-2018/2016/decreto/d8777.htm. Acesso em 13 abr. 2022.

Brasil. Lei nº 13.709, de 14 de agosto de 2018. Lei Geral de Proteção de Dados Pessoais (LGPD). Brasília: Diário Oficial da União, 14 ago. 2018. Disponível em: http://www.planalto.gov.br/ccivil_03/_ato2015-2018/2018/lei/l13709.htm. Acesso em 13 abr. 2022.

Brasil, Ministério do Planejamento, Orçamento e Gestão. Instrução Normativa nº 4, de 12 de abril de 2012 – Institui a Infraestrutura de Dados Abertos – INDA. Brasília: Diário Oficial da União, 12 abr. 2012. Disponível em: http://www.planalto.gov.br/ccivil_03/_ato2015-2018/2018/lei/l13709.htm. Acesso em 13 abr. 2022.

DataPortals.Org. Data Portals Catalog. Disponível em: https://dataportals.org/. Acesso em 13 abr. 2022.

Felzmann H, Villaronga EF, Tamô-Larrieux A. Transparency you can trust: Transparency requirements for artificial intelligence between legal norms and contextual concerns. Big Data and Society, v. 6, n. 1, p. 1-14, 2019.

Fucs I. ConJur-Ildo Fucs: Na Suécia, até a monarquia se submete à transparência. Disponível em: https://www.conjur.com.br/2013-set-13/ildo-fucs-suecia-monarquia-submete-transparencia. Acesso em: 21 abr. 2022.

Gehl J. Cidades para pessoas. 2ª ed. São Paulo: Perspectiva; 2010.

HOLAMBRENSE. População estimada de Holambra cresce 38% e ultrapassa 15 mil habitantes, 2021. Disponível em: https://holambrense.com.br/populacao-estimada-de-holambra-cresce-38-e-ultrapassa-15-mil-habitantes/. Acesso em 14 abr. 2022.

ISO – International Organization for Standardization. Business Plan ISO/TC 268 – Sustainable Development in Communities, 2013.

ISO – International Organization for Standardization. ISO/TC 268 – Sustainable cities and communities. Disponível em: https://www.iso.org/committee/656906.html?view=participation. Acesso em: 10 abr. 2022.

ITU – International Telecommunication Union. Recommendation ITU-T Y.4904: Smart sustainable cities maturity model. ITU-T – Telecommunication Standardization Sector of ITU, 2019. Disponível em: https://www.itu.int/rec/T-REC-Y.4904-201912-I/en. Acesso em 18 abr. 2022.

Khan I, Iftikhar MN, Ali SH, Khalid S. Cities and COVID-19: Navigating the new normal. Global Sustainability, p. 1–6, 2021. Disponível em: https://doi.org/10.1017/sus.2021.10. Acesso em 14 abr. 2022.

Macedo DF, Lemos DL. da S. Dados abertos governamentais: iniciativas e desafios na abertura de dados no Brasil e outras esferas internacionais. AtoZ: novas práticas em informação e conhecimento, v. 10, n. 2, p. 14, 2021.

Marino A. Cartografias da pandemia. Disponível em: https://www.quatrocincoum.com.br/br/artigos/as-cidades-e-as-coisas/cartografias-da-pandemia. Acesso em 25 abr. 2022.

Matheus R, Maia Ribeiro M, Vaz JC. Strategies and instruments for the dissemination and promotion of open government data use in Brazil: case study of Rio de Janeiro city hall. Revista Tecnologia e Sociedade, v. 14, n. 33, p. 172-89, 2018.

Monteiro J, Caballero B. Guia brasileiro de análise de dados: armadilhas e soluções. ENAP – Escola Nacional de Administração Pública; 2021.

Moreno C. The 15-minute city – TED Talk, 2020. Disponível em: https://www.ted.com/talks/carlos_moreno_the_15_minute_city/transcript. Acesso em 14 abr. 2022.

Negreiros I. Retrofit urbano: uma abordagem para tomada de decisão. 2018. Escola Politécnica da Universidade de São Paulo, 2018. Disponível em: https://teses.usp.br/teses/disponiveis/3/3146/tde-04022019-091230/pt-br.php. Acesso em 13 abr. 2022.

Negri AV, Santos GD, Moraes GHSM de. Avaliação dos fatores que influenciam o uso de portais de transparência por observadores sociais – Evaluation of factors that influence the use of transparency portals by social observers. Revista Humanidades e Inovação, v. 8, n. 47, 2021.

OD4D – Open Data for Development. 4th edition – Open Data Barometer, 2017. Disponível em: https://opendatabarometer.org/4thedition/?_year=2016&indicator=ODB. Acesso em 13 abr. 2022.

OGP – Open Government Partnership. Declaração de Governo Aberto, 2011. Disponível em: https://www.gov.br/cgu/pt-br/governo-aberto/central-de-conteudo/documentos/arquivos/declaracao-governo-aberto.pdf. Acesso em 15 abr. 2022.

PCRJ – Prefeitura da Cidade do Rio de Janeiro. O Acesso à Informação no Mundo. Disponível em: http://www.rio.rj.gov.br/web/transparencia/acesso-saiba-mais-3. Acesso em 13 abr. 2022.

PMSP – Prefeitura Municipal de São Paulo. Prefeitura de São Paulo autoriza retomada do uso das calçadas por estabelecimentos comerciais e de serviços, 2021. Disponível em: https://www.prefeitura.sp.gov.br/cidade/secretarias/desenvolvimento/noticias/?p=315775. Acesso em 14 abr. 2022.

PMSP – Prefeitura Municipal de São Paulo, Secretaria de Governo Municipal. Agentes de Governo Aberto. Disponível em: https://www.prefeitura.sp.gov.br/cidade/secretarias/governo/relacoes_institucionais/supervisao_para_assuntos_de_governo_aberto/index.php?p=325720. Acesso em 13 abr. 2022.

Possamai AJ, de Souza VG. Transparência e Dados Abertos Governamentais: Possibilidades e Desafios a Partir da Lei de Acesso à Informação. Administração Pública e Gestão Social, v. 12, n. 2, 2020. Disponível em: https://www.redalyc.org/articulo.oa?id=351562414012.

Santana DB, Silva EM da, da Silva ML. Transparência da informação e dados abertos dos governos municipais da Região Metropolitana do Recife. Em Questão, v. 28, n. 1, p. 128-58, 2022.

SECOVI-SP. Pesquisas e Índices. Disponível em: https://www.secovi.com.br/pesquisas-e-indices, 2021. Acesso em 14 abr. 2022.

UN-Habitat. The New Urban Agenda. Nairobi, 2020a. Disponível em https://unhabitat.org/sites/default/files/2020/12/nua_handbook_14dec2020_2.pdf. Acesso em 16 abr. 2021.

UN-Habitat. World Cities Report 2020 – The Value of Sustainable Urbanization. Nairobi, 2020b. Disponível em: https://unhabitat.org/sites/default/files/2020/10/wcr_2020_report.pdf. Acesso em 16 abr. 2021.

UN-Habitat. Cities and Pandemics: Towards a More Just, Green and Healthy Future. Nairobi, 2021. Disponível em: https://unhabitat.org/sites/default/files/2021/03/cities_and_pandemics-towards_a_more_just_green_and_healthy_future_un-habitat_2021.pdf. Acesso em 10 abr. 2022.

United Nations. Transforming our world: the 2030 Agenda for Sustainable Development, 2015. Disponível em: https://www.un.org/ga/search/view_doc.asp?symbol=A/RES/70/1&Lang=E. Acesso em 13 abr. 2022.

Ximenes DDSS. A paisagem e a cultura, fatores de qualidade socioambiental urbana: estudo dos espaços públicos da cidade de São Paulo. 2021. Relatório de Pós-Doutorado. IEA-USP; 2021.

Parte III

CONHECIMENTO, MÉTODOS, TECNOLOGIA E LEGISLAÇÃO PARA A EFETIVIDADE DA INOVAÇÃO

Capítulo 5

Gestão de Produtos Inovadores – O Cidadão no Centro das Estratégias

Silvio Rocha da Silva
Carlos Eduardo Rodrigues

INTRODUÇÃO

Este capítulo apresenta o conceito de gestão de produto como o resultado do trabalho necessário para entregar um produto, serviço ou experiência. Um produto é tudo aquilo que tem a capacidade de satisfazer um desejo ou atender a uma necessidade.

É essencial compreender que a gestão de produtos na nova economia obedece a uma lógica do mundo digital, das mudanças rápidas, das respostas instantâneas, da transparência das informações, da simplicidade, da agilidade e inovação, sendo atributos para a transformação digital, cultural e organizacional.

Os cidadãos estão utilizando cada vez mais produtos com tecnologia digital e vivendo em um ecossistema em rede e colaborativo. As transformações digitais estão cada vez mais presentes na vida de todos, e não seria diferente na relação entre empresas, governos e cidadãos.

Para atendermos a esses e outros atributos, as lideranças nas empresas e governos precisam evoluir suas estratégias de planejamento e visão de futuro, colocando os cidadãos no centro das estratégias e decisões sobre os produtos ofertados. Essa mentalidade levará as empresas e os governos a uma transformação na gestão, evoluindo para um provedor de serviços públicos ou privados proativo que busca constantemente entender as necessidades dos usuários dos serviços e produtos, trazendo valor e experiência de uso inovador para todos os usuários, cidadãos e demais partes interessadas.

As transformações na gestão pública precisam manter um propósito claro e norteador em sua visão: criar um governo próspero e capaz de mudar a vida positivamente da sociedade. Para alcançar essa visão, a gestão de produtos deve fazer parte dessa estratégia, principalmente nos tempos atuais que se vive em condições de extrema incerteza.

O NOVO JEITO DE CRIAR PRODUTOS INOVADORES

Governos exponenciais

Um novo contexto global decorrente das inúmeras transformações sociais, culturais, organizacionais e tecnológicas, e também impulsionado pela pandemia da Covid-19. Todo esse novo cenário, a cada dia mais competitivo, em uma sociedade que se adapta rapidamente e que exige melhores condições de vida, faz com que os governos busquem novas formas de serem mais eficientes e eficazes, de responderem às mudanças com flexibilidade e agilidade e, principalmente, que acompanhem e criem produtos inovadores para proporcionar melhores condições de crescimento econômico-social da população atendida.

Assim, entende-se que os governos precisam, em algum grau, assemelhar-se às Organizações Exponenciais (ExO) em seus processos de inovação. "Uma organização exponencial é aquela cujo impacto (ou resultado) é desproporcionalmente grande – pelo menos dez vezes maior –, comparado com seus pares, devido ao uso de novas técnicas organizacionais que alavancam as tecnologias aceleradas" (Salim, Malone e Geest, 2019).

O cidadão no centro

Adaptar-se à nova economia é essencial para as empresas de qualquer porte e governos. Temos vários casos de organizações, como por exemplo Kodak, Blockbuster, Atari, Xerox, entre outras, que ficaram obsoletas nas últimas décadas por não entender ou adaptar às novas necessidades das pessoas e da sociedade. Se as nossas necessidades como pessoas, indivíduos e organizações mudaram, como ficam as nossas necessidades como cidadãos? Com certeza temos hoje outros requisitos e expectativas da gestão pública.

Dessa forma, os governos não podem ter essa condição de ficarem obsoletos e precisam acelerar a modernização dos seus processos e gestão, atuando em uma transição para nova gestão pública mais digital e inovadora com o cidadão no centro das estratégias.

E como colocar o cidadão no centro das estratégias? Por meio da colaboração e do uso intensivo de tecnologias digitais, com os quais os governos podem desenvolver soluções que aproximem o cidadão dos serviços públicos, possibilitando a transparência dos ciclos de vida dos serviços e demandas, avaliação de satisfação do cidadão, indicadores de desempenho dos serviços públicos, gestão do relacionamento com o cidadão, cocriação das soluções para as cidades e uso de recursos de gamificação, que é a aplicação das estratégias dos jogos nas atividades do dia a dia para aumentar e melhorar o engajamento e o envolvimento do cidadão ou colaboradores com empresas e governos.

A colaboração entre governos e sociedade é um importante recurso para a legitimidade das inovações geradas a partir da gestão pública. Quanto mais próximo do cidadão as esferas públicas estiverem, maior será a confiança criativa e a entrega de valor público, pois as soluções e serviços públicos serão gerados a partir das reais expectativas e necessidades dos cidadãos, criando, assim, um caminho para a maior percepção de retorno para a sociedade.

Um governo que tem sua gestão centrada no cidadão está preocupado em oferecer uma jornada mais focada na solução, na experiência agradável, adaptando-se de forma personalizada às expectativas da sociedade e, com isso, respondendo com agilidade e flexibilidade por meio de serviços públicos (simples, integrado, seguro, digital, inovador e de alta qualidade).

O modelo de negócios

O modelo de negócios tem sido utilizado para auxiliar as empresas na percepção de um negócio e seus diversos elementos constituintes, como, por exemplo, a definição dos produtos e dos serviços que complementam a proposta de valor para os consumidores, os parceiros e como se viabiliza a construção do valor, os canais para se chegar até os consumidores e os mercados-alvo, entre outros aspectos cruciais para o entendimento do negócio (Keane, Cormican e Sheahan, 2018).

Se o modelo de negócios é capaz de explicar como o negócio de uma empresa funciona, ele também é capaz de apontar os pontos falhos no desenvolvimento de um novo modelo, podendo ser utilizado como uma ferramenta que auxilia os gestores na análise de uma nova ideia e dos vários aspectos relacionados com o sucesso da inovação (Teece, 2018).

Osterwalder et al. (2011) ofereceram uma modelo conceitual como ponto de partida para qualquer iniciativa de inovação que precisa obter compreensão compartilhada do funcionamento de uma organização. Esse modelo de conceito, denominado de ontologia de modelo de negócios, visa auxiliar as organizações na compreensão e no entendimento de seus modelos de negócios. Algum tempo depois, esse modelo recebeu o nome de "Canvas de modelo de negócios", como é possível observar na figura III-1. De acordo com os autores, um modelo de negócios pode ser mais bem descrito com nove componentes básicos, que mostram a lógica de como uma organização pretende gerar valor. Por meio desses componen-

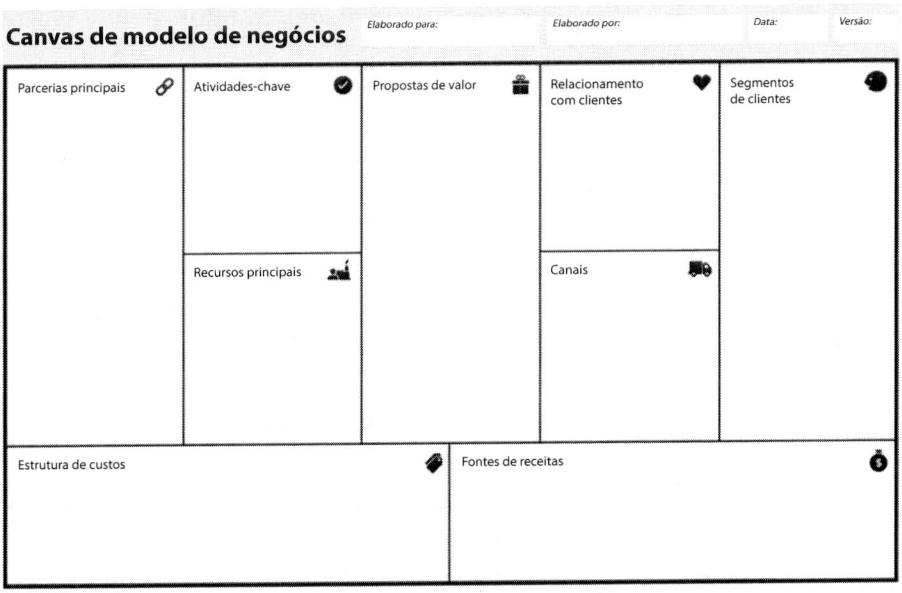

Figura III-1 ■ Canvas de modelo de negócios. **Fonte**: Osterwalder et al., 2011, p. 44.

tes e suas relações, os autores explicam que é possível compreender todos os aspectos principais de um negócio: produtos, interface com o cliente, infraestrutura e finanças.

- Produtos – o cerne do negócio de uma organização são seus produtos e a proposta de valor ofertada ao mercado.
- Interface com o cliente – quem são os clientes, como devem ser ofertados os produtos (bens ou serviços) e como o relacionamento com os clientes deve ser fortalecido.
- Infraestrutura – como a organização se estrutura de forma eficiente para realizar seus processos internos, sua logística e como se relaciona com parceiros quando atuando em rede.
- Finanças – como a organização obtém retornos financeiros, sua estrutura de custos e análise da sustentabilidade do negócio.

Essas características do modelo de negócio têm sua grande relevância para as estratégias da gestão pública, apoiando desde a criação até o lançamento de uma inovação. Inspirada nas literaturas sobre modelo de negócios, a gestão pública pode aprimorar a compreensão, comunicação, mensuração e promover a inovação em iniciativas públicas, criando e entregando valor a seus beneficiários por meio de produtos (bens e serviços) de forma sustentável.

GESTÃO DE PRODUTOS

Gestão de produto *vs.* gestão de projetos

Um dos grandes desafios que um gestor público enfrentará é transformar a mentalidade e a cultura baseada em gestão de projeto para uma abordagem de gestão de produto. Para entender melhor as diferenças entre gestão de projeto e gestão de produtos, cito algumas definições, a começar pela gestão de projetos e a conceituação do que é um projeto, que é descrito no Guia PMBOK® sexta edição, como um esforço temporário empreendido para criar um produto, serviço ou resultado único, ou seja, o foco do projeto é a entrega com resultado. Projetos são executados por pessoas, geralmente têm limitações de recursos e são planejados, executados e controlados.

O gerenciamento de projetos é a aplicação de conhecimentos, habilidades, ferramentas e técnicas nas atividades de planejamento, execução e encerramento do projeto a fim de atender aos seus requisitos. Normalmente, em grandes organizações, os profissionais de projetos atuam em conjunto com o *Project Management Office* (PMO), que significa Escritório de Gerenciamento de Projetos, e são responsáveis por implementar e garantir a manutenção dos padrões de gerenciamento de projetos adotados pela organização.

A gestão de produto adota um foco no resultado e na experiência do cliente, sua abordagem está na gestão desde a concepção do produto até sua retirada do mercado. Mas, afinal, o que é um produto? Define-se produto como sendo qualquer bem ou serviço que venha atender ou solucionar um problema ou necessidade de um cliente. O produto pode ser físico ou virtual. Os físicos incluem os bem duráveis (como carros, móveis e eletrônicos) e os não duráveis (como alimentos e bebidas). Já os produtos virtuais são ofertas de serviço ou experiências (como educação e *softwares*).

Colocar um produto no mercado é um desafio cada vez mais complexo nos dias atuais, as soluções precisam trazer inovações em ciclos cada vez mais curtos, é preciso manter-se atualizado com os avanços das tecnologias emergentes, acompanhar a dinâmica dos mercados globais e da nova economia e, principalmente, manter um relacionamento ativo e proativo com os clientes que estão cada vez mais exigentes.

Diante desses desafios e na busca de superá-los, o trabalho do *Product Manager*, ou seja, um gerente de produto, é fundamental para manter um alinhamento entre as expectativas dos clientes e a estratégia da organização. Esse profissional atua focado na entrega do produto e tem entre suas funções avaliar alguns pontos, como por exemplo:

- Relevância do produto para o público-alvo.
- Necessidades prioritárias *versus* o que é superficial.
- Os desafios da persona do produto.
- Experiência do usuário.
- Impacto do produto no mercado.
- Impacto do produto na concorrência.
- Capacidade de inovação do produto.
- Funcionalidades do produto.

Toda gestão de produtos envolve algum nível de gestão de projeto, porém é importante manter a mentalidade de entrega de valor, pois na construção do produto não devemos ficar presos em prazos e metas definidos no planejamento inicial e que não podem mudar durante o processo de desenvolvimento, mas devemos ficar focados em aprender e reaprender durante toda a jornada.

Na gestão de produtos, se algo não funciona ou os clientes/cidadãos não respondem bem à entrega feita, o gestor público deve ser flexível para se adaptar rapidamente, ajustando a entrega para algo com valor percebido.

Ciclo de vida do produto

Implementar produtos de qualidade e que atendam a satisfação dos clientes, cidadãos e da sociedade é um paradigma que está presente em toda organização, seja ela pública ou privada. Desenvolver novos produtos é essencial para qualquer organização, sendo fator primordial para sua continuidade e diretamente relacionado com a sustentação da imagem positiva.

Um produto apresenta várias etapas com o passar do tempo. Entender as diferentes etapas é essencial para compreender o ciclo de vida do produto, desde seu lançamento até sua descontinuação ou reposicionamento no mercado. O ciclo de vida do produto é utilizado como base para se tomar decisões em relação a um produto, por exemplo: Devo investir em propaganda? Devo diminuir o preço? Devo sair deste mercado? E, tratando-se de uma gestão pública ou um novo serviço a ser ofertado para população, temos: Como será divulgado para população? Como será e para quem será ofertado? Quais os locais em que serão ofertados? Será bem aceito pela sociedade? Como se comportará ao longo do período que for ofertado? Deverá ser permanente? O Ciclo de Vida do Produto (CVP), como já se comentou, assume que todo produto passará por etapas definidas, desde seu lançamento até sua descontinuação ou reposicionamento no mercado. Essas etapas, pode-se dizer, são inspiradas no ciclo de vida biológico. Kotler e Armstrong (2015) afirmam que o CVP apresenta quatro estágios principais, além de considerarem o desenvolvimento como um estágio inicial, conforme apresentado na figura III-2, que exemplifica a trajetória das vendas a partir da curva do CVP e os lucros alcançados ao longo dos estágios.

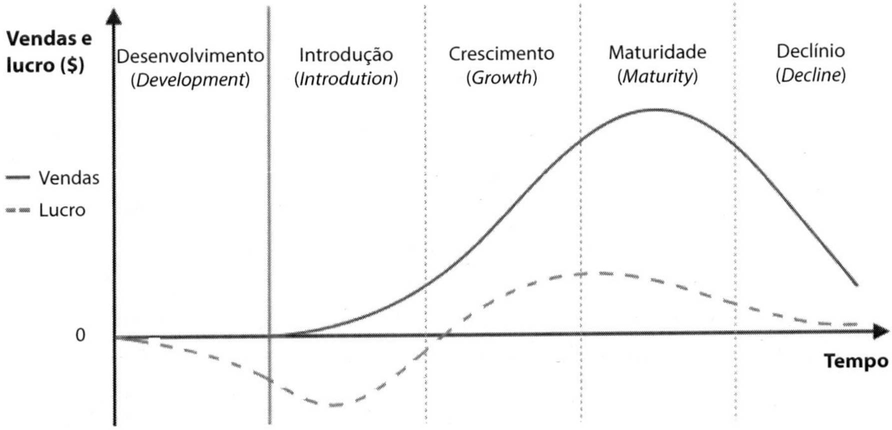

Figura III-2 ■ Ciclo de Vida do Produto. **Fonte**: Kotler e Armstrong, 2015, p. 298.

As características de um produto se modificam bastante durante seu ciclo de vida. Assim, a estratégia deve levar em consideração as questões específicas de cada etapa.

Descrição das etapas:

- Desenvolvimento (*development*) – etapa em que a organização define uma iniciativa (ideia ou *insight*) e desenvolve a estratégia do produto. É nesse momento que o produto começa seu desenvolvimento. Durante o desenvolvimento do produto, as vendas são zero e ocorrem os custos de investimento.
- Introdução *(introduction*) – etapa em que as vendas crescem lentamente à medida que o produto é introduzido no mercado. Os lucros ainda são inexistentes, porque os investimentos com a introdução do produto no mercado superam as vendas.
- Crescimento (*growth*) – etapa em que ocorre uma rápida aceitação no mercado, aumentando as vendas e os lucros.
- Maturidade (*maturity*) – etapa em que o crescimento das vendas diminui porque o produto obteve aceitação pela maioria do mercado potencial. Os lucros diminuem porque os gastos com manutenção do produto precisam ser aumentados para mantê-lo perante a concorrência.
- Declínio (*decline*) – etapa em que as vendas e os lucros declinam e torna-se inviável manter o produto no mercado.

Implementar soluções inovadoras vai além do conhecimento do CVP, de entender o que está na moda e de investir em tecnologias para gerar atratividade ao mercado. É importante analisar como o produto vai ser recebido e adotado pelo mercado e isso pode ser feito com o suporte da Lei da Difusão da Inovação, publicada pelo professor Rogers (2003) no livro: Difusão de Inovações. Hoje, mais conhecida como curva de adoção da inovação, procura explicar COMO e POR QUE novas iniciativas e práticas são adotadas. Ao utilizar a curva de adoção da inovação, é importante entender os vários grupos de usuários e sua estratégia de tomada de decisão ao longo do período de vida do produto, conforme figura III-3 e quadro III-1.

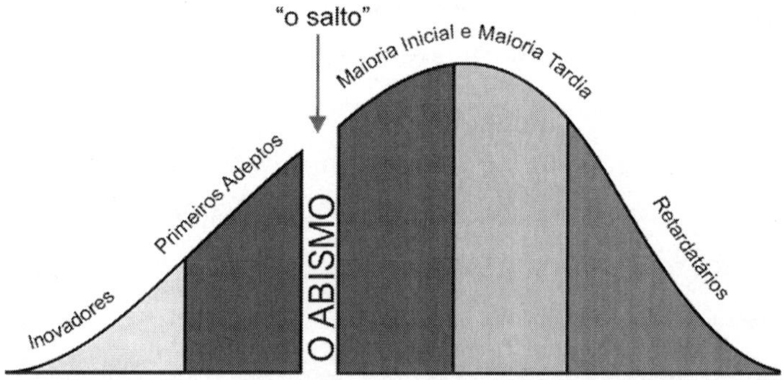

Figura III-3 ■ Curva de adoção da inovação. **Fonte**: Rogers, 2003, p. 247.

A curva de adoção da inovação quando entendida como um importante elemento para o desenvolvimento de um novo produto, percebe-se uma forte correlação com o ciclo de vida do produto na relação com suas etapas, conforme quadro III-2.

Quadro III-1 ■ Grupos e sua estratégia na curva de ação da inovação.

Grupos	Estratégias
Inovadores	Trazê-los para a cocriação da ideia/produto por meio de um processo colaborativo. Incluí-los nas trilhas de capacitações e demais aprendizados para que conheçam cada vez mais o potencial e os resultados
Primeiros adeptos	Identificar as expectativas e demonstrar que os resultados e os benefícios atenderão suas expectativas. Propiciar condições de terem uma boa experiência de uso da ideia por meio de um produto mínimo viável. Criar canais de comunicação onde possam dar *feedback* e receber os avanços da implementação. Desenvolver uma matriz de poder e influência. Apresentar estudo de viabilidade da ideia/produto

Grupos	Estratégias
O abismo	Desenvolver uma estratégia e plano de comunicação para apresentar os resultados e benefícios preliminares nas visões financeira, social e ambiental do produto mínimo viável ou protótipo. Reavaliar a matriz de risco do projeto e/ou produto. Realizar parcerias internas e externas. Atuar na gestão da mudança para trabalhar os comportamentos desejados
Maioria inicial	Elaboração de relatórios com os resultados, experiências de uso e benefícios obtidos com os primeiros adeptos. Promover eventos com a participação dos primeiros adeptos de forma a gerar uma troca de experiências e conhecimentos. Trazer informações do mercado e estudos de tendências
Maioria tardia	Trazer para o dia a dia de trabalho o quanto a mudança para uma atuação mais digital e inovadora pode reduzir os desperdícios de tempo, esforço e retrabalho. Demonstrar que muitos já adotaram a solução, está em um nível maduro, tornando mais abrangente com resultados e benefícios reconhecidos, inclusive no mercado
Retardatários	Ter uma boa estratégia de comunicação para manter o canal sempre ativo e o recebimento e tratativas dos *feedbacks*, atuar com comunicação não violenta e empatia, apresentar os avanços e as conquistas mesmo que pequenas e celebrar envolvendo todos os grupos. Demonstrar os cenários de transformações e a necessidade de adaptação às novas tecnologias digitais e inovações para nos manter competitivos. Motivar e engajar pelo exemplo

Fonte: Adaptado de Rogers, 2003, p. 247.

Quadro III-2 ■ Comparação Curva de Ação da Inovação e CVP.

Curva de adoção da inovação	Ciclo de vida do produto
Estimuladores, inovadores e primeiros adeptos	Desenvolvimento e introdução
Maioria inicial	Crescimento
Maioria tardia	Maturidade
Retardatários	Declínio

Fonte: Elaborado pelo autor.

Produtos e plataformas digitais

Ao longo de 2020 e 2021, observaram-se os impactos da Covid-19 em todos os segmentos da sociedade e organizações, gerando adaptações e transformações no modo como se vive, seja no campo social, seja no ambiental e econômico. Diante dessas mudanças sem precedentes, os negócios e os governos tiveram que rapidamente adaptar suas estratégias e operações e, com isso, viu-se uma aceleração também sem precedentes na Transformação Digital.

A *Microsoft* encomendou à *The Economist Intelligence Unit* a realização de um estudo independente em diferentes setores sobre as mudanças duradouras provocadas pelas ondas de Transformação Digital impulsionadas pela pandemia. A pesquisa revelou que a preparação digital e a resiliência foram fundamentais para a sobrevivência dos negócios. Seguem alguns dados:

- Sessenta e dois por cento das empresas privadas se disseram preparadas para o trabalho remoto. No ambiente governamental um pouco menos, 55%.
- Na área da saúde, 60% responderam que a saúde pública e o bem-estar são os principais impactos positivos da Transformação Digital.
- Na indústria, 56% dos entrevistados disseram que melhorar a eficiência operacional é o principal foco da estratégia de Transformação Digital de suas organizações.
- Para 49% dos entrevistados de varejo, melhorar a experiência do cliente está impulsionando a Transformação Digital.

Analisando esses números, observa-se que os cidadãos tiveram mudança em alguns dos aspectos culturais, como, por exemplo, trabalho remoto, aumento da exigência e busca por uma melhor experiência no consumo de produtos, sejam eles físicos ou digitais. O governo brasileiro tem buscado evoluir seus processos e produtos digitais e, com a estratégia de governo digital, tem dado foco em ações para oferecer serviços públicos com maior qualidade, simplicidade e acessibilidade a um custo menor para o cidadão.

Produtos digitais são caraterizados pela forma de consumo exclusivamente por meio eletrônico, como por exemplo pela *internet*, ou seja, a relação das pessoas com o produto desde sua produção, entrega e consumo é realizada por meio de ambientes digitais. Portanto, não há uma estrutura física que precisa de armazenamento ou entrega por frete. Alguns exemplos de produtos digitais: *e-books*, cursos *on-line*, música *on-line*, serviços de assinatura, *podcasts*, entre outros.

O governo brasileiro proporcionou avanços significativos no oferecimento de produtos digitais para a sociedade. Nas esferas federal e estadual, temos o gov.br, uma plataforma digital que reúne vários produtos (serviços públicos digitais) e que já representa 70% dos 4,5 mil serviços oferecidos, atendendo mais de 110 milhões de brasileiros.

As plataformas de produtos digitais são modelo de negócios que usam tecnologia para conectar produtores com consumidores e, no caso dos governos, propiciam o relacionamento entre cidadãos e gestão pública (Figura III-4).

Os atores em um ecossistema de uma plataforma

Uma plataforma provê a infraestrutura e as regras para um *marketplace* que aproxima produtores e consumidores. Os atores desse ecossistema preenchem quatro papéis principais mas podem facilmente trocar de papel um com o outro. Entender as relações internas e externas ao ecossistema é central para se pensar uma estratégia de plataforma.

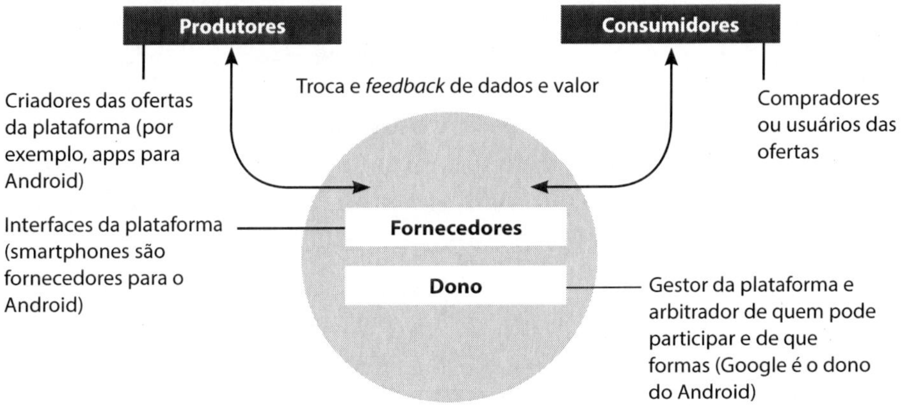

Figura III-4 ■ Modelo esquemático de uma plataforma típica. **Fonte**: Parker, Alstyne, Choudary, 2016, p. 58.

O documento de trabalho da Comissão Europeia – *Communication on Online Platforms and the Digital Single Market* (2016) – classifica as plataformas em cinco tipos de modelos de negócios:

1. Mercados *on-line* (*marketplaces*), nos quais ocorrem a intermediação de transações entre vendedores e compradores de bens e serviços.

2. Ecossistemas móveis e plataformas de distribuição de aplicativos: os *smartphones* tornaram-se o foco de um novo mercado para *software* e conteúdo digital, permitindo às lojas de aplicativos assumirem o papel dos mercados *on-line* em muitos casos.
3. Serviços de busca na *internet*: o papel fundamental de um mecanismo de busca é tornar mais fácil aos usuários encontrar informação na *internet*. A fonte fundamental de recursos desses serviços está nos anúncios das páginas de busca.
4. Plataformas de mídia social e de conteúdo: serviços que permitem conexão, compartilhamento, negócios, comunicação e expressão *on-line*. Suas principais fontes de renda são anúncios publicitários e monetização de agregados de dados de usuários.
5. Plataformas de anúncios publicitários *on-line* que vendem e compram espaço publicitário em páginas na *web*. Com as possibilidades de mercado e os enormes incentivos para a inovação em tecnologia e modelos de negócio, as plataformas apresentam-se como potenciais habilitadores para crescimento, inovação, eficiência e incremento de competição, favorecendo investimentos em setores como tecnologias digitais, comércio eletrônico e serviços *on-line*.

As transformações digitais estão mudando radicalmente à maneira como os cidadãos vivem, trabalham, consomem serviços e interagem. A capacidade dos governos de responder e produzir produtos digitais mais inclusivos, convenientes e colaborativos é crucial para garantir a confiança dos cidadãos.

ENTENDENDO A ESTRATÉGIA DO NEGÓCIO

Eixos da incerteza para análise de cenários

Tende-se a subestimar ou superestimar mudanças pelo motivo de imaginar resultados plausíveis que nos obrigam a enfrentar expectativas e crenças estimadas. Se você anotasse descrições do futuro, descobriria que elas refletem seus próprios vieses cognitivos. Você se concentraria principalmente nos assuntos que já conhece bem – como seu trabalho, sua empresa e ramo de atividade –, porém ficaria sem respostas concretas para perguntas sobre o futuro e muito menos a identificação de todos os riscos e oportunidades à frente. Nesse ponto, a ansiedade se espalha, e você, líderes, equipes e governantes acabam tomando decisões ruins. No artigo *How Futurists Cope With Uncertainty – A simple tool you can use to see plausible future states early*, a autora Amy Webb deu forma, estrutura e consistência metodológica à ferramenta eixos da incerteza.

Eixos da incerteza são uma ferramenta que pode-se utilizar em tempos de profunda incerteza e seu objetivo não são previsões, mas a preparação para o que vem a seguir. Devemos mudar nossa mentalidade de fazermos previsões para estarmos preparados.

Eixos da incerteza são uma ferramenta para descrever múltiplos futuros alternativos. Que é bom! Porque, no momento, não se pode saber o resultado definitivo de uma pandemia, das condições políticas, dos conflitos entre povos e as oscilações do mercado – para não mencionar todas as outras incertezas com as quais estamos lidando. Os eixos resultam em cenários: narrativas curtas, mas detalhadas, descrevendo resultados e impactos plausíveis.

Etapas para a construção dos eixos da incerteza:

1ª Etapa – elaborar um *brainstorm* de incertezas externas (são mudanças que não temos nenhum controle. Podem-se utilizar quatro categorias de incertezas externas: fatores econômicos, fatores sociais, fatores políticos e fatores tecnológico-científicos).

2ª Etapa – elaborar um *brainstorm* de incertezas internas (são mudanças conhecidas que temos algum controle direto. Exemplos: desenvolvimento da força de trabalho, novas contratações, alocações de orçamento, decisões que serão tomadas, esforços em inovação, planos de relacionamento, investimentos, entre outras).

3ª Etapa – escolher duas incertezas e coloca-las em eixos opostos (escolha uma da categoria de fatores econômicos *versus* fatores sociais ou fatores econômicos *versus* esforços de inovação).

Exemplo das escolhas nos eixos opostos, porém busque conectar incertezas que normalmente não combinam, isso pode gerar resultados que não haviam sido pensadas antes (Figuras III-5 e III-6).

4ª Etapa – escrever um título para cada quadrante (as descrições devem relatar como seria um momento futuro se cada uma das incertezas acontecesse. O objetivo não é descobrir todos os momentos futuros,

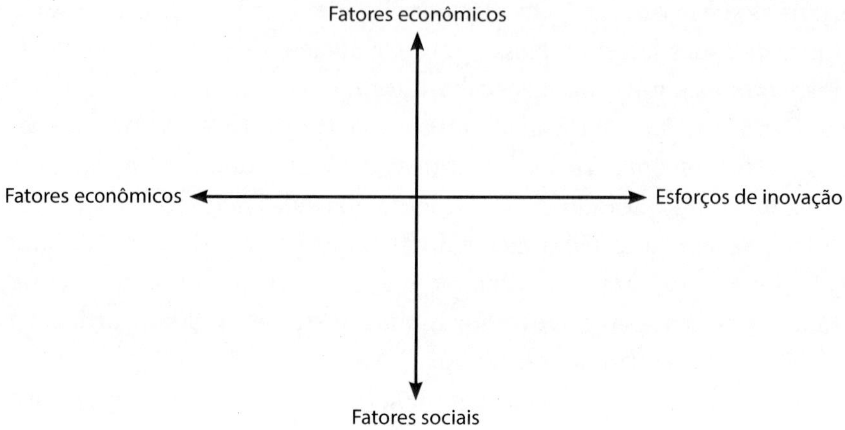

Figura III-5 ■ Exemplo de eixos opostos. **Fonte**: Amy Webb, 2020.

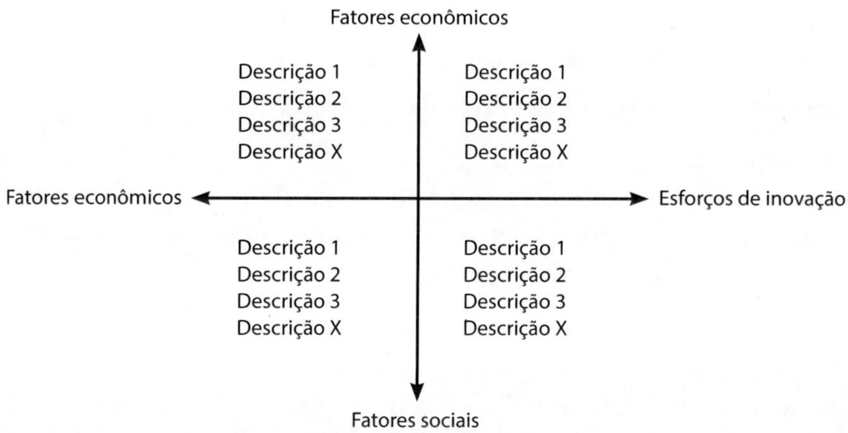

Figura III-6 ■ Exemplo de eixos opostos com descrições. **Fonte**: Amy Webb, 2020.

mas estar mais bem preparado para os resultados aceitáveis. O número de descrições é indefinido, ou seja, faça até avaliar que tem condições razoáveis para uma boa preparação do que vem pela frente).

5ª Etapa – definir um rótulo para cada quadrante (é uma das etapas mais importante, pois cada rótulo nos quadrantes irá ajudá-lo a triangular e priorizar as ações que serão realizadas. Seguem os rótulos a serem utilizados: oportunidade de curto prazo, oportunidade de longo prazo, risco de curto prazo, risco de longo prazo e risco existencial).

Atenção! Essa atividade não é apenas tentando imaginar resultados, estamos procurando o risco ou oportunidade com antecedência. No caso do risco, talvez possamos mitigá-lo ou transformá-lo em oportunidade. No caso da oportunidade, pode-se potencializá-la ainda mais no momento certo (Figura III-7).

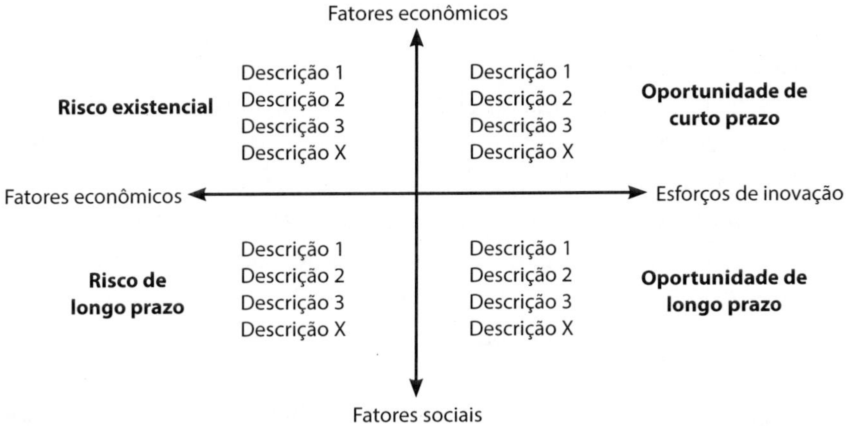

Figura III-7 ■ Exemplo de eixos opostos com rótulos. **Fonte**: Amy Webb, 2020.

6ª Etapa (final) – analisar e elaborar suas ações (com os momentos futuros aceitáveis identificados, analise e elabore quais ações podem ser realizadas). Se encontrou oportunidades em potencial, busque explorá-las com mais profundidade. Se encontrou possíveis ameaças ou riscos, compartilhe com outras pessoas. Em qualquer das situações, continue ampliando seus cenários para estar mais bem preparado para o futuro em constante transformação.

Os governos podem utilizar os eixos de incerteza em seus planejamentos estratégicos ou mesmo para complementar análises de cenários em longo prazo. Os cenários podem ter várias versões aceitáveis (otimistas, neutros, pessimistas e catastróficos), chegando ao final com um cenário que pode tornar-se a base para os planos de curto ou longo prazo.

Estudo de viabilidade

O estudo de viabilidade de um produto ou de um negócio é parte importante da gestão estratégica das organizações, sejam elas públicas ou privadas, pois é essencial para definir se na perspectiva atual, médio ou longo prazo as propostas estarão alinhadas com as diretrizes, marca e o próprio público-alvo. Existem muitas formas e ferramentas para realizar esse processo, assim, não temos a pretensão de explanar sobre todas, mas deixar uma visão do quanto é importante realizar um estudo de viabilidade antes de lançar mão de uma iniciativa de um novo produto ou negócio.

O estudo de viabilidade tem o objetivo de identificar pontos fortes e fracos de uma determinada iniciativa que será ofertada aos clientes ou cidadãos e demonstrar se essa terá potencial para gerar resultados satisfatórios à organização e à sociedade.

Dará melhores condições para conhecer se a iniciativa será bem-aceita ou rejeitada pelo público-alvo e, mesmo que muitas organizações, como, por exemplo, algumas instituições públicas que têm um perfil comum de cidadãos, terá benefícios com o estudo de viabilidade, pois cada pessoa é única em suas necessidades. E mesmo que um produto ou negócio aos olhos do empreendedor ou gestor público pareça ser um sucesso, quando aplicado na prática pode, aos olhos de quem vai utilizar ou comprar, representar um verdadeiro fracasso. O Estudo de viabilidade é um processo que poderá reduzir substancialmente o risco do fracasso ou de prejuízos, irá proporcionar conhecimentos importantes para adaptação do produto ou negócio às necessidades da sociedade, e até chegando ao ponto da desistência da sua implementação.

Em um estudo de viabilidade, podem-se realizar análises de mercado, produtos, receita, custos, investimentos, rentabilidade, concorrência, fluxo de caixa, entre outras. Exemplificando por meio de algumas análises.

Projeção de receitas – é a capacidade de gerar receitas a partir da nova iniciativa e que deve superar os custos de forma que o prazo previsto para a recuperação do investimento seja aceitável para a organização.

Projeção de custos, despesas e investimentos – é a capacidade de levantar e projetar todos os custos da fase de planejamento até a operação. Envolvem custos diretos e indiretos e que após abatidos das receitas ficam os lucros suficientes para a continuidade da organização.

Projeção de fluxo de caixa – é a capacidade de administrar todas as entradas e saídas de recursos orçamentários presentes e futuras, inclusive com previsões para um ou dois anos. O fluxo de caixa é uma das projeções mais importantes, pois refletirá a saúde financeira da sua iniciativa, como também identificará antecipadamente possíveis necessidades de capital de giro (Tabela III-1).

Gestão de indicadores – é a capacidade de analisar os indicadores que darão suporte à gestão da iniciativa e demonstrar se valeu todo o investimento realizado. Podem-se exemplificar alguns indicadores: valor presente líquido – VPL, taxa interna de retorno – TIR, retorno de capital/*payback*.

Cadeia de valor

As mudanças sociais impactam as organizações de qualquer natureza, e as organizações públicas também fazem parte dessa dinâmica de transformação. As diversas transformações da sociedade acabam sendo estímulos para a gestão pública evoluir, pois pressionam mudanças na forma como os serviços públicos devem ser entregues aos cidadãos. E, por sua vez, os governos buscam formas mais assertivas, ágeis e inovadoras para investirem seus recursos e esforços em estratégias que atendam a sociedade.

Nesse sentido, uma avaliação da cadeia de valor torna-se uma dimensão importante em uma reestruturação governamental, pois aqui se foca em avaliar a eficiência e eficácia da "gestão por processos" e como é possível alcançar níveis melhores de qualidade, produtividade, otimização de recursos, redução de custos, digitalização, entre outros.

Porter (1992) é a referência teórica no assunto "cadeia de valor" e trouxe contribuições significativas, sendo responsável pelo desenvolvimento do conceito. Para o autor, a cadeia de valor de uma organização consiste nos processos e atividades coordenadas que geram produtos (bens e serviços) para o cliente final, além de criar vantagem competitiva no mercado.

A gestão por processos vem ganhando espaço na gestão pública, pois é fácil perceber que qualquer organização, inclusive as governamentais, é composta por uma infinidade de processos e que, se bem-organizados e estruturados, podem propiciar valiosos avanços na eficiência organizacional. A cadeia de valor de uma organização, representada por seus processos, torna-se o modo como ela executa e entrega seus produtos para a

Tabela III-1 ■ Exemplo de projeção de fluxo de caixa.

DESCRIÇÃO	Valores em R$						%
	Até 1/1/2020	Ano 1	Ano 2	Ano 3	Ano...	TOTAL	
ENTRADAS	**18.000.000**	**6.086.748**	**6.086.748**	**6.086.748**	**6.086.748**	**42.346.993**	**100,0%**
Venda de Produtos e Serviços		6.086.748	6.086.748	6.086.748	6.086.748	24.346.993	57,5%
Empréstimos	–					–	0,0%
Capital Próprio Investido	18.000.000					18.000.000	42,5%
Receitas Diversas	–					–	0,0%
SAÍDAS	18.000.000	– 4.329.519	– 4.329.519	– 4.329.519	– 4.329.519	– 35.318.076	100,0%
Comissões e taxas		– 304.337	– 304.337	– 304.337	– 304.337	– 1.217.350	3,4%
Custos de Produção/Entrega		– 2.300.000	– 2.300.000	– 2.300.000	– 2.300.000	– 9.200.000	26,0%
Matéria-prima / Insumos		– 2.300.000	– 2.300.000	– 2.300.000	– 2.300.000	– 9.200.000	26,0%
Embalagens		–	–	–	–		0,0%
Entregas		–	–	–	–		0,0%
Pessoal (com encargos)		–	–	–	–		0,0%
Custos fixos		– 502.070	– 502.070	– 502.070	– 502.070	– 2.008.280	5,7%
Pessoal (com encargos)		– 335.070	– 335.070	– 335.070	– 335.070	– 1.340.280	3,8%

Adminstrativos		- 38.000	- 38.000	38.000	- 38.000	- 152.000	0,4%
Serviços		- 129.000	- 129.000	129.000	- 129.000	- 516.000	1,5%
Investimentos	18.000.000					- 18.000.000	51,0%
Despesas tributárias		- 1.223.112	- 1.223.112	- 1.223.112	- 1.223.112	- 4.892.446	13,9%
Impostos a pagar		- 913.012	- 913.012	- 913.012	- 913.012	- 3.652.049	10,3%
Provisão para Imposto de Renda		- 310.099	- 310.099	310.099	- 310.099	- 1.240.397	3,5%
Despesas financeiras	–	–	–	–	–	–	0,0%
Juros de empréstimos	–	–	–	–	–	–	0,0%
Amortização de empréstimo	–	–	–	–	–	–	0,0%
FLUXO DO PERÍODO	**-**	**1.757.229**	**1.757.229**	**1.757.229**	**1.757.229**	**7.028.917**	**16,6%**
SALDO =	**-**	**1.757.229**	**3.514.458**	**5.271.688**	**7.028.917**	**7.028.917**	

Fonte: Elaborada pelo autor.

sociedade, um reflexo de sua história, o modelo de implementação de sua estratégia, a tradução do modelo de negócios e uma poderosa ferramenta de gestão para a tomada de decisões (Figura III-8).

Uma proposta para a construção da cadeia de valor pode ser estruturada a partir da metodologia de Cury (2015), conhecida como Análise Administrativa e também a partir da monografia "Proposta Metodológica para Construção de Cadeia de Valor: Estudo direcionado para o setor público", autora, Cíntia Noronha de Carvalho (Figura III-9).

Um ponto crucial em qualquer gestão pública é manter a credibilidade, ou seja, manter a confiança dos cidadãos de que as ações estão sendo adequadas e atendendo às expectativas da sociedade.

Nesse sentido, a cadeia de valor pode servir como ferramenta gerencial a ser utilizada para o aperfeiçoamento da administração pública, auxiliando na reestruturação de processos que não estejam gerando valor para o cidadão, potencializar processos responsáveis pela geração de valor, apoiar o planejamento estratégico, proporcionar visibilidade sobre a vantagem competitiva e principalmente a elevação da credibilidade das instituições públicas.

PLANEJAMENTO ENXUTO

Produto mínimo viável e *roadmap*

O produto mínimo viável, ou como é mais conhecido no mercado na sigla em inglês MVP que significa *minimum viable product*, é uma metodologia que está associada aos conceitos de *lean startup* e que foi abordada pelo autor Eric Ries no livro "Startup Enxuta" (2012). O MVP é a versão mais simples de um produto que pode ser disponibilizada para o negócio e que tenha as funcionalidades mais essenciais para agregar valor (produto mínimo), sendo efetivamente validado e utilizado (produto viável) e complementa o requisito de apresentar o melhor desempenho ambiental ao longo de seu ciclo de vida (produto sustentável).

Essa abordagem de construção de produtos traz na sua visão dois objetivos: 1. aumentar as chances de sucesso da implementação; e 2. entregar rápido e frequentemente; sendo assim, vamos obter *feedback* o quanto antes. O produto é construído de forma incremental, com MVPs recém-criados sendo adicionados ao produto já existente. A entrega contínua e

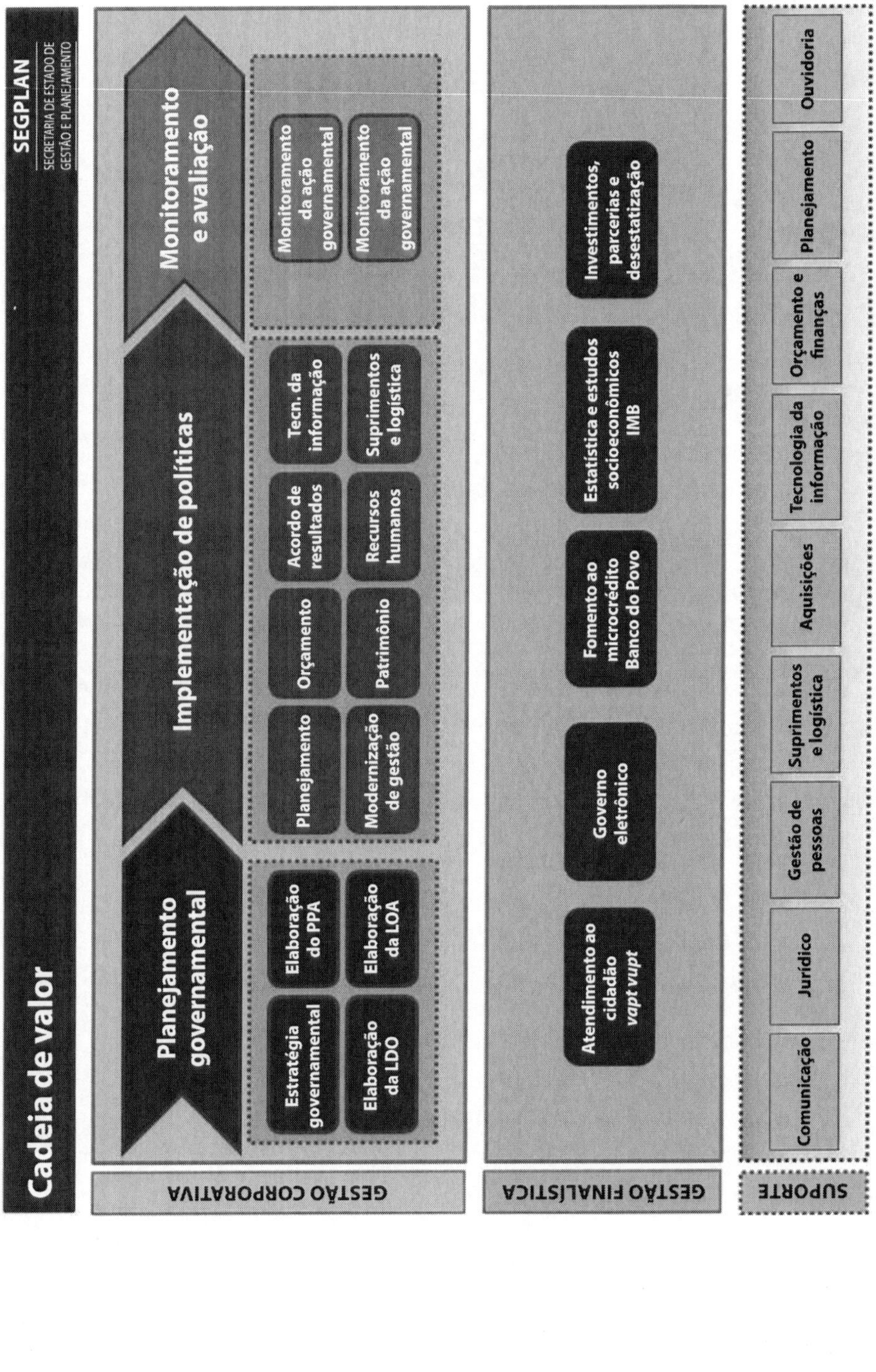

Figura III-8 ■ Exemplo de mapa da cadeia de valor. **Fonte:** Secretaria de Estado de Administração – SEAD, 2018.

Figura III-9 ■ Etapas da metodologia proposta para construção da cadeia de valor. **Fonte**: Carvalho, 2020, p. 68.

incremental proporciona o aumento do valor do produto ao longo do tempo, enquanto conseguimos obter *feedback* o mais rápido possível e validar as hipóteses do negócio. De forma simplificada, o autor Caroli (2017) aborda em seu livro "Direto ao Ponto – Criando produtos de forma enxuta", os passos para o desenvolvimento de um MVP (Figura III-10):

1. Definir a visão do produto.
2. Descrever os objetivos do produto.
3. Criar as personas.
4. Definir e sequenciar as funcionalidades.
5. Desenvolver a jornada do usuário.
6. Construir o Canvas do MVP.
7. Validar o Canvas com as partes interessadas.

Métricas OKR

Objectives and key results (OKR) ou objetivos e resultados-chave em português é uma metodologia de gestão muito utilizada por empresas no Vale

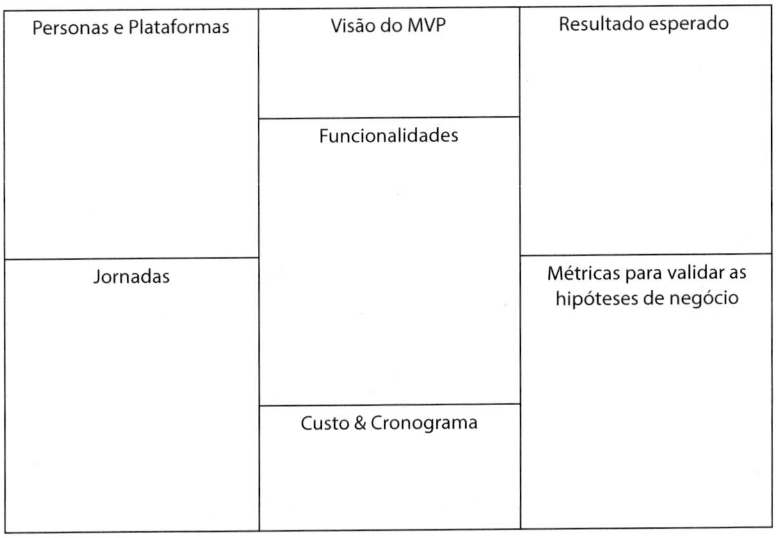

Figura III-10 ■ O Canvas MVP. **Fonte**: Caroli, 2017, p. 155.

do Silício e hoje aplicado em todos os setores do mercado. De modo simplificado, pode-se dizer que é uma forma para definir metas sendo como "eu vou" (objetivo) "medido por" (conjunto de resultados-chave).

Essa nova forma de gestão de metas busca criar um alinhamento por meio de metas dinâmicas, mensuráveis e de cadência curta. O objetivo é garantir que todos tenham a mesma direção, com prioridades claras, em um ritmo constante. O foco é atuar em ciclos curtos de elaboração, acompanhamento e avaliação de resultados. É uma forma de trabalho flexível e adaptável à realidade de cada organização, que cria o elo entre a filosofia de Lean e as metodologias ágeis, entre gente e gestão, cultura e *performance*.

Pode-se descrever o que uma cadência de implementação de OKRs ocorre da seguinte forma:

1. Definição da estratégia da organização.
2. Definição dos OKRs alinhados com a estratégia da organização.
3. Validação dos OKRs pelos times táticos.
4. Desdobramentos dos OKRs táticos para toda organização.
5. Mapeamento das dependências e alinhamentos das iniciativas com os OKRs.
6. Comunicação, *feedbacks* e avaliação dos resultados semanais pelos responsáveis dos KRs.

7. Avaliação e revisão dos OKRs a cada trimestre.
8. Lições aprendidas e base de conhecimento.

Jornada do cidadão e suas personas

Pode-se dizer que a jornada do cidadão é a compreensão de todas as fases de interação que o cidadão tem com um produto ou serviço da gestão pública. Ou seja, realiza-se o mapeamento detalhado de todo contato e experiência possível que o cidadão poderá ter durante a utilização dos serviços públicos.

E essa forma de pensamento e mapeamento pode ser aplicada a qualquer necessidade, desde serviços e produtos mais simples até interações complexas onde o cidadão interage com vários serviços públicos de segmentos diferentes do governo. Essa técnica nos apoia em desenhar, montar e contar uma história, desde o primeiro contato que o cidadão tem com o produto/serviço, passando por todo a jornada de utilização até o término, incluindo possíveis realimentações.

A jornada do cidadão é uma ferramenta essencial para analisar todas as variáveis envolvidas, como canais de comunicação, facilidades de uso, tecnologias envolvidas, pontos de insatisfações, oportunidades de melhorias, entre outras. A jornada é algo que pode ser customizada para cada necessidade, podendo ter variadas formas e contextos, porém, é essencial que ela seja criada de forma participativa, os cidadãos devem trazer sua contribuição efetiva.

Um elemento muito importante na criação de uma jornada é a definição da persona, ou seja, quem é o cidadão fictício ideal da gestão pública. A persona é baseada em dados reais sobre o comportamento e características dos cidadãos, assim como definições pessoais, motivações, objetivos, desafios e preocupações. A persona guia toda a criação da jornada, trazendo o cidadão para o centro da história e da estratégia, pois ele é o protagonista de todo o processo (Figura III-11).

A LIDERANÇA DO GESTOR PÚBLICO

Protagonismo como propósito

Para qualquer pessoa que se diz protagonista, o desafio não está no problema e sim como ele será resolvido e naquele que é capaz de promover

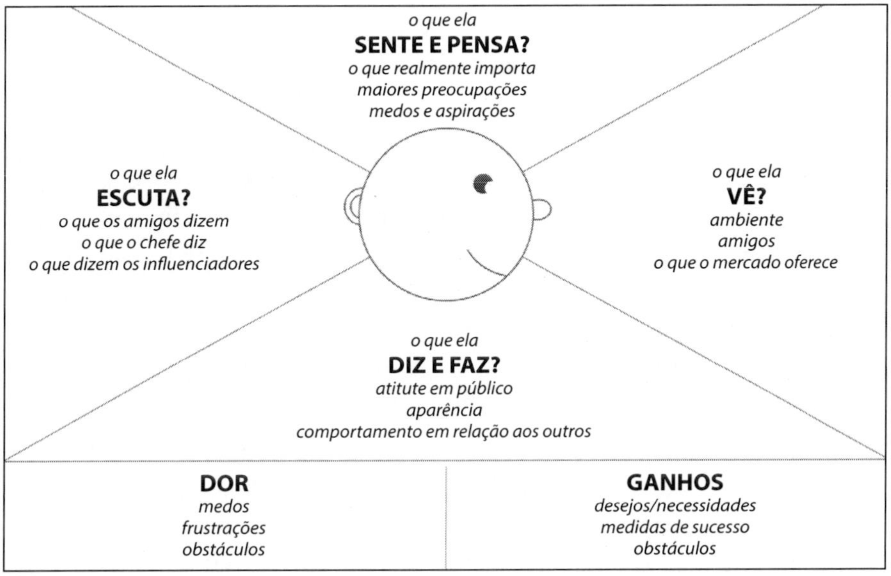

Figura III-11 ■ O mapa da empatia. **Fonte**: Osterwalder et al., 2011, p. 130.

uma grande mudança ou influenciar outras pessoas a tomarem determinada decisão de forma ética.

Dessa forma, para exercer sua liderança com protagonismo, um gestor público primeiramente deve de fato assumir seu papel e suas responsabilidades, não se posicionar como vítima da situação, muito pelo contrário, precisa exercer sua liderança na busca de soluções que resolvam ou minimizem as necessidades da sociedade.

Os gestores públicos são, sim, protagonistas sociais. Pessoas que fazem a diferença são aquelas que, com seu trabalho, transformam a sociedade, que possibilitam condições para que o cidadão tenha melhor interação com o governo na resolução de suas necessidades. Os gestores têm um importante papel de apoiador e influenciador, decisor e ouvinte e, motivados por um propósito, os problemas comuns da sociedade são alinhados e resolvidos.

Capacidade de liderança

As mudanças são algo que se vivenciou desde os tempos mais remotos, porém nada comparado com todas as transformações mais recentes, principalmente aceleradas pela pandemia da Covid-19. Estamos vivendo em um cenário muito mais dinâmico, mais tecnológico, mais imediatista, uma mudança desafiadora que tem impactado organizações públicas, privadas e a sociedade. É nesse contexto que traz aqui a discussão da liderança na gestão pública e sua necessidade urgente de mudanças, pois delegar tarefas, fazer *feedback*, tomar decisões, gerenciar processos podem ser ótimas tarefas de um líder, mas para a liderança do futuro sua principal capacidade é a adaptabilidade.

Mudanças são imprevisíveis, mas é certeza que vão acontecer. Por isso, o gestor público deve desenvolver a adaptabilidade na sua liderança de forma a encontrar estabilidade no meio do caos, compreender a complexidade do mundo, tomar decisões assertivas e transmitir confiança ao cidadão e sociedade. Entre os desafios da liderança na gestão pública destaca-se a atuação na Transformação Digital com foco na humanização, pois na época atual, na qual os recursos ficam cada vez mais automatizados, o gestor público deve desenvolver iniciativas que valorizam a cognição, a criatividade e a inovação para seus liderados.

Também é importante que o gestor público tenha em sua gestão um caminho de aprendizado para o desenvolvimento de novos líderes. As pessoas podem aprender a serem bons líderes, não se trata de uma característica exclusiva para quem nasce com "habilidades de liderar". Segundo os autores Ram Charan, Stephen Drotter e James Noel (2018), em seu livro "Pipeline de Liderança" é proposto um modelo testado e comprovado para construir e desenvolver planos de carreira, planejar sucessões e formar líderes altamente eficazes.

Em visão mais ampliada sobre a liderança do futuro, é importante entender que será uma mistura de processos, tecnologias e pessoas no centro da estratégia e que haverá novas competências e habilidades que devemos desenvolver, como, por exemplo, inovação, diversidade, inteligência emocional, antecipação de cenários, tomada de decisão baseada em dados, entre outras.

Capacidade de inovação

A capacidade de inovação na gestão pública representa amplas possibilidades, seja pela modernização e ampliação dos acessos aos serviços e produtos públicos, respondendo de forma ágil e eficiente às mudanças nas condições de seu contexto, conferindo competitividade à administração, seja pela ruptura com as práticas existentes, marcadas pelo assistencialismo, clientelismo, seja ainda pelo crescimento sustentável, viabilidade econômica e desenvolvimento da sociedade.

Em visão simplista da capacidade de inovação, pode-se dizer que se trata de um exercício de colaboração que tem origem em uma iniciativa ou ideia, passando pela validação, pelo desenvolvimento e até sua implementação. Ser capaz de inovar envolve tanto a habilidade de se manter competitivo e atendendo ao que já foi conquistado, quanto a habilidade de aprender a fazer coisas novas. Esse processo, para acontecer, envolve muitas pessoas e áreas diferentes, necessita de uma pluralidade de conhecimentos e habilidades, assim, é muito improvável que tenha capacidade de inovação em um ambiente autoritário e sem tolerância ao erro.

A capacidade de inovação tem uma relação direta com a cultura da organização e sua liderança, segundo a Norma ABNT NBR ISO 56002:2020 de Gestão da Inovação. No tocante ao tema liderança, convém que a alta direção demonstre liderança e comprometimento em relação a sistema de gestão da inovação, foco na realização de valor, visão de inovação para uma posição futura que a organização busca, estratégia de inovação e estabelecimento de uma política de inovação.

A capacidade de inovação para florescer e acontecer precisa encontrar um solo fértil, com uma liderança inspiradora que conduza de forma equilibrada os interesses da organização, dos colaboradores e da sociedade.

MODELOS DE GESTÃO

Estruturas organizacionais

A estrutura organizacional de um negócio é a forma escolhida pela empresa para alocar seu capital humano. Segundo Chiavenato (2002), a estrutura organizacional ou estrutura formal é a maneira pela qual os cargos estão distribuídos em diversos níveis hierárquicos. Todas as empresas precisam estar organizadas em seu arranjo institucional, ou seja, estabelecer uma estrutura formal de cargos e funções. Assim, a chamada estrutura organizacional refere-se à disposição dos órgãos e funções existentes na empresa. Essa estrutura formal ou oficialmente definida pela direção da empresa é representada pelo organograma que traz a relação entre liderança e liderados.

Segundo Schneider (1999), em seu livro "Uma Alternativa à Reengenharia", as organizações se dividem em quatro tipos de cultura que podem coexistir simultaneamente na estrutura organizacional, com possíveis distinções entre áreas, setores e até grupos de colaboradores (Quadro III-1).

Quadro III-1 ■ Quadro comparativo entre estrutura organizacional, cultura e inovação.

Tipo de estrutura organizacional	Tipo de cultura organizacional	Foco da estrutura e cultura organizacional	Foco da inovação
Hierarquizada – enfatizando o poder (comando), a realidade e a aplicação dos procedimentos	Controle – modelo de escassez de recursos que precisam ser gerenciados e controlados	Excelência operacional	Processos
Matricial fraca – enfatizando realização, excelência e inovação interna	Competência – favorece o autogerenciamento orientado a resultados, por meio de metas distribuídas em toda a organização em vez de acompanhamentos de microatividades	Liderança de produto e/ou serviço	Produto e serviços
Matricial forte – enfatizando equipes, afiliação, sinergias, harmonia, inovação externa (mercado/cliente)	Colaboração – as pessoas são valorizadas nas organizações e fazem conexões que geram lucros. Relacionam-se com fornecedores e clientes. A adaptação é a chave para as mudanças	Relacionamento com o cliente	Experimentação ou experiência
Projetizada – enfatizando valores, crescimento pessoal, obtenção de potencial. Orientada a times de projetos	Cultivo – proporciona algo além de apenas ser remunerado, mas a vontade de fazer parte de algo maior, um alinhamento do propósito pessoal com o da organização	Novos modelos de negócio	Disruptiva

Fonte: Adaptado pelo autor baseado no Radar de Inovação da Xper Global, 2021.

É muito importante o gestor público ter entendimento da estrutura organizacional, da cultura organizacional predominante, do foco de inovação, entre outros elementos que fazem parte da sua gestão, pois isso permitirá novas possibilidades de evolução da administração pública, como, por exemplo, criar novos modelos de negócio, novas formas de gestão mais adaptáveis à cultura organizacional e às necessidades da sociedade.

O tipo de estrutura organizacional tem grande influência no estilo da gestão dos projetos e na forma de evoluir continuadamente. O entendimento e o reconhecimento da estrutura organizacional determinam o nível de autonomia que o gerente de projeto terá na sua atividade de gerenciamento, podendo ser totalmente hierárquica, ou seja, a autoridade está em grande parte nas gerências funcionais. No outro extremo temos a projetizada, o gerente de projeto tem total autonomia no gerenciamento dos recursos do projeto e nas práticas de aprendizado para a evolução contínua da organização.

Gestão de projetos – tradicional, ágil ou híbrida

As estruturas organizacionais influem diretamente na gestão para a entrega de produtos inovadores, portanto, podem determinar o resultado de um projeto antes mesmo do seu início. Para que a gestão cumpra seu papel com efetividade, é preciso que a estrutura organizacional tenha como base valores e cultura que traduzam uma organização ágil, flexível, inovadora e colaborativa, com equipes motivadas e engajadas na busca de resultados excepcionais, em um ambiente de alta *performance*.

Independente da estrutura organizacional, o gerenciamento de projetos tem sido uma opção eficiente para a entrega de produtos e serviços de qualquer natureza. Segundo o guia PMBOK®, 6ª edição, o gerenciamento de projetos é a aplicação de conhecimentos, habilidades e técnicas para a execução de projetos de forma efetiva e eficaz. E também um projeto é único para que não se trata de uma operação de rotina, mas de um conjunto específico de operações destinadas a atingir um objetivo em particular, assim, é temporário para que tem início e fim definidos no tempo, e um escopo e recursos definidos.

A gestão de projetos trata-se de uma competência estratégica para organizações públicas ou privadas, permitindo com que elas unam os resultados dos projetos com os objetivos do negócio e, assim, melhor competir nos mercados e atender à sociedade. Essa competência estratégica pode ser desempenhada atualmente de algumas formas, podendo ser adotada a abordagem de gestão tradicional ou mais recentemente as abordagens ágeis e, por fim, uma combinação entre elas que caracteriza as abordagens híbridas.

As abordagens tradicionais seguem um conjunto predefinido de fases, ou seja, são sequenciais ou lineares por natureza. Essa abordagem também é conhecida como cascata (waterfall, em inglês), pois tem como ênfase o planejamento de tudo que precisa ser feito inicialmente para que posteriormente entre na fase de execução. Embora, permita um foco maior no controle de cada fase do projeto, não tem uma boa adaptabilidade às mudanças de escopo do projeto. No entanto, existem projetos que têm boa aderência a essa abordagem, principalmente aqueles que tem requisitos bem definidos e estruturados, que se espera poucas alterações de escopo, os entregáveis são bem conhecidos e normalmente são validados somente no final, existe a necessidades de maior controle do ciclo de vida do projeto e quando definido o escopo fica restrito o espaço para a criatividade, assim, exemplificamos projetos normalmente voltados para a construção civil, infraestruturas, fabricação de produtos commodities, entre outros.

Já a abordagem ágil desenvolve as entregas em várias interações, nas quais o escopo detalhado é definido e aprovado no início de cada ciclo ou interação que recebe o nome de *sprint*. Conforme Layton e Ostermiller (2019), a abordagem ágil é preferida quando os requisitos e o escopo são difíceis de serem definidos com detalhes no início do projeto, e quando é possível definir pequenos incrementos de produtos que entregam valor ao cliente antecipadamente ao término do projeto. Assim, para se adotar o gerenciamento ágil, é necessário haver maior envolvimento do cliente, do patrocinador e demais partes interessadas, pois o aceite ocorre a cada ciclo de entrega. Projetos inovadores, sujeitos a mudanças de mercados, ou com incertezas, como também soluções baseadas em tecnologias são exemplos que têm forte aderência para a adoção de abordagens mais ágeis.

Com isso, no comparativo do "triângulo de restrições", o cenário do gerenciamento tradicional apresenta uma previsibilidade, com baixo grau de incertezas e inovação, enquanto no cenário do gerenciamento ágil apresenta dinamismo, imprevisibilidade, muitas incertezas e aderência a projetos de inovação, conforme demonstrado na figura III-12.

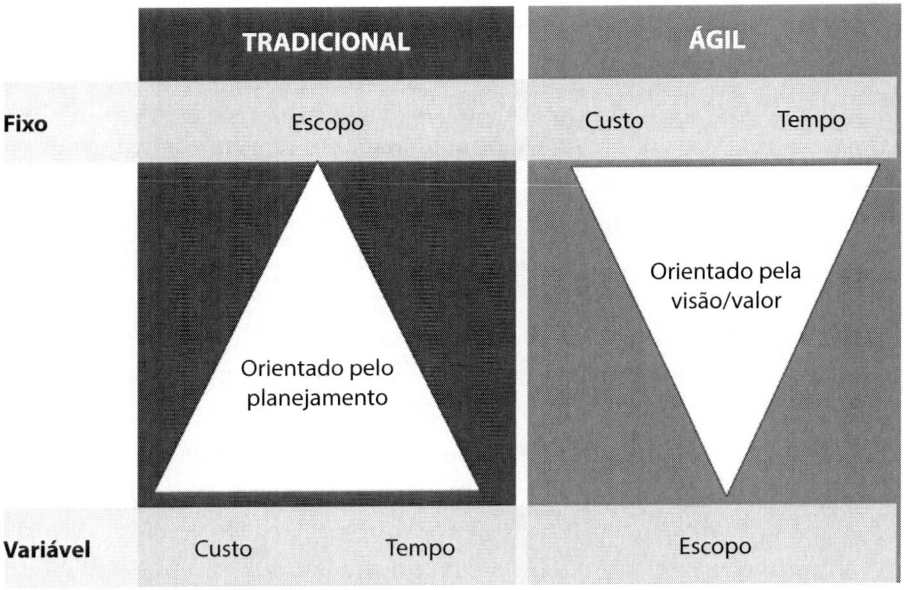

Figura III-12 ■ Triângulo de restrições do projeto – abordagem tradicional e ágil. **Fonte**: Adaptada de Sliger e Broderick, 2008.

Por fim, existem as abordagens híbridas que mesclam as práticas, técnicas e ferramentas das abordagens tradicional e ágil, como forma de otimizar os processos de gestão, buscar um ponto de equilíbrio, ampliar o aprendizado e trazer os benefícios de cada uma, com o foco de realizar a melhor entrega de produtos e serviços. O desenvolvimento de modelos híbridos tem sido um desafio para as organizações e é uma competência essencial para os times que operam em negócios dinâmicos e incertos.

Evolução contínua

A evolução contínua é uma prática que as organizações buscam constantemente para que aperfeiçoem sua gestão e consequentemente a entrega de melhores produtos e serviços. Essa prática consiste em analisar periodicamente como estão sendo conduzidos os processos internos, procurando oportunidades de melhorias que possam reduzir o desperdício de qualquer natureza, pontos de ineficiência, de otimização, de agilidade e adaptabilidade aos novos cenários e requisitos das partes interessadas.

Essa prática pode ser aplicada a qualquer tipo de organização, independentemente do seu porte e segmento de mercado, inclusive temos tido boas referências de aplicação da prática no setor público, principalmente, com a crescente conscientização dos cidadãos em relação aos seus direitos e à exigência por melhores qualidades nos serviços públicos.

As práticas e os métodos em torno da evolução contínua estão sempre se adaptando às transformações organizacionais e, mais recentemente, temos o conceito de *startup* enxuta, apresentado por Ries (2012) no livro que leva o mesmo nome do conceito. Esse conceito tem base na filosofia japonesa de administração, a manufatura enxuta (em inglês, *lean manufacturing*), que era muito aplicada nas linhas de montagem em indústrias. O conceito de *startup* enxuta ganhou adeptos em todos os segmentos de mercado, pois seu objetivo é minimizar o ciclo de desenvolvimento do produto ou serviço, incentivando a experimentação de forma rápida (produto mínimo viável) até que se alcance a melhor solução possível e que seja aceitável pelo cliente. O conceito é apoiado por um conjunto de outras metodologias e técnicas, como, por exemplo, *Business Model Canvas, Customer Development* (métodos ágeis e melhoria contínua).

A gestão pública do futuro deve combinar diversas técnicas, métodos e experiências, aproveitando todo o potencial das tecnologias digitais aplicado a uma gestão humanizada inteligente, com processos que não admitam desperdícios. Gestores inteligentes requerem pessoas inteligentes, preparadas, profissionais extraordinários, estratégicos que transformem a sociedade em um lugar melhor para viver.

O mundo mudou e a gestão pública precisa acompanhar essa mudança, o momento requer compromisso com o conhecimento e com a evolução da gestão, crença de que é possível fazer melhor, com melhoria contínua e inteligência adaptativa.

CONSIDERAÇÕES FINAIS

Implantar uma nova cultura de gestão de produtos com foco na inovação em qualquer empresa ou governo não acontece do dia para a noite, porém colocar nas estratégias, definir metas e indicadores para acompanhar a evolução são partes fundamentais dos primeiros passos para proporcionar experiências inovadoras, que realmente atendam às dores e às necessidades dos seus clientes ou cidadãos e, assim, de fato ter uma atuação colaborativa com o cidadão no centro das estratégias.

Essa nova cultura centrada no cliente ou cidadão deve ser uma iniciativa adotada por toda a organização e, para isso, o envolvimento e o engajamento precisam englobar todos os líderes, gestores, fornecedores e demais partes interessadas, estabelecendo parcerias e uma comunicação fluida, unificada e eficaz.

As transições cultural e estratégica serão percebidas quando as soluções em produtos e serviços forem desenvolvidas com características de inovação e centradas no cidadão, atendendo verdadeiramente as expectativas dos usuários ou clientes sem que eles se sintam incomodados ou insatisfeitos em pagar pela entrega feita, pois estão percebendo o valor gerado para si e para a sociedade e, por fim, chegando ao ponto de tornarem-se patrocinadores e embaixadores da marca.

REFERÊNCIAS

ABNT NBR ISO 56002. Gestão da Inovação – Sistema de Gestão da Inovação – Diretrizes. 1ª ed. Editora ABNT; 2020.

Brown T. Design Thinking: uma metodologia poderosa para decretar o fim das velhas ideias. Rio de Janeiro: Elsevier; 2010.

Caroli P. Direto ao ponto: Criando produtos de forma enxuta. São Paulo: Casa do Código; 2017.

Carvalho CN. Proposta metodológica para a construção de cadeia de valor. Estudo direcionado para o setor público. Belo Horizonte: Fundação João Pinheiro; 2020.

Carvalho P. E-book 7 passos do Radar de Inovação. Ceará: Editora XPER Global; 2021.

Chiavenato I. Recursos humanos. Edição compacta. 7ª ed. São Paulo: Editora Atlas; 2002.

Charan R, Drotter S, Noel J. Pipeline de liderança: o desenvolvimento de líderes como diferencial competitivo. Editora Sextante; 2018.

Choudary SP. Platform Scale: How an Emerging business model helps startups build large empires wtih minimum investment. Editora Platform Thinking Labs; 2015.

Cury A. Organização e métodos: Uma visão holística. São Paulo: Editora Atlas; 2015.

European Commission. Communication on Online Platforms and the Digital Single Market. Brussels; 2016.

First Round Review: Disponível em: https://review.firstround.com/what-i-learned-from--developing-branding-for-airbnb-dropbox-and-thumbtack. Acesso em 08 mai. 2022.

Ismail S. Organizações exponenciais: por que elas são 10 vezes melhores, mais rápidas e mais baratas que a sua (e o que fazer a respeito). Rio de Janeiro: Editora Alta Books; 2019.

Keane S, Cormican, K, Sheahan J. Comparing how entrepreneurs and managers represent the elements of the business model canvas. Journal of Business Venturing Insights. 9.65. 10.1016/j.jbvi.2018.02.004. 2018.

Kepler J. Os segredos da gestão ágil por trás das empresas valiosas. São Paulo: Editara Gente; 2019.

Knapp J. Sprint: O método usado no Google para testar e aplicar novas ideias em apenas cinco dias. Rio de Janeiro: Editora Intrínseca; 2017.

Kotler P, Armstrong G. Princípios de marketing. 15ª ed. São Paulo: Pearson Education do Brasil; 2015.

Layton MC, Ostermiller SJ. Gerenciamento ágil de projetos para leigos. Rio Janeiro: Alta Books; 2019.

Lopes KMG, Macadar MA, Luciano EM. Valor público: o cidadão no centro da gestão pública. Pesquisa TIC Governo Eletrônico; 2018.

Osterwalder A, Pgneur Y. Inovação em modelos de negócios: um manual para visionários, inovadores e revolucionários. Rio de Janeiro, Alta Books; 2011.

Parker GG, Van Alstyne MW, Choudary S. Plataforma: a revolução da estratégia. Editora Alta Books; 2019.

Porter ME. Vantagem competitiva: criando e sustentando um desempenho superior. Rio de Janeiro: Editora Campus; 1992.

Radar da Inovação, 2021. Disponível em: https://www.xper.social/single-post/radar-da-inova%C3%A7%C3%A3o. Acesso em 20 mai. 2022.

Ries E. A startup enxuta: como os empreendedores atuais utilizam a inovação continua para criar empresas extremamente bem-sucedidas. São Paulo: Editora Lua de Papel; 2012.

Rogers EM. Diffusion of innovations. Nova York: Free Press; 2003.

Schneider WE. Uma alternativa à reengenharia. Rio de Janeiro. Editora Record; 1999.

Secretaria de Estado de Administração (SEAD), 2018. Disponível em: https://www.administracao.go.gov.br/noticias/34-artigos-n%C3%A3o-categorizados/18099-cadeia-de-valor.html. Acesso em: 15 jun. 2022.

Sliger M, Broderick S. The software project manager's bridge to agility. Addison-Wesley Professional; 2008.

Sutherland J. Scrum: a arte de fazer o dobro do trabalho na metade do tempo. Rio de Janeiro: Editora Casa da Palavra; 2018.

Teece D. Business models and dynamic capabilities. Long Range Planning. 51. 10.1016/j.lrp.2017.06.007. 2018.

Terentim G. Gestão de mudanças em abordagens ágeis: HCMBOK to AGILE: The human change management body of knowlegde. Rio de Janeiro: Brasport; 2020.

The Economist – The transformation imperative. Acesso em 03/07/2022: https://transformationimperative.economist.com/.

Um guia do conhecimento em gerenciamento de projetos (guia PMBOK®). 6ª ed. Editora Project Management Institute.

Webb A. Texto publicado em 11/03/2020. Disponível em: https://medium.com/swlh/how-futurists-cope-with-uncertainty-a4fbdff4b8c6. Acesso em 23 abr. 2022.

CAPÍTULO 6

Gestão do Conhecimento para a Efetividade da Inovação no Setor Público

Douglas de Matteu
Teresinha Covas Lisboa

INTRODUÇÃO

Este capítulo tem como objetivo sensibilizar o leitor quanto à importância e às possibilidades que a gestão do conhecimento oferece no contexto da gestão pública, bem como desenvolver uma visão sistêmica dos conceitos e sua aplicabilidade de forma estratégica e contemporânea. Soma-se também fundamentação por meio de conceitos-chave, apresentação de ferramentas e práticas quanto à implementação da cultura de inovação no ambiente da gestão pública.

O CENÁRIO TECNOLÓGICO CONTEMPORÂNEO

O mundo contemporâneo é marcado pela volatilidade em múltiplas dimensões, e a tecnologia, um dos principais catalisadores dessas mudanças. Os sistemas informatizados estão onipresentes na sociedade contemporânea. Diante do exposto, ler, compreender e utilizar as tecnologias de maneira ativa e eficaz tem-se tornado uma competência relevante atualmente, em especial para os gestores, sendo eles do setor privado e/ou público.

Na busca da leitura e compreensão do cenário, surgiu o acrônimo VUCA, na década de 1990, que evidencia um mundo cada vez mais volátil (*Volatility*), incerto (*Uncertainty*), complexo (*Complexity*) e ambíguo (*Ambiguity*). Como não se bastasse esse cenário, recentemente o novo acrônimo é o BANI, cunhado pelo antropólogo Jamais Cascio, que descreve como o mundo BANI (*Brittle, Anxious, Nonlinear and Incomprehensible*), ou seja, cada vez mais frágil, ansioso, não linear e incompreensível. É notório ver o mundo BANI com a pandemia que vivenciamos (Pestana, 2020).

Para lidar com esse mundo, é fundamental fazer uma gestão efetiva do conhecimento e estar pronto para promover as mudanças e inovar, seja no contexto privado, seja no setor público que demanda dos gestores soluções cada vez mais rápidas, inovadoras, sustentáveis e alinhadas com a realidade presente e com o pé no futuro.

Computação em nuvens, Quarta Revolução Industrial e as tecnologias emergentes

O *cloud computing*, ou computação nas nuvens, em linhas gerais significa acessar, via *internet*, recursos computacionais como servidores, aplicativos, armazenamento de dados e processamento, *backup*, serviços de plataforma, infraestrutura e utilização de *softwares* como serviços, são uma série de serviços tecnológicos ofertada sobre demanda do cliente. Essa tecnologia promove redução significativa de custos de Tecnologia da Informação (TI), além de agilidade e elasticidade que permitem aumentar e diminuir instantaneamente os serviços conforme demanda.

A computação nas nuvens já é uma tecnologia amplamente utilizada pelas empresas, como demonstrou recente pesquisa na qual se evidencia que 92% está usando *cloud* e a grande maioria planeja intensificar o uso[23].

Existem vários exemplos de uso de *cloud computing* como: AIRBNB, Amazon, UBER, Google, Netflix etc. No contexto público e legal devemos observar a Instrução Normativa nº 1 de 4 de abril 2019 da Secretaria de Governo Digital[24], no item 4 do anexo destaca:

---

[23] Fonte: https://www.globenewswire.com/news-release/2020/06/18/2050275/0/en/The-Shift-to-Cloud-Computing-Persists-as-Organizations-Use-Multiple-Public-Clouds.html

[24] Disponível em: https://www.gov.br/governodigital/pt-br/contratacoes/instrucao-normativa-sgd-me-no-1-de-4-de-abril-de 2019:~:text=INSTRU%C3%87%C3%83O%20NORMATIVA%20N%C2%BA%201%2C%20DE%204%20DE%20ABRIL%20DE%202019&text=Disp%C3%B5e%20sobre%20o%20processo%20de,SISP%20do%20Poder%20Executivo%20Federal.

> "4. 1. Os órgãos e entidades que necessitem criar, ampliar ou renovar infraestrutura de centro de dados deverão fazê-lo por meio da contratação de serviços de computação em nuvem, salvo quando demonstrada a inviabilidade em estudo técnico preliminar da contratação".

Cloud é apenas uma das inúmeras tecnologias que vêm transformando nossa sociedade. A Quarta Revolução Industrial é marcada por inúmeras tecnologias emergentes e foi ainda mais acelerada em decorrência da pandemia que promove um olhar mais necessário para as tecnologias.

Entre as principais tecnologias salientadas no livro a Quarta Revolução Industrial, de Klaus Schwab, fundador e presidente executivo do Fórum Econômico, o autor destaca as tecnologias implantáveis, vestíveis, computação ubíqua, supercomputadores de bolso, *internet* das coisas e para as coisas, casas conectadas, cidades inteligentes, carros sem motoristas, uso intensivo da inteligência artificial, robótica, *bitcoins* e *blockchain*, impressoras 3D, economia compartilhada, neurotecnologias, que são as grandes mudanças da Quarta Revolução Industrial (Schwab, 2019).

Para exemplificar, as impressoras 3D podem revolucionar sistemas de produção e logística e já estão presentes em instituições públicas. Os alunos de diversas Fatecs (Faculdade Tecnologia do Estado de São Paulo), vinculados ao Centro Paula Souza, já têm acesso para suas aulas e projetos.

A Secretaria da Ciência, Tecnologia e Educação Superior do Governo do Estado do Ceará (Secitece) utilizou impressoras 3D para imprimir suporte das máscaras de *face shields* em 2020, para o enfrentamento da pandemia[25]. O preço para aquisição de impressoras desse tipo vem caindo e provavelmente deve ficar cada vez mais acessível e usual para demandas públicas.

Pesquisa publicada pela *Pricewater House Cooper* destacou que mais 70% das 121 indústrias americanas pesquisadas já estavam utilizando impressora 3D de alguma forma, o mercado global nesse sentido deve movimentar 30 bilhões de dólares em 2025 (Perelmuter, 2019).

Mais um exemplo interessante, com a *internet* das coisas (*IoT*) é possível rastrear e interagir com ativos e recursos públicos, por exemplo, com

---

[25] Diário do Nordeste. Disponível em: https://diariodonordeste.verdesmares.com.br/metro/mascaras-serao-feitas-com-impressoras-3d-para-doar-a-profissionais-de-hospitais-do-ceara-1.2226297.

um único comando pode solicitar que todas as luzes de prédio público sejam apagadas ou, ainda, programar essa operação para um determinado dia e horário, acarretando economia aos cofres públicos.

Existe inclusive plano de ação para *internet* das coisas em âmbito federal[26], com o apoio do BNDS.

Na figura III-13 apresentamos algumas possibilidades de utilização da *internet* das coisas em três dimensões: cidade, saúde e rural.

CIDADES	SAÚDE	RURAL
Mobilidade Reduzir **tempos de deslocamento**, considerando diferentes **modalidades de veículos**, e aumentar a atratividade dos **transportes públicos**	**Doenças crônicas** Melhorar a **efetividade dos tratamentos de pacientes**, tanto remotos quanto em unidades de saúde; estudo de custo-efetividade de resultados clínicos entre o diagnóstico utilizando a solução IoT e o método tradicional	**Uso eficiente de recursos naturais e insumos** Ênfase no monitoramento meteorológico e do solo, a fim de promover o **aumento de produtividade** bem como **redução de custos**
Segurança pública Aumentar a **capacidade de vigilância** e **monitoramento** de áreas da cidade para mitigar situações de risco à segurança	**Promoção e prevenção** **Diagnóstico descentralizado** realizado no local do atendimento (*point-of-care*): análise comparativa de eficiência clínica e econômica entre o diagnóstico utilizando a solução IoT e o método tradicional	**Uso eficiente de maquinário** Ênfase em gestão do desempenho de máquinas, com objetivo de **otimizar o emprego de equipamentos**
Eficiência energética e saneamento Reduzir **desperdício de *utilities*** e criar **rede de iluminação pública** que **habilite soluções de IoT** de forma ampla na cidade	**Eficiência de gestão** **Monitoramento de ativos, insumos e recursos** em unidades de saúde: avaliação custo-benefício do uso das soluções IoT	**Segurança sanitária e bem-estar do animal** Ênfase em monitoramento de saúde, peso, comportamento, alimentação e localização de animais, além de gestão de pragas, com intuito de aumentar o **volume de informações** e sua precisão no monitoramento de **ativos biológicos**

Figura III-13 ■ Possibilidades do *IoT*. **Fonte**: Instituto Tellus.org.br, 2021.

A figura III-13 acima demonstra algumas possibilidades da *IoT*, vale lembrar que estamos no início da era dos negócios cognitivos (*cognitive business*), ou seja, os computadores têm desenvolvido interfaces para ver, ouvir, falar e interpretar a linguagem humana. Hoje têm-se *machine learning*, o aprendizado das máquinas, e os sistemas inteligentes (*IA*) têm

[26] Disponível em: https://www.bndes.gov.br/wps/wcm/connect/site/269bc780-8cdb-4b9b-a297-53955103d4c5/relatorio-final-plano-de-acao-produto-8-alterado.pdf?MOD=AJPERES&CVID=m0j-DUok.

ofertados soluções como exemplo o Watson da IBM[27] que pode aprender com base nos documentos já existentes e ofertar respostas mais rápidas e precisas que os seres humanos, já existem muitas aplicações na área de negócios.

CONTEXTO PÚBLICO

Conceitos

As organizações públicas estão amparadas em legislações e políticas com a finalidade de atender à população usuária dos serviços com eficácia, eficiência e efetividade. É a presença do estado que se apresenta como figura principal, visando estrategicamente focar o presente e o futuro da população.

Assim sendo, a gestão dos serviços públicos engloba:

> "... um conjunto de atividades do Estado que auxiliam as instituições políticas de cúpula no exercício de funções do governo, que organizam a realização das finalidades públicas postas por tais instituições e que produzem serviços, bens e utilidades para a população" (Medauar, 2015, p. 62).

Nesse aspecto, incluem-se o atendimento de administração, educação, saúde, judiciário, segurança, desenvolvimento social, meio ambiente, transportes dentro de cada competência, ou seja, federal, estadual e municipal.

A estrutura organizacional da gestão pública é composta por um conjunto de órgãos e entidades estatais que produzem serviços, bens e utilidades para a comunidade. Esses órgãos possuem cargos, funções e atividades, previamente criados por lei e que estão subordinados aos Poderes Executivo, Legislativo e Judiciário. Como se pode ver, a centralização de poder dificulta o processo de tomada de decisão, diferenciando-se da área privada, na qual a hierarquização é moderna e descentralizada.

De acordo com a Constituição Federal, os princípios referentes à administração pública são: legalidade, moralidade, impessoalidade e finalidade, publicidade (publicação em Diários Oficiais da União, Estados e Municípios).

[27] IBM, disponível em: https://www.ibm.com/watson/ai-stories.

A gestão dos serviços públicos depende de uma revisão dos parâmetros estruturais, pois ainda são encontrados grandes níveis hierárquicos que comprometem e dificultam as comunicações, gerando conflitos e interferências que refletem no atendimento à população.

As organizações denominadas do "terceiro setor", que se distinguem daquelas com finalidades públicas e das finalidades privadas, têm uma participação ativa, atualmente, na sociedade. Seus objetivos são considerados ambíguos, caracterizados pelo ideal da organização (visão) e de sua vocação (missão organizacional). Apesar das suas iniciativas, muitas vezes filantrópicas, as decisões gerenciais devem ser estruturadas, atuantes, políticas e estratégicas.

Sob a óptica da estrutura organizacional, a gestão pública é composta de um conjunto de órgãos e entidades estatais que produzem serviços, bens e utilidades para a comunidade. Esses órgãos possuem cargos, funções e atividades, previamente criados por lei e que estão subordinados aos Poderes Executivo, Legislativo e Judiciário. A centralização de poder dificulta o processo de tomada de decisão, diferenciando-se da área privada, em que a hierarquização é moderna e descentralizada.

As dificuldades encontradas nos aspectos de execução dos planos de ação apoiam-se no princípio da descontinuidade, ou seja, onde os dirigentes, com suas concepções e opções partidárias, geram conflitos nas práticas e ações, na motivação dos trabalhadores e na própria confiança da população.

Consequentemente, o planejamento estratégico delineado para ser implementado encontra limitações e barreiras, oriundas do ambiente externo. Nesse ponto, apresentam-se no quadro III-4 as diferenciações entre organizações públicas e privadas.

Percebe-se, assim, uma diferenciação que está identificada pela cultura, competências, habilidades e estratégicas de cada organização.

Organização administrativa

A organização administrativa está dividida em desconcentração e descentralização, as quais são compreendidas como técnicas criadas para a racionalização das atividades e agilizar os processos de atendimento.

A desconcentração envolve a "repartição de funções entre vários órgãos (despersonalizados) de uma mesma administração, sem quebra de hierar-

Quadro III-4 ▪ Diferenciação entre organizações públicas e privadas.

Organização pública	Organização privada
Regulamentação mais complexa	Regulamentação mais simples
Benefício social	Lucro comercial
Menor sensibilidade às depressões econômicas	Maior sensibilidade às depressões econômicas
Tarefas baseadas no custo real	Os lucros integram os preços
Funcionamento mesmo com ônus	Não funciona em regime deficitário
Participação do público pela presença de impostos	Participação voluntária do público
Financiamento pelos impostos e taxas	Financiamento de empréstimos ou venda de ações
Descontinuidade política	Não depende diretamente da continuidade política
Dependência de eleições	Independe de eleições

Fonte: Autores.

quia" (Maximiano e Nohara, 2017, p. 84). Pode-se exemplificar com os Ministérios da União, as secretarias estaduais e municipais, as delegacias de polícia, os postos de atendimento da Receita Federal, as Subprefeituras, os Tribunais e as Casas Legislativas (Figura III-14).

O conceito de descentralização está contido na "distribuição de competências de uma para outra pessoa, física ou jurídica, caso em que não se mantém entre elas relação de hierarquia" (Maximiano e Nohara, 2017, p. 84).

A descentralização pode ser **política,** contida no Direito Constitucional englobando União, Estados, Distrito Federal e Municípios, agindo com autonomia e competência próprias. Por exemplo: em âmbito federal as delegacias de educação, do trabalho, da saúde etc.

E pode ser: **geográfica ou territorial**, por serviços, funcional ou técnica e por colaboração. Por exemplo: as fundações públicas, as empresas públicas e sociedades de economia mista. Em âmbito municipal, as subprefeituras são exemplos de descentralização (Figura III-15).

E, dentro das atividades que são pertinentes à gestão pública, o macroprocesso é composto de cinco tipos de decisões com foco em planejamento, organização, liderança, execução e controle.

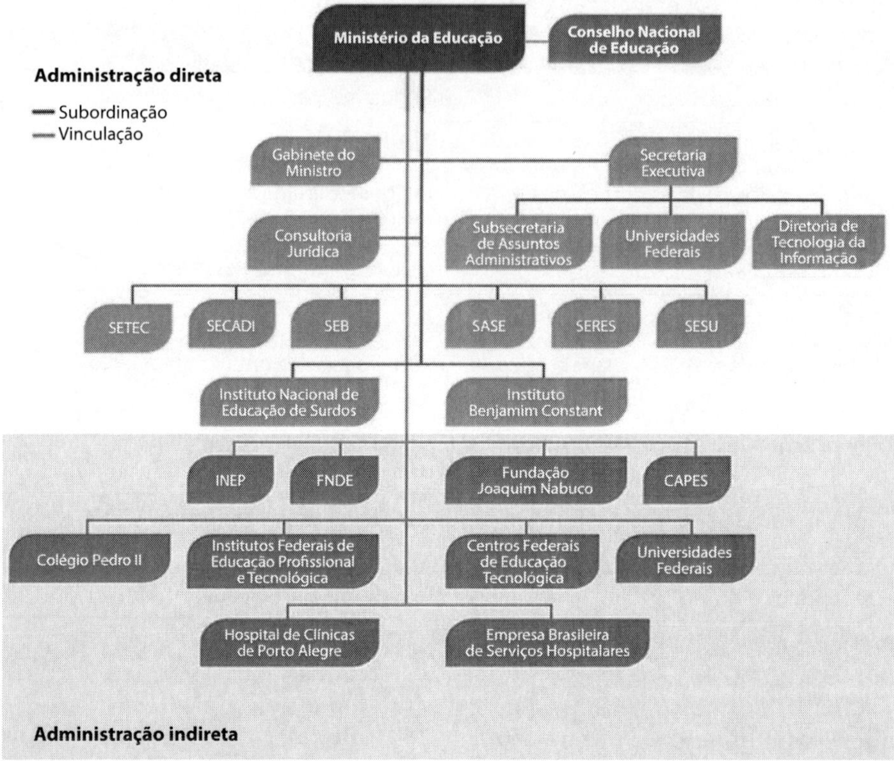

Figura III-14 ■ Desconcentração do Ministério da Educação. **Fonte**: Instituto Federal do Paraná, 2021.

GESTÃO DO CONHECIMENTO: CONCEITOS E PRÁTICAS DE SUCESSO

A gestão do conhecimento é consequência do processo de informação e que se reporta a eventos e registros que acompanham pessoas e organizações. A geração do conhecimento transforma a sociedade, constrói sociedades e reflete no desenvolvimento do mundo do trabalho.

Portanto, a gestão do conhecimento é "o processo pelo qual uma organização consciente e sistematicamente coleta, organiza, compartilha e analisa seu acervo de conhecimento para atingir seus objetivos" (Falcão e Bresciani Filho, 1999, p. 162).

E como ocorre na gestão pública?

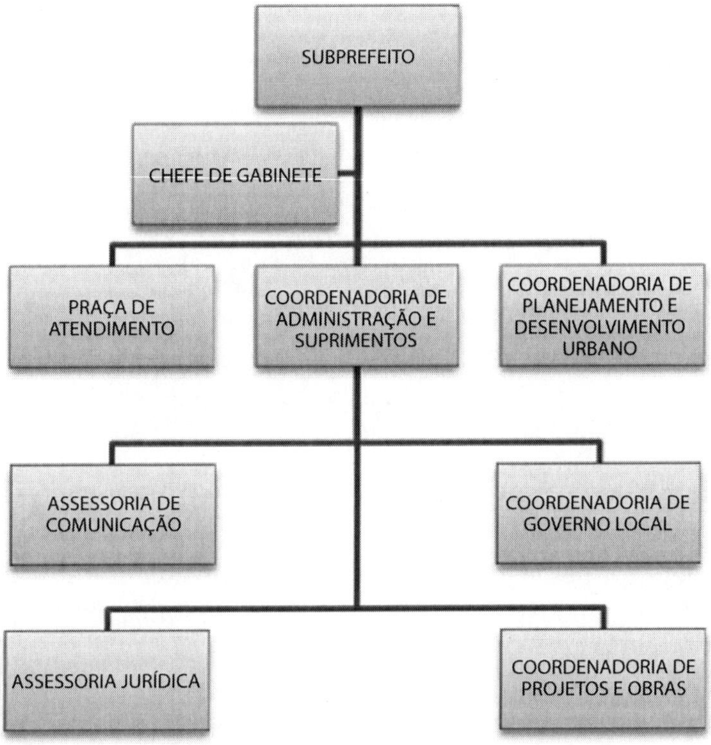

Figura III-15 ■ Descentralização municipal – subprefeito. **Fonte**: Secretarias e Subprefeituras de Ermelino Matarazzo, 2021.

Atualmente, os órgãos públicos procuram acompanhar a tecnologia, agilizar processos, minimizar custos e gerar acessibilidade aos usuários dos serviços. É o momento do conhecimento e aprendizagem. Pode-se exemplificar com os processos judiciais, cujo acesso pelas partes interessadas é realizado de forma virtual.

O atendimento médico via telemedicina viabilizou o monitoramento e o acompanhamento de pacientes de instituições públicas de saúde, visando à troca de informações e à análise de resultados de exames com mais agilidade. Com esse sistema de atendimento, observa-se que o uso da tecnologia de informação agrega velocidade na troca de conhecimentos (Figura III-16).

Exemplifica-se também com o Programa Finep Inovacred, que, em parceria com o Governo do Estado de São Paulo, desenvolveu o robô que atende no *site* do Poupatempo.

Figura III-16 ▪ Poupinha – robô de bate-papo. **Fonte**: Finep, 2021.

O projeto foi desenvolvido pela *startup* Nama, com a finalidade de agilizar o atendimento da população, também, no Facebook e Messenger.

INTERNET: OPORTUNIDADES E DESAFIOS NO CONTEXTO PÚBLICO

A *internet*, rede mundial de computadores, e agora de celulares, e outros dispositivos conectados a essa rede invisível que permeia a sociedade e tornou-se tão essencial como energia elétrica na contemporaneidade.

O termo *internet* surgiu a partir da palavra *internetworking*, ou seja, está ligado à ação de conectar várias redes separadas, sendo que cada uma delas tem características singulares, como identidade, em uma rede interconectada (Pinochet, 2014).

Essa rede interconectada, hoje, tem-se tornado hiperconectada, seja em âmbito quantitativo, seja qualitativo, cada vez mais. Dispositivos são ligados à *internet*, e a qualidade de transmissão de dados vem crescendo. A *internet* com fibra óptica está cada vez mais presente e a tecnologia 5G abre novas possibilidades, como serviços de *streaming*, que permite transmissão de áudio e vídeo com qualidade e o uso de *softwares* por meio de acesso às nuvens de dados (*cloud computing)*.

O gestor público pode olhar para a *internet* e suas potencialidades e conectar com princípios já destacados como publicidade e transparência e promover *lives* constantes sobre atividades com o órgão público que representa. Por exemplo, é muito comum prefeituras, estados e de federação ofertarem cursos de capacitação para os servidores e cidadãos, esses podem ter um alcance maior e ganhos em eficiência e a escala transformar esses cursos em formato *streaming*.

O Comitê Gestor da Internet do Brasil desenvolveu pesquisa evidenciando que, em 2020, o País chegou a 152 milhões de usuários, o que representa um aumento de 7% em relação a 2019. A pesquisa conclui que 81% da população com mais de 10 anos tem *internet* em casa[28].

Os números evidenciam o crescimento de pessoas com acesso à *internet*, o que sinaliza a importância da digitalização e ofertas de serviços à sociedade em formato digital, por outro lado, devemos também considerar quem não tem acesso à *internet*.

O desafio de digitalizar toda a população ainda é muito grande, mesmo que haja espaços públicos com acesso à rede *wi-fi*, que é uma abreviação de *wireless fidelity*, que significa fidelidade sem fio, ou seja, conexão sem fio. Ainda que haja diversos computadores conectados à *internet*, como o caso das bibliotecas públicas, ainda é insuficiente para alcançar a todos; é importante também sinalizar que há regiões rurais que vivem o apagão digital, o período de aulas remotas em decorrência da pandemia evidenciou essa problemática, 73% das propriedades rurais não estão conectadas, são os dados do Ministério da Agricultura e da Associação ConectarAgro[29].

Uma pesquisa realizada pelo Instituto Locomotivas e da Consultoria PwC identificou que 33,9 milhões de pessoas ainda estão desconectadas e 86,6 milhões não conseguem se conectar todos os dias, esse grupo é formado principalmente por pessoas que estão nas classes C, D e E, negras, e que são menos escolarizadas[30].

Esses são dados alarmantes que devem ser considerados ao se propor soluções que acontecem exclusivamente na *internet* e sinalizam a importância de políticas públicas que possam reduzir, quiçá eliminar esse abismo tecnológico que limita milhares de famílias (Quadro III-5).

---

[28] https://agenciabrasil.ebc.com.br/geral/noticia/2021-08/brasil-tem-152-milhoes-de-pessoas-com-acesso-internet.

[29] https://www.brasilagro.com.br/conteudo/mais-de-70-das-propriedades-rurais-vivem-sem-conectividade-no-pais.html.

[30] Jornal G1. Disponível em: https://g1.globo.com/tecnologia/noticia/2022/03/21/mais-de-33-milhoes-de-brasileiros-nao-tem-acesso-a-internet-diz-pesquisa.ghtml.

Quadro III-5 ■ Oportunidades e ameaças da *internet* para o setor público.

Oportunidades	Ameaças
Mídia de relacionamento com a população	Cidadãos sem *internet*
Digitalização dos processos/serviços	Manter a qualidade das conexões
Melhorar experiência do cidadão com serviço público	Garantir a segurança da informação
Melhorar eficiência e eficácia	Uso desvirtuado do servidor na *internet*

Fonte: Autores.

Entre as oportunidades destacadas no quadro III-5, salienta-se a digitalização dos serviços ao cidadão.

> "Entre janeiro e julho de 2021, moradores de mais de 250 cidades dos estados do Sul, de Minas Gerais e de São Paulo fizeram 38 milhões de solicitações de serviços on-line. O número é 37,84% maior do que o registrado no mesmo período do ano anterior. Considerados apenas os meses de abril a julho, o crescimento foi ainda maior, de 50,3%. O levantamento foi feito pela catarinense IPM Sistemas... Nos sete primeiros meses do ano (2021), o número de solicitações encaminhadas pelo aplicativo desenvolvido pela empresa cresceu 351,3%"[31].

Conforme matéria, a sociedade tem cada vez mais demandado do setor público serviços e soluções via *Web*, que pode facilitar a vida dos usuários e também melhorar a eficiência e eficácia dos processos públicos, colocando a visão de órgãos burocráticos, morosos e ineficientes no passado. É uma oportunidade singular para o setor público se atualizar e mudar a percepção de qualidade dos usuários e, mais que isso, os sistemas permitem o controle e a gestão fundamentados em dados, o que pode promover decisões mais assertivas por parte dos gestores. Uma vez que o sistema é ofertado de maneira eficaz, raramente será substituído quanto há uma alteração de gestão, o que mitiga o grave problema de desruptura de trabalho desenvolvido de uma gestão para outra.

[31] Serviços públicos via Web crescem 37% e uso de aplicativo sobe 351% durante a pandemia. https://inforchannel.com.br/2021/09/03/servicos-publicos-pela-internet-ampliam-na-pandemia-e-uso-de-aplicativo-cresce-351/.

O uso das redes sociais como ferramenta da disseminação da informação

As redes sociais já fazem parte do dia a dia da sociedade, são vitrine das vidas e das organizações, são forma de relacionamento de marcas, empresas e pessoas.

Recente pesquisa reuniu dados da *Hootsuite* e *We Are Social*, evidenciando que o Brasil é o terceiro País no mundo que mais utiliza as redes sociais, são cerca de 3:42h por dia, ficando atrás somente de Filipinas e da Colômbia. O Brasil contabiliza mais de 150 milhões de usuários, mais de 70% da população. Entre as redes mais utilizadas o destaque é para o *YouTube*, com 96,4%. Seguida pelo *WhatsApp* (91,7%), *Facebook* (89,8%), *Instagram* (86,3%), *Tik Tok* (47,9%) e *Telegram* 29,4%[32].

Os números demonstram que a utilização das redes é predominante na sociedade e configura-se como meio de comunicação importante, deixando caminho para inovar. Redes sociais têm sido uma ferramenta em épocas de eleição, mas também uma mídia econômica, eficiente e eficaz para se comunicar com a população geral.

Por que usar as redes sociais no setor público?

Democratizar o acesso à informação da atuação do órgão público – as redes sociais podem ser uma valiosa mídia para a divulgação de informações de interesse público, além de ser um canal para demonstração das atividades do órgão e de valorização do servidor público e atende ao princípio de publicidade.

Viabilizar um importante canal para ouvir e atender às demandas e às dúvidas do cidadão – além de divulgar ações e serviços aos cidadãos, é relevante se relacionar nas mídias sociais, isso é, responder as dúvidas, promover o engajamento, uma estratégia eficaz é o *call to action* – *CTA*, ou seja, chamada para a ação, por exemplo, marque aqui seu amigo para participar do curso x.

Atualização de informações em situações emergenciais – no período da pandemia, diversas prefeituras veiculavam boletins diários relacionados

---

[32] Jornal o Estado de Minas. Disponível em: https://www.em.com.br/app/noticia/tecnologia/2021/09/28/interna_tecnologia,1309670/brasil-e-o-terceiro-pais-do-mundo-que-mais-usa-rede-sociais-diz-pesquisa.shtml.

aos números da pandemia em seu município, além das campanhas de vacinação. entre outros.

Estar atento à legislação vigente, inclusão e as boas práticas - observar sempre todas as leis relacionadas à gestão pública é fundamental, por exemplo, a lei da Transparência, Lei Complementar nº 131/2009, a Peremuter Lei de Acesso à Informação, Lei nº 12.527, de 18 de novembro de 2011. As postagens devem ser inclusivas, cuidado com postagem de imagens para não infringir os direitos autorais, uso das cores obedecendo critérios de identidade visual e *design*, entre outros.

Estabeleça e respeite as regras institucionais - como exemplo, a prefeitura da cidade de Santos tem um conjunto de regras de uso das redes sociais e o governo do estado de Goiás possui manual de boas práticas das redes sociais.

Intranet como ferramenta da inovação

A *intranet* é uma rede interna, privada, similar à *internet*, porém com restrição de acesso, somente para usuários cadastrados por meio de *login* e senha.

O Banco do Brasil é uma Sociedade de Economia Mista, constituída por capital público e privado e usa a *intranet* de maneira eficaz, ao ofertar aos seus funcionários um canal para comunicação constante, mural de avisos, cursos internos e externos, acesso a bibliotecas, além de fóruns, *links* importantes, também faz conexão com outras plataformas internas do banco e externas.

Uma *intranet* normalmente pode ser preciosa ferramenta para a gestão do conhecimento, ao estimular o registro do conhecimento tácito em explícito e em seguida sistemático, por exemplo:

- Fórum de discussão de projetos, registrando e compartilhando boas práticas.
- Espaço para compartilhar os problemas e necessidades, buscando engajamento e registro.
- Promover acesso rápido e atualizado de contatos de setores e pessoas.
- Disponibilizar de maneira estruturada e atualizada manuais operacionais.
- Disponibilizar de maneira organizada e sistemática os cursos internos e externos.
- Disponibilizar informes, boletins, entre outros, de maneira estruturada.

Conforme destacado, são inúmeras as possibilidades de integrar as redes, conforme exemplo na figura III-17.

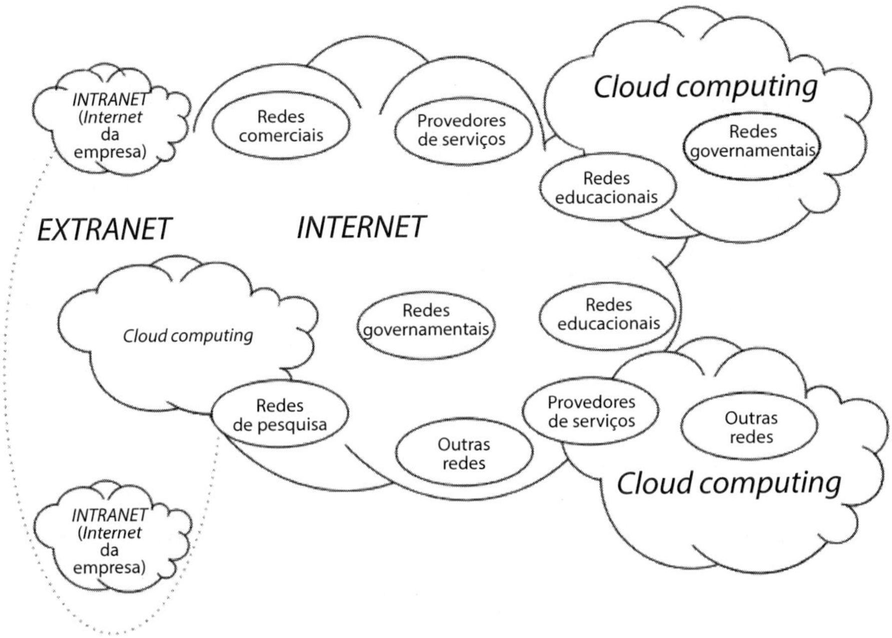

Figura III-17 ■ Tipologia das redes. **Fonte**: Cruz, 2014, p.169.

Uso de aplicativos (APP) como ferramenta de gestão do conhecimento e inovação

Utilizar aplicativos pode ser um grande aliado para instituições públicas no que tange a gestão do conhecimento, que pode estruturar parte do conhecimento implícito em explícito. É importante que o gestor crie mecanismos para transformar conhecimentos tácitos em explícitos dentro do contexto público e que possa monitorar e acompanhar projetos.

O Trello é uma ferramenta que pode ser acessada via *web*, ou via aplicativo, em *desktop* ou pelo celular, é um gestor de projetos simples, gratuito e muito funcional, que pode ser utilizado para registro das informações, gerenciamento e conhecimento do projeto, criar *check list*, permite compartilhar arquivos, controlar acesso e *status* de projetos.

Outro sistema interessante que auxilia na digitalização de processos e de documentação no setor público é o *no paper cloud*, que usa tecnologia *cloud* e contribui para a redução de custos e com sustentabilidade, diminuindo impressões, além de facilitar o armazenamento, pesquisas e gestão como um todo.

Cada desafio do setor público precisa ser enfrentado com uma mentalidade que busque solução efetiva, fazendo uso da inovação, mobilizando os conhecimentos emergentes, a comunidade e as tecnologias. Por exemplo, a prefeitura da cidade de Mogi das Cruzes mostrou que o setor público pode ser um importante protagonista para fomentar soluções. Por meio do projeto Mogi *Tech Gov Experience*, o inovador Programa de Incubação realizado pelo Polo Digital voltado a *GovTechs*, *startups* que buscam soluções para os desafios da gestão pública, as iniciativas para áreas de Educação, Saúde, Agricultura, Empregabilidade, Meio Ambiente e Zeladoria, que rendeu o Prêmio Sebrae Prefeito Empreendedor 2021-2022[33].

É notório que a gestão pública tem desafios significativos considerando orçamentos enxutos, legislação complexa e que limita diversas ideias, porém é possível pensar e inovar mesmo nesse cenário, promovendo aproximação de cidades e Ongs, por exemplo, o Consórcio de Desenvolvimento dos Municípios do Alto Tietê (Condemat), que foi premiado na Categoria Governança Regional e Cooperação Intermunicipal, com o projeto Recicla Cidade, que em um ano coletou 195 toneladas de embalagem longa vida com a ONG Espaço Urbano em parceria com a empresa Tetra Pak, além de 552 ações de educação ambiental[34].

SEGURANÇA DA INFORMAÇÃO E A LGPD

Segurança da informação é talvez um dos temas mais sensíveis da atualidade e que carece de atenção e investimentos constantes. A medida que as instituições mais se informatizam, mais ficam dependentes da sua estrutura tecnológica, os ganhos da digitalização são inúmeros, porém a vulnerabilidade no que tange a segurança deve ser observada.

---

[33] Mogi das Cruzes conquista prêmio Prefeito Empreendedor com Mogi Tech Gov Experience https://www.mogidascruzes.sp.gov.br/pagina/secretaria-de-educacao/noticia/mogi-das-cruzes-conquista-premio-prefeito-empreendedor-com-mogi-tech-gov-experience.

[34] Mogi das Cruzes conquista prêmio Prefeito Empreendedor com Mogi Tech Gov Experience https://www.infraestruturameioambiente.sp.gov.br/2022/06/projeto-recicla-cidade-coletou-195-toneladas-de-embalagens-de-leite-longa-vida-para-reciclagem-no-alto-tiete-em-um-ano/.

Recentemente um país inteiro sofreu com os ataques de *ransomware*, ou seja, sequestro de dados. Cerca de 30 instituições da Costa Rica foram alvo dos ataques, o país declarou emergência nacional e recusou pagar cerca de 15 milhões de dólares aos criminosos (*hackers*) como resgate dos dados. A Câmara de Comércio Exterior da Costa Rica estimou na época mais de US$ 125 milhões de perdas pela indisponibilidade de seus serviços. Para a congressista Gloria Navas, as perdas são de 30 milhões de dólares por dia. O caos instalado deixou milhares de funcionários sem salário, e o governo não sabe se os impostos estão sendo pagos.

No Brasil, também temos nossos desafios, de acordo com pesquisa da Trend Micro, empresa global de segurança, O Brasil é o terceiro País do mundo que mais recebe ataques de *RansomEXX*, família de *ransomware*[36]. As instituições públicas brasileiras também sofrem uma série de ataques, como exemplo o Tribunal Regional Federal da 1ª e da 3ª região, Ministério da Saúde, Ministério da Economia e até o Supremo Tribunal Federal[37].

A segurança da informação tem que ser alvo da atenção do gestor público, que deve considerar a utilização de *softwares*, *hardwares* apropriados e investimento constante em pessoas, treinamento e incorporar na cultura da instituição mantras de segurança da informação.

Além da segurança da informação, as instituições públicas precisam se adequar à Lei Geral de Proteção de Dados Pessoais, Lei nº 13.709/2018, que estabelece regras para empresas e organizações sobre coleta, uso, armazenamento e compartilhamento de dados pessoais, atribuindo multas e sanções no caso de descumprimento.

O governo federal desenvolveu um Guia de Boas Práticas: Lei Geral de Proteção de Dados (LGPD) que orienta de maneira estruturada a implantação da lei e as relações entre outras legislações e normas vigentes como: ABNT NBR ISO/IEC 27001:2013; Sistemas de gestão da segurança da informação, NBR ISO/IEC 27002: 2013; Código de Prática para controles

---

[35] Costa Rica se recusa a pagar US$ 15 mi para hackers e país segue em caos. Disponível em: https://www.uol.com.br/tilt/noticias/redacao/2022/06/01/costa-rica-se-recusa-a-pagar-us-15-mi-para-hackers-e-pais-entra-em-caos.htm.

[36] Brasil é 3º país mais atacado por ransomware. Disponível em: https://www.digitalmoneyinforme.com.br/brasil-e-3o-pais-mais-atacado-por-ransomware/.

[37] Cadê a segurança? 7 órgãos do governo que já foram atacados por hackers... – Veja mais em https://www.uol.com.br/tilt/noticias/redacao/2022/04/13/ministerio-da-saude-stj-e-mais-sistemas-do-governo-atacados-por-hackers.htm.

de segurança da informação, NBR ISO/IEC 27005:2019; Gestão de riscos de segurança da informação, ABNT NBR ISO/IEC 31000:2018; Gestão de riscos - Diretrizes e BNT NBR ISO/IEC 27701:2019; Técnicas de segurança - Extensão da NBR ISO/IEC 27001, NBR ISO/IEC 27002 para gestão da privacidade da informação - Requisitos e diretrizes. Normativos do Gabinete de Segurança Institucional da Presidência da República (GSI/PR). Resolução nº 25, de 27 de abril de 2007; nº 39, de 29 de abril de 2014, entre outros.

A LGPD tem como base o direito fundamental do titular dos dados, que está fundamentado em diversos princípios como o de finalidade, adequação, necessidade, livre acesso, qualidade dos dados, transparência, segurança, prevenção, não discriminação e responsabilização e prestação de contas.

A lei descreve também como deve ser o tratamento dos dados, desde coleta, retenção, processamento, compartilhamento e eliminação até guarda permanente e as boas práticas relacionadas à segurança da informação.

CRIATIVIDADE E INOVAÇÃO NO SETOR PÚBLICO: POR UM DESENVOLVIMENTO DA CULTURA PARA BUSCAR INOVAÇÃO

A criatividade e a inovação denotam crescimento pessoal, sintonia com a tecnologia e mutação da ciência. Para Chiavenato, "criatividade é pensar fora do contexto que envolve a situação para buscar novos paradigmas de valor que criem inovações significativas e novas oportunidades de crescimento" (Chianenato, 2008, p. 329).

A inovação significa a busca por novos caminhos, objetivando aplicar conhecimentos atuais e implantar mudanças que gerem crescimento e oportunidades de as organizações conhecerem suas lideranças, substituindo os antigos modelos hierárquicos por outros, mais participativos e humanizados.

Para que a criatividade e a inovação caminhem para o sucesso, é necessário que as organizações públicas ou privadas ofereçam recursos humanos, financeiros, tecnológicos e continuidade nos projetos implantados.

Na gestão pública, o perigo é a descontinuidade administrativa, caracterizado pelas mudanças de governo, o que pode interromper o processo de inovação.

Apesar da burocracia, a gestão pública pode usar metodologias e propostas de desenvolvimento para departamento e unidades governamentais. É o caso do *Design Thinking* (DT), que é a "metodologia de desenvolvimento de produtos e serviços focados nas necessidades, desejos e limitações dos usuários".

O método envolve: levantar as necessidades a partir de um problema; buscar reestruturar; criar ideias e implantar uma resolução prática. O objetivo principal do DT é converter dificuldades e limitações em benefícios para o usuário e criando valor de ganho para a organização pública. Possui quatro etapas para sua implantação:

- Imersão: conhecer o problema.
- Análise e planejamento: analisa, organiza, relaciona e sintetiza os fatores.
- Ideação: analisa as ideias para inovar.
- Prototipação e validação: tornar as ideias possíveis nos contextos técnico, tecnológico, financeiro e social.

A empatia é o primeiro passo para a implantação do DT na gestão pública, que significa colocar-se no lugar do outro e, nesse caso, o governo colocar-se no lugar do cidadão. O Metrô do Estado de São Paulo, a SABESP – Companhia de Saneamento Básico do Estado de São Paulo–, e a Biblioteca de São Paulo são exemplos da implantação dessa técnica. (http://www.igovbrasil.com/2013/03/design-think-empatia-em-servicos.html)

O exemplo da Secretaria de Estado de Educação e Esporte do Governo do Paraná apresenta-nos a aplicação no *design thinking* na educação (Figura III-18).

Figura III-18 ■ *Design thinking* na educação – Paraná. **Fonte**: Professor Escola Digital, 2021. https://professor.escoladigital.pr.gov.br/design_thinking.

De acordo com a Escola Digital - Professor, a implantação do DT envolve:

- Estratégias de ensino e aprendizagem.
- Metodologias para solução de problemas.
- Abordagem de inovação.

Essa é uma estratégia que possibilita às instituições educacionais utilizarem o DT como estratégia de ensino, possibilitando soluções imediatas de problemas. É a oportunidade, também, de tornar os alunos mais presentes e participativos e de colocar-se no lugar do outro, a fim de buscar soluções e aperfeiçoar sua capacidade de integrar com a equipe.

CENÁRIOS DA GESTÃO DO CONHECIMENTO NO SETOR PÚBLICO

A gestão por conhecimento (GC) no setor público é definida como:

> "...um método integrado de criar, compartilhar e aplicar conhecimento para aumentar a eficiência e melhorar a qualidade e a efetividade social; e contribuir para a legalidade, impessoalidade, moralidade e publicidade na administração pública e para o desenvolvimento brasileiro (Batista, 2021, p. 21)".

A importância da GC tem o foco na inovação, processos e serviços direcionados à população.

A expansão do conhecimento está dividida em: explícito, formal e sistemático, demonstrado como e, também, tácito, apresentado emuma dimensão cognitiva.

Como exemplo, o Tribunal de Contas do Estado de São Paulo implantou, em 2020, o Sistema Análise de Sistemas e Editais (ALICE), um robô que identifica irregularidades em editais de licitações.

Esse sistema foi desenvolvido pela Controladoria Geral da União (CGU), como o apoio técnico dos Tribunais de Contas, e tem demonstrado sua eficiência na análise de editais e atas de registro e publicações no Diário Oficial do Estado e do sistema de compras.

A CRIAÇÃO DE UM PROGRAMA DE CAPTAÇÃO, AVALIAÇÃO E APLICAÇÃO, COMPILAÇÃO DE IDEIAS E GESTÃO DO CONHECIMENTO

Como o futuro em geral é incerto, principalmente na gestão pública, os cenários constituem uma poderosa ferramenta de planejamento, apoio fundamental para a tomada de decisões e de mudanças.

Os cenários são diferentes das pesquisas de mercado e da simples extrapolação das tendências; mais que isso, constituem uma possibilidade muito mais ampla quanto ao futuro, elaborada de acordo com uma configuração predeterminada do ambiente. Questiona-se: onde estamos agora? Onde gostaríamos de estar daqui a 20 anos? Quais direcionadores podem afetar os cenários e refletem inovações? Deve-se corrigir nosso rumo para que possamos alcançar nossos propósitos ou é preferível simplesmente nos adaptar? Como a gestão pública acompanhará esse cenário?

A resposta está no desenvolvimento da tecnologia apoiando a gestão do conhecimento, acelerando o desenvolvimento da administração, diminuindo erros e integrando pessoas.

A utilização da tecnologia está direcionada ao usuário dos serviços visando à resolução de problemas utilizando *big data, machine learning, business intelligence*, entre tantas.

CONSIDERAÇÕES FINAIS

O mundo está em constante transformação e o setor público pode ser beneficiado, há uma oportunidade vigorosa de repensar e digitalizar processos e serviços aos cidadãos. Para tanto é fundamental incentivar a produção de ideias, capturar as oportunidades vindas com as tecnologias emergentes, objetivando resolver problemas operacionais e públicos, tendo como base os pensamentos criativo, crítico, promovendo a participação popular e outras instituições públicas e privadas usando a Gestão do Conhecimento.

Para que o gestor público possa atuar como protagonista é necessário mobilizar o conhecimento coletivo dos atores envolvidos, é fundamental conhecer metodologias como o *design thinking*. É importante cultivar a cultura da inovação em detrimento da cultura da reclamação. Focalizar a eficiência e a eficácia.

Desenvolver equipes multidisciplinares para projetos que enfatizem em fazer o diagnóstico preciso da problemática enfrentada, mapeando causa e evidenciando os recursos existentes, sempre considerando também as limitações orçamentárias e legais ao cultivar o pensamento focado na solução, na satisfação do cidadão e eficiência e eficácia da gestão pública.

ESTUDO DE CASO

Case de modernização da gestão administrativa da Prefeitura de Guarulhos

Guarulhos é uma cidade de aproximadamente 1.404.694 habitantes (IBGE, 2021), considerada a segunda maior cidade do estado de São Paulo. Na prefeitura de Guarulhos, havia um problema crônico de *data center* e infraestrutura tecnológica, que era muito antigo e estava sucateado nos últimos anos.

A prefeitura começou um projeto enorme de modernização administrativa melhorando a infraestrutura visando ao futuro da cidade. Durante a realização dos diagnósticos municipais, uma das principais demandas foi atendida valendo-se de recursos federais do programa PNAFM3 (Programa Nacional de Apoio à Modernização Administrativa e Fiscal dos Municípios Brasileiros) que busca melhorar a arrecadação do município. O recurso foi utilizado para compra de um servidor de hiperconvergência, com capacidade de mais de 300TB de armazenamento em camadas, promovendo maior segurança da informação. Esse produto otimizou o atendimento aos munícipes e criou capacidade de armazenagem para toda a governança municipal e principalmente para a modelagem de arrecadação.

Durante muitos anos, a cidade não conseguiu obter recursos do Programa de Modernização da Administração Tributária (PMAT) devido ao alto nível de endividamento. No entanto, nos últimos anos, a gestão conseguiu ajustar a situação financeira e obter dois recursos federais: o PNAFM 3, do Ministério da Economia, e o PMAT, que estava parado desde 2018 devido à falta de motivação e dificuldades no processo. Graças à ação da gestão, o PMAT foi reativado e injetou mais de R$ 50 milhões na infraestrutura municipal, com o objetivo de modernizar processos por meio da digitalização, melhorar o atendimento ao cidadão, a comunicação entre servidores e a infraestrutura de rede. Essas ações têm um impacto transversal em todas as secretarias da cidade.

Modernização promoveu uma série de ganhos como o fim das quedas da *internet*, a inclusão de um sistema de VOIP, ou seja, transmissão de voz por IP, que permite a redução de custo e cria um ambiente para o teletrabalho. Quanto aos ganhos em âmbito de segurança e agilidade, o Diretor do Departamento de Modernização da Prefeitura de Guarulhos, Giuliano Carlo Rainatto, destaca que "Todo o processo está sendo digitalizado e ficará seguro. No momento da abertura das informações, o responsável pelo acesso indica se ali existem dados sensíveis ou anonimizados para a LGPD. Outro ponto positivo é de que ele fornece transparência, pois todos os munícipes podem consultar, desde que exista a liberação por parte dos órgãos competentes. Os ganhos na agilidade de processos internos foram significativos, com reduções em cerca de 70% do tempo, processos que iam de mesa em mesa, agora estão ou serão digitalizados, promovendo também uma gestão da informação e do conhecimento mais eficaz. A gestão das redes sociais é feita diretamente pela comunicação da prefeitura de maneira centralizada, ou seja, os projetos são todos comunicados ao cidadão por uma área capacitada a realizar. Antigamente cada um fazia sua comunicação, o que a partir da centralização dos serviços de *data center* através da aquisição da hiperconvergência tenha sido possível".

Conforme evidenciado pelo caso, existem caminhos para a modernização da gestão pública, bem como linhas de fomento para viabilizar. É necessário acreditar e fazer uma boa gestão para transformar o setor público.

REFERÊNCIAS

Agência Brasil. Brasil tem 152 milhões de pessoas com acesso à internet Disponível em: https://agenciabrasil.ebc.com.br/geral/noticia/2021-08/brasil-tem-152-milhoes-de-pessoas-com-acesso-internet. Acessado em 13 de julho de 2022.

Batista FF. Modelo de Gestão do Conhecimento para a Administração Pública Brasileira Como implementar a Gestão do Conhecimento para produzir resultados em benefício do cidadão. Brasília: IPEA; 2012.

Brasil. Ministério da Economia. Instrução Normativa SGD/ME no 1, de 4 de abril de 2019 – versão compilada – julho/2022. Disponível em: https://www.gov.br/governodigital/pt-br/contratacoes/instrucao-normativa-sgd-me-no-1-de-4-de-abril-de-2019:~:text=

INSTRU%C3%87%C3%83O%20NORMATIVA%20N%C2%BA%201%2C%20DE%20 4%20DE%20ABRIL%20DE%202019&text=Disp%C3%B5e%20sobre%20o%20processo%20de,SISP%20do%20Poder%20Executivo%20Federal. Acessado em 11 de julho de 2022.

Brasil. BNDS. Produto 8: Relatório do Plano de Ação. Disponível em: www.bndes.gov.br/wps/wcm/connect/site/269bc780-8cdb-4b9b-a297-53955103d4c5/relatorio-final-plano-de-acao-produto-8-alterado.pdf?MOD=AJPERES&CVID=m0jDUok. Acessado em 11 de julho de 2022.

Brasil Agro. Mais de 70% das propriedades rurais vivem sem conectividade no país disponível em: https://www.brasilagro.com.br/conteudo/mais-de-70-das-propriedades-rurais-vivem-sem-conectividade-no-pais.html. Acessado em 12 de julho de 2022.

Centro de Liderança Pública. Inovação como aplicar *design thinking* na administração pública? Disponível em: https://www.clp.org.br/inovacao-como-aplicar-design-thinking-na-administracao-publica/. Acessado em 20 de junho, 2022.

Chiavenato I. Os novos paradigmas: como as mudanças estão mexendo com as empresas. Barueri: Manoel; 2008.

Cruz T. Sistemas de Informações Gerenciais. 4ª ed. Rio de Janeiro: Grupo GEN; 2014.

Diário do Nordeste. Máscaras serão feitas com impressoras 3D para doar a profissionais de hospitais do Ceará. Disponível em: https://diariodonordeste.verdesmares.com.br/metro/mascaras-serao-feitas-com-impressoras-3d-para-doar-a-profissionais-de-hospitais-do-ceara-1.2226297. Acessado em 21 de junho, 2022.

Digital Money. Brasil é 3º País mais atacado por ransomware. Disponível em: https://www.digitalmoneyinforme.com.br/brasil-e-3o-pais-mais-atacado-por-ransomware/. Acessado em 10 de agosto de 2022.

Escola Digital Professor. *Design thinking.* Disponível em: https://professor.escoladigital.pr.gov.br/design_thinking. Acessado em 18 de junho, 2022.

Falcão SD, Bresciani Filho E. Gestão do Conhecimento. Revista da III Jornada de Produção Científica das Universidades Católicas do Centro-Oeste, Goiânia, v. 2, set. 1999.

FINEP – Financiadora de Estudos e Projetos. Disponível em: http://www.finep.gov.br/noticias/todas-noticias/6363-poupinha-robo-de-bate-papo-financiado-pelo-programa-finep-inovacred-vira-caso-de-sucesso. Acessado em 5 de maio, 2022.

Governo do Estado de São Paulo – Infraestrutura e Meio Ambiente. Mogi das Cruzes conquista prêmio Prefeito Empreendedor com Mogi Tech Gov Experience. Disponível em: https://www.infraestruturameioambiente.sp.gov.br/2022/06/projeto-recicla-cidade-coletou-195-toneladas-de-embalagens-de-leite-longa-vida-para-reciclagem-no-alto-tiete-em-um-ano/. Acessado em 3 de julho de 2022.

Globenewswire. The Shift to Cloud Computing Persists as Organizations Use Multiple Public Clouds. Disponível em: https://www.globenewswire.com/news-release/2020/06/18/2050275/0/en/The-Shift-to-Cloud-Computing-Persists-as-Organizations-Use-Multiple-Public-Clouds.html. Acessado em 3 de julho de 2022.

Instituto Brasileiro de Geografia e Estatística – IBGE, Cidades Guarulhos. Disponível em: https://cidades.ibge.gov.br/brasil/sp/guarulhos/panorama. Acessado em 20 agosto de 2021.

IBM. Watson is changing how business gets done. Disponível em: https://www.ibm.com/watson/ai-stories. Acessado em 8 de julho de 2022.

IGOVBrasil. Design Thinking. Disponível em: http://www.igovbrasil.com/2013/03/design-thinking-empatia-em-servicos.html. Acessado em 05/2021.

INFOR Chanel. Serviços públicos via Web crescem 37% e uso de aplicativo sobe 351% durante a pandemia. Disponível em: https://inforchannel.com.br/2021/09/03/servicos-publicos-pela-internet-ampliam-na-pandemia-e-uso-de-aplicativo-cresce-351/. Acessado em 1 de Julho de 2022.

Instituto Tellus. A gestão pública e a Internet das Coisas (IoT). Disponível em: https://tellus.org.br/conteudos/artigos/gestao-publica-internet-das-coisas-iot/. Acessado em 9 de julho de 2022.

Isidro A. Gestão pública inovadora: um guia para a inovação no setor público. CRV; 2020.

Jornal o Estado de Minas. Brasil é o terceiro país do mundo que mais usa rede sociais. Disponível em: https://www.em.com.br/app/noticia/tecnologia/2021/09/28/interna_tecnologia,1309670/brasil-e-o-terceiro-pais-do-mundo-que-mais-usa-rede-sociais-diz-pesquisa.shtml. Acessado em 07 de julho de 2022.

Jornal G1. Mais de 33 milhões de brasileiros não têm acesso à internet Disponível em: https://g1.globo.com/tecnologia/noticia/2022/03/21/mais-de-33-milhoes-de-brasileiros-nao-tem-acesso-a-internet-diz-pesquisa.ghtml. Acessado em 18 de julho de 2022.

Kanaane R, Fiel Filho A, Ferreira MG. Gestão Pública: Planejamento, Processos, Sistemas de Informação e Pessoas. São Paulo: Atlas; 2010.

Kotler P, Trías de Bes, F. A bíblia da inovação: o modelo A-F. São Paulo: Leya; 2011.

Maximiniano ACA, Nohara IP. Gestão pública: abordagem integrada da administração e do direito administrativo. São Paulo: Gen Atlas; 2017.

Ministério da Educação. Relatório de Gestão do exercício de 2012. Disponível em: https://docplayer.com.br/9469450-Ministerio-da-educacao-secretaria-de-educacao-profissional-e-tecnologica-instituto-federal-do-parana.html. Acessado em 10 de maio de 2022.

No Paper Cloud: Disponível em: https://nopapercloud.com.br. Acessado em 21 de junho de 2022.

Perelmuter G. Futuro presente. Jaguaré – SP: Companhia Editorial Nacional; 2019.

Pestana JG. Cultura organizacional e competências do século XXI no mundo VUCA. 2020, 121f. Dissertação (Mestrado em Gestão de Recursos Humanos). Universidade Europeia; 2020.

Pinochet L. *Tecnologia da Informação e Comunicação*. Disponível em: Grupo GEN, Grupo GEN; 2014.

Portal UOL. Cadê a segurança? 7 órgãos do governo que já foram atacados por hackers. Disponível em: https://www.uol.com.br/tilt/noticias/redacao/2022/04/13/ministerio-da-saude-stj-e-mais-sistemas-do-governo-atacados-por-hackers.htmonde. Acessado em 15 de agosto de 2022.

Portal UOL. Costa Rica se recusa a pagar US$ 15 mi para *hackers* e país segue em caos. Disponível em: https://www.uol.com.br/tilt/noticias/redacao/2022/06/01/costa-rica-

-se-recusa-a-pagar-us-15-mi-para-hackers-e-pais-entra-em-caos.htm. Acessado em 1 de agosto de 2022.

Prefeitura de Mogi das Cruzes. Mogi das Cruzes conquista prêmio Prefeito Empreendedor com Mogi Tech Gov Experience. Disponível em: https://www.mogidascruzes.sp.gov.br/pagina/secretaria-de-educacao/noticia/mogi-das-cruzes-conquista-premio-prefeito-empreendedor-com-mogi-tech-gov-experience. Acessado em 10 de julho de 2022.

Prefeitura de São Paulo. Organograma e Estrutura Administrativa. Disponível em: https://www.prefeitura.sp.gov.br/cidade/secretarias/subprefeituras/ermelino_matarazzo/acesso_a_informacao/index.php?p=50151. Acessado em 20 de maio, 2022.

Rascão JP. Da Gestão estratégica da Informação: como aumentar o tempo disponível para tomada de decisão estratégica. Rio de Janeiro: E-Papers; 2006.

Rodriguez y Rodriguez VM (org). Gestão do conhecimento e inovação nas empresas. Rio de Janeiro: Qualitymark; 2010.

Rosini MR, Palmisano A. Administração de Sistemas de Informação e a Gestão do Conhecimento. São Paulo: Cengage Learning; 2011.

Scherer FO, Carlomagno MS. Gestão da inovação na prática: como aplicar conceitos e ferramentas para alavancar a inovação. São Paulo: Atlas; 2009.

Schiller MCOS. Inovação, redes, espaço e desenvolvimento. Rio de Janeiro: E-Papers; 2008.

Schwab K. A Quarta Revolução Industrial. São Paulo: Edipro; 2019.

Schwab K. Aplicando a Quarta Revolução Industrial. São Paulo: Edipro; 2019.

Stair RM, Reynolds GW. Princípios de Sistemas Informação: uma abordagem gerencial. 9ª ed. Rio de Janeiro: Cengage Learning; 2010.

Taurion C. Cloud computing (computação em nuvem): transformando o mundo da tecnologia da informação. Rio de Janeiro: Brasport; 2009.

Tido J, Bessant J, Parreth K. Gestão da inovação. Trad. de Elzamari Rodrigues Becker. 3ª ed. Porto Alegre: Bookman; 2008.

Tribunal de Contas do Estado de São Paulo, Documentação. Disponível em: https://www.tce.sp.gov.br/audesp/documentacao. Acessado em 22 de junho de 2022.

Capítulo 7

Modelos e Fontes de Inovação e sua Aplicação nos Processos Organizacionais

Alécio Fiel Filho
Silvio Rocha da Silva

O segredo da criatividade está em dormir bem e abrir a mente às possibilidades infinitas. O que é um ser humano sem sonhos?
A. Einstein

INTRODUÇÃO

Este capítulo tem como objetivo demonstrar que toda a sociedade pode e deve participar do movimento de tornar-se protagonista de inovações, que podem ocorrer em quaisquer segmentos de atividades realizadas no mundo em que vivemos. Você pode ser um servidor público, um funcionário de uma organização privada ou estar realizando um trabalho como voluntário, em todos esses casos sempre haverá a oportunidade de propor ideias para inovar em qualquer atividade que esteja realizando.

As inovações devem sempre proporcionar melhora no referido processo que está sendo executado. Quase sempre, elas contribuem para uma redução de custos e desperdícios, além de poderem proporcionar melhor qualidade de vida para a sociedade, podendo tornar os processos mais humanizados, resultando assim em melhor relacionamento entre fornecedores e usuários de processos.

Este capítulo é focado em técnicas para a geração de ideias usando ferramentas que facilitem esse processo, além de alguns modelos de inovação e um item específico sobre a inovação no contexto da gestão pública.

Também é apresentado um *case* denominado *O Seoul Innovation Bureau e sua iniciativa Sharing City* que o leitor poderá acessar por meio do endereço eletrônico existente nas referências (CASE, 2013).

GERAÇÃO DE IDEIAS PARA INOVAÇÃO

As ideias podem às vezes falhar, mesmo com inovadores bem-sucedidos que têm encontrado dificuldade em sustentar suas ideias, o problema está na falta de uma estratégia de inovação alinhada à estratégia da organização.

Uma estratégia de inovação deve ser baseada no comprometimento com um conjunto de políticas e comportamentos que reforcem a criatividade, a autonomia, a colaboração e as formas de praticar inovação, tudo isso com foco em resultados que mantenham a organização competitiva. Sem uma estratégia de inovação os esforços para inovar podem facilmente se tornar uma tentativa e erro custosos, até chegar a uma ideia inovadora.

A figura III-19 apresenta uma proposta de estratégia de inovação interligada ao ambiente organizacional, conectando diversos processos para gerar novas ideias que possam produzir resultados para a organização e sociedade.

Figura III-19 ■ Panorama do processo de inovação. **Fonte**: Trott, 2012, p. 9.

Então, é importante que, para o sucesso na geração de ideias potencialmente inovadoras, a gestão avalie e desenvolva um sistema de gestão da inovação, ou seja, defina um conjunto de processos, indicadores, papéis e estruturas interdependentes que olhem para os novos problemas e oportunidades internos e externos, correlacionem com a estratégia do negócio e priorizem conforme seus planos e metas.

A inovação começa por ideias, portanto, ela se inicia por meio do processamento dessas ideias, em que, ao passarem por filtros, as melhores podem ser transformadas em projetos de inovação.

Os modelos de inovação sempre referenciam às fontes de ideias em alguma fase do processo, como mostram as figuras III-20 e III-21.

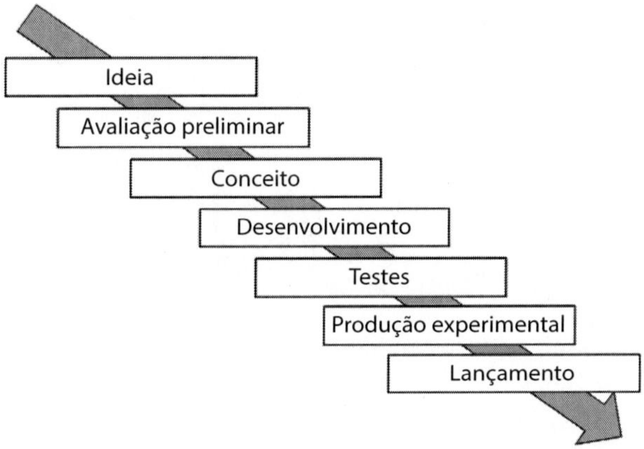

Figura III-20 ■ Modelo de inovação de sete fases de Cooper. **Fonte**: Cooper, 1986, p. 48 (apud Barbieri, 2009, p. 23).

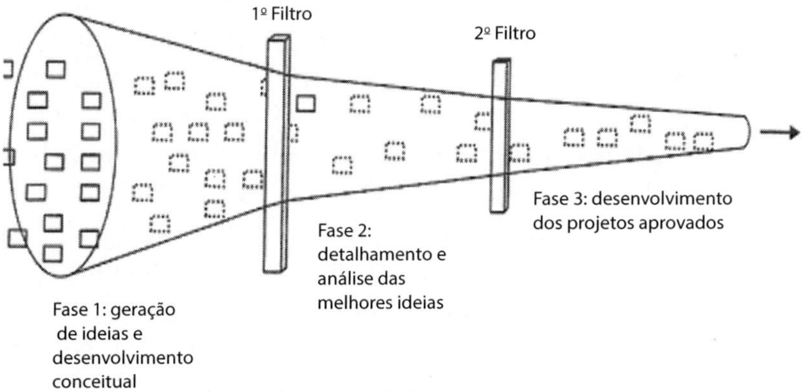

Figura III-21 ■ Processo de inovação modelo do funil. **Fonte**: Clark e Wheelwright, 1993. p. 306-7 (apud Barbieri, 2009, p. 23).

A grande maioria dos processos de inovação inicia-se com uma ideia, que vai se juntando a outras ideias, conforme mostra a figura III-22.

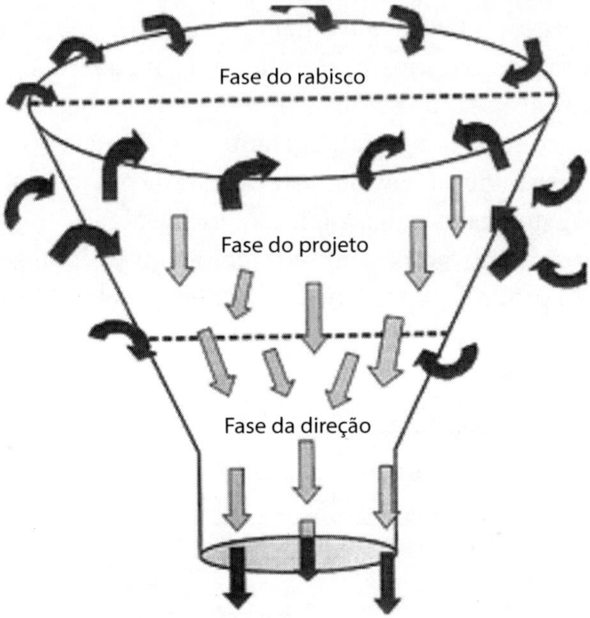

Figura III-22 ■ Ideias e fases da inovação. **Fonte**: Gundinng, 1999, p. 179 (apud Barbieri, 2009, p. 24).

No século passado, principalmente após a Segunda Guerra Mundial, surgiram muitas oportunidades tecnológicas e de aprimoramento das atividades de Projetos & Desenvolvimentos (P&D), tornando esse departamento nas organizações direcionado a propor ideias e implementar inovações mais radicais ou disruptivas do modelo linear até então adotado. Essas atividades foram influenciadas pelo relatório de Vannervar (1945), que estabelecia que as inovações são estimuladas pelo fluxo de conhecimento desencadeado por pesquisas básicas, concebendo às pesquisas básicas a posição de precursoras do progresso tecnológico. Esse modelo de inovação conhecido como *Science push* (Figura III-23a) é de grande importância para os especialistas engajados em atividades de P&D e à literatura técnica, como artigos, relatórios de pesquisa, documentos de patentes etc., sendo ele considerado fonte de ideias para a inovação.

Existe outra visão do processo de inovação na qual a ênfase se refere às questões relacionadas à demanda do mercado (Figura III-23b). Essa abordagem também concebia a inovação como um processo linear unidirecional, mas priorizada pelas necessidades do mercado, sendo por isso denominada modelo linear reverso ou *demanda pull*, isso fez com que os especialistas ouvissem as vozes do mercado (consumidores ou usuários) como sendo a fonte das ideias.

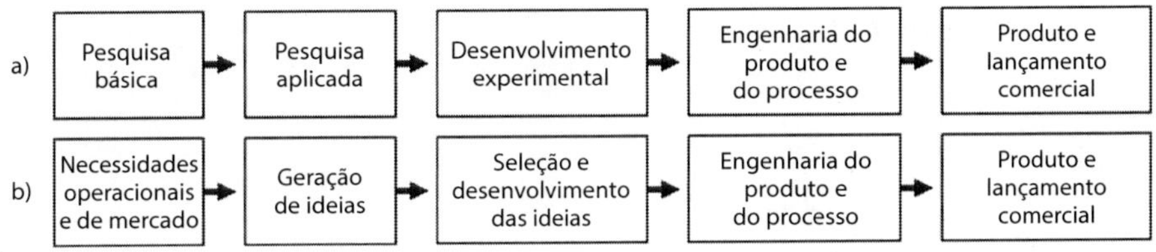

Figuras III-23 ■ Modelos lineares de inovação. **Fonte**: Schmookler, 1966 (apud Barbieri, 2009, p. 25.

Ao observar que as ideias ocorrem tanto das necessidades do mercado quanto das oportunidades tecnológicas identificadas em atividades de P&D, houve a necessidade de se integrar os dois modelos, ocorrendo assim uma integração entre as abordagens *science push* e a *demanda pull*. A figura III-24 mostra um modelo conhecido como modelo combinado em que houve essa integração e as ideias estão presentes em todas as fases do processo.

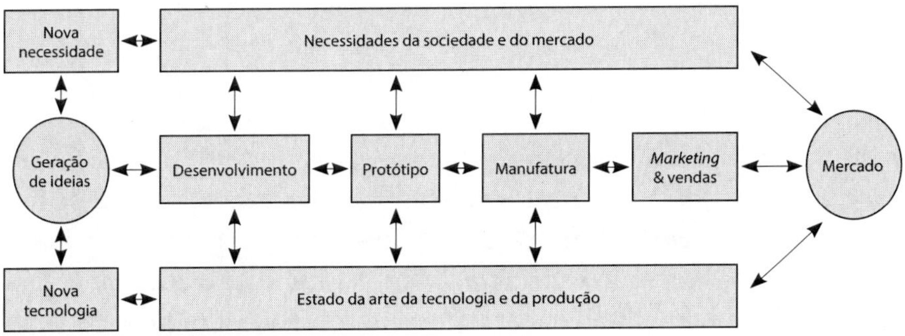

Figura III-24 ■ Modelo de inovação combinado. **Fonte**: Rothwell, 1992, p. 222 (apud Barbieri, 2009, p. 26).

Segundo Barbieri (2009), os modelos combinados de inovação também podem ser representados por um funil, como mostrado anteriormente, neles as ideias ocorrem em todas as fases do processo, sendo que partir das ideias iniciais novas ideias vão surgindo em função dos desafios de cada fase do processo. As ideias geradas são avaliadas e as aprovadas serão implementadas, como mostra a figura III-25.

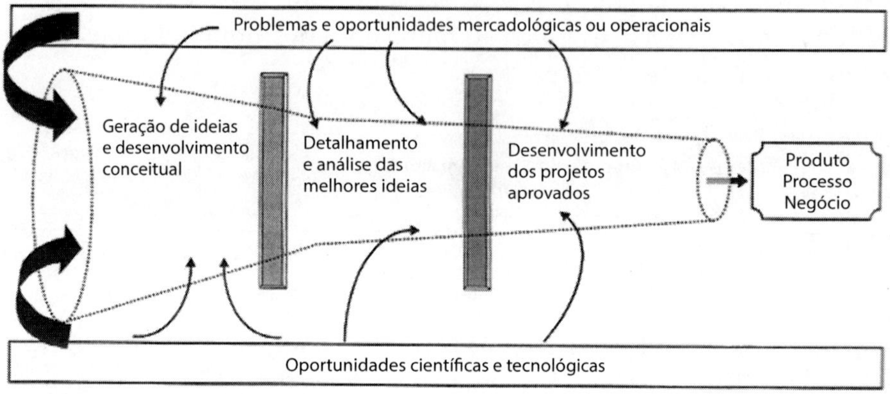

Figura III-25 ■ Modelo de inovação combinado: outra versão. **Fonte**: Combinação do modelo de funil (Figuras III-21 e III-22) com o modelo de Rothwel (Figura III-24). Barbieri, 2009, p. 26.

Para Barbieri (2009), as fontes das ideias eram importantes para o processo de inovação, podendo elas serem internas e externas à organização, como mostra o quadro III-6. Fontes de ideias e exemplos.

Estímulo à inovação

O estímulo à inovação tem como objetivo criar uma cultura que favoreça a geração de ideias e que elas tenham potencial de tornarem-se inovações. As ferramentas de inovação são fundamentais para potencializar uma cultura de inovação e, principalmente, estimular e acelerar a geração e o desenvolvimento de novas ideias por meio de um processo criativo e colaborativo.

A participação ativa dos gestores é fundamental e imprescindível como estimuladora e facilitadora do processo criativo, ampliando e disseminando o uso das ferramentas por meio de eventos de inovação, para ampliar a visão sistêmica de todos os colaboradores e fortalecer a cultura de inovação.

Quadro III-6 ■ Fontes de ideais e exemplos. **Fonte**: Barbieri, 2009, p. 31.

- Fontes de inovação
  - Fontes externas
    - Clientes
    - Fornecedores, empreiteiros e subcontratados
    - Empresas concorrentes atuais e novas entrantes
    - Empresas de engenharia consultiva
    - Associações e outras entidades empresariais
    - Instituições de ensino e pesquisa
    - Agentes de patentes
    - Instituições de pesquisa mercadológica
    - Órgãos governamentais
    - Inventores isolados
    - Consultores e auditores externos
    - Feiras e balcões de negócios
    - Revistas científicas e técnicas
    - Documentos de patentes
  - Fontes internas
    - Pessoal próprio em atividades de P&D e correlatas
    - Engenharia de produto
    - Engenharia de processo
    - Equipes de planejamento
    - Auditores internos
    - Empregados de qualquer área
      - Vendas
      - Assistência técnica
      - Produção
      - Logística
      - Controle da qualidade
      - Recursos humanos
      - Finanças e contabilidade
      - Zeladoria
      - etc.

Ferramentas para o estímulo à geração de ideias

Algumas ferramentas podem possibilitar a geração de ideias que envolvam não só os que trabalham com P&D, mas todos os funcionários de uma organização:

Exemplos de ferramentas:

Brainstorming – nessa ferramenta é proposto um tema, estabelecendo um tempo para que o grupo selecionado seja estimulado por um mediador a propor novas ideias sem filtro para o referido tema.

Brainwriting – essa ferramenta é semelhante ao *brainstorming*, porém as ideias propostas por cada um dos participantes do grupo são expressas de forma escrita e não verbal.

Scamper – nessa técnica utiliza-se uma lista de ações para ser aplicada sobre uma ideia básica para gerar novas ideias.

Crowdsourcing – ocorre uma solicitação de ideias para um grupo variado de pessoas, normalmente *on-line*, de fora da organização.

Círculo de qualidade – ferramenta oriental já usada há bastante tempo, nela um grupo de funcionários se reúne periodicamente para solucionar problemas e propor melhorias na organização. Trata-se de um processo de melhoria contínua e seu conceito é de uma inovação incremental.

Caixa de sugestões – é uma ferramenta que possibilita que todos os funcionários proponham ideias para melhorias da organização. Para a grande maioria dos casos, o conceito também se enquadra dentro de inovações incrementais.

Seis chapéus do pensamento – método para facilitar a comunicação de diferentes problemas e ideias. O objetivo é analisar o problema ou ideia, dividindo em seus diferentes aspectos (chapéus) na busca de uma convergência de ponto de vista. Em cada momento, o grupo "veste" o chapéu escolhido pelo facilitador e direciona o pensamento de acordo com o ponto de vista determinado pela cor do chapéu.

Ferramentas de desenvolvimento de ideias

Scherer e Carlomagno (2009) defendem que o uso de ferramentas, como as mostradas a seguir, objetiva o aprimoramento das ideias.

Design thinking – metodologia de desenvolvimento de produtos e serviços focados nas necessidades, desejos e dores dos usuários, busca converter dificuldades e limitações em benefícios por meio de soluções sustentáveis e inovadoras, com valor percebido para a organização e sociedade.

Cocriação – essa inovação acontece quando fornecedores, colaboradores e clientes colaboram com a organização recebendo em troca os benefícios de sua contribuição, sejam eles por meio de produtos customizados ou da promoção de suas ideias.

Lean startup – conjunto de processos utilizados para desenvolver produtos e mercados, que se baseia na criação de protótipos rápidos, projetados para validar suposições de mercado, e usar *feedback* dos clientes para a melhoria das ideias.

Business Model Canvas – essa ferramenta mostra a forma para a organização criar e capturar valor e possibilita desenvolver e criar diferentes modelos de negócios novos. O *Business Model Canvas* consiste em um quadro com nove blocos, que representam como a empresa pretende atuar e gerar valor aos clientes. Os conceitos principais desse modelo são pensamento visual, visão sistêmica, simplicidade, aplicabilidade e possibilidade de cocriação.

Nesse caso, é possível tanto utilizar modelos prontos quanto criar um mural e desenhar o próprio BMC.

Os blocos estão relacionados a quatro pilares:

- como (infraestrutura);
- o que (oferta);
- quem (cliente);
- quanto (finanças).

Por meio desses quatro pilares obtêm-se, assim, informações suficientes evitando o desperdício de recursos com iniciativas fracassadas.

Seu funcionamento se assemelha ao desenvolvimento de clientes para os casos de um negócio em mercado estabelecido e conhecido, em que é possível, por meio de dados do passado, fazer projeções para o futuro em que as metodologias tradicionais de planejamento podem ser utilizadas normalmente. Quando se trata de novos negócios, mergulha-se no desconhecido, dessa forma, não existem informações precisas para se basear um plano e toda a ideia do negócio reside em hipóteses e não fatos. Por conta disso, o planejamento tradicional não se encaixa, precisa-se então descobrir se as hipóteses levantadas estão corretas antes de investir tempo. Devem-se, então, preencher informações e ideias em adesivos autocolantes de diferentes cores até completar o diagrama.

Discovery-Driven Planning – conforme Ribbe (2018), o método criado por Steve Blank prega que, antes de se lançar um novo produto gastando milhões em seu desenvolvimento, montando equipes e em ações de *marketing*, deve-

-se procurar por clientes que possam vir a enxergá-lo como solução para um problema e testar se esses clientes podem vir a formar um mercado escalável. O *Discovery-Driven Planning*, parecido em sua essência e até mais antigo foi exposto por Rita McGrath em um artigo da Harvard Business Review em 1995. Essa metodologia também mostra que, antes de investir em negócios inovadores, deve-se descobrir dinheiro na empreitada.

O *discovery-driven planning* possui quatro etapas:

- Projeção financeira reversa – em vez de iniciar com projeção de receitas (como é o normal), deve-se começar pela expectativa de lucro que se deseja alcançar.
- Declaração de atividades necessárias – aqui se faz uma lista das atividades que devem ser realizadas para se produzir, vender e entregar o produto ou serviço aos consumidores.
- *Checklist* das hipóteses – nada mais é do que uma lista de todas as hipóteses levantadas para que o novo negócio tenha sucesso nos termos determinados nas projeções financeiras.
- *Milestone Planning* – essa fase trata de dividir as hipóteses em "marcos" e começar a testá-las, em um processo de aprendizado, no qual elas vão sendo refinadas de acordo com o que se aprende.

INOVAÇÕES INCREMENTAIS

As inovações incrementais têm como abordagem os processos de melhoria contínua em que a participação dos funcionários, por meio da utilização de algumas ferramentas denominadas "ferramentas da qualidade", entre outras, possibilitam a correção das falhas nos produtos e nos processos produtivos e administrativos.

O uso de ferramentas para análise de falhas com a aplicação de técnicas estatísticas e revisão dos processos desenvolvendo novas modelagens proporcionam inovações incrementais para a organização.

No decorrer do tempo, observou-se que somente as inovações incrementais não são suficientes para manter a organização competitiva diante das novas exigências do mercado, embora elas devem ser mantidas, pois contribuem para a diminuição das falhas, melhoria dos processos, redução de desperdícios, segurança da qualidade do produto etc.

Alguns autores alertam para o perigo de os gestores estarem voltados em excesso para os bons resultados das inovações incrementais e esquecerem da necessidade das inovações radicais. Como exemplo podemos citar o caso da criação do "Poupatempo" que se trata de uma inovação radical. Por melhores que fossem as inovações incrementais nos antigos processos que hoje são feitos no "Poupatempo", não proporcionariam os bons resultados que agora apresentam em decorrência de uma inovação radical.

INOVAÇÕES RADICAIS

As inovações radicais quando aplicadas em um produto ou processo da organização resultam em mudanças muito significativas nas características de desempenho, criam novos mercados ou revolucionam os mercados existentes. Por se tratar de algo novo nunca feito pela organização, podem atingir um novo nicho e encontrar um segmento completamente diferente, ainda não explorado, deixando assim a organização em uma posição de pioneirismo em relação aos concorrentes e assumindo uma grande fatia desse mercado.

A inovação radical pode quebrar paradigmas, criar possibilidades totalmente novas para os consumidores, gerando uma necessidade nunca imaginada por eles, e fazendo com que agora não se imaginem sem ela.

São exemplos de inovações radicais:

Inovação radical: iPhone

Os *smartphones* criados pela Apple são um bom exemplo de inovação radical. Quando foram criados os iPhones, os *smartphones* já existiam. Mas a empresa de Steve Jobs incluiu características que mudaram esse mercado.

Inovação radical: Poupatempo

A emissão de vários documentos para o cliente-cidadão já existia em locais diferentes e de forma ineficiente, não atendendo às necessidades dos usuários. No **Poupatempo**, em um único local é feita a emissão de vários documentos para o cliente-cidadão de forma rápida e eficiente.

Segundo a Acatech, criadora do conceito Indústria 4.0 e conhecida como Academia de Ciência e Engenharia Alemã 4.0, é importante que organizações que buscam gerar inovações radicais trabalhem sua cultura e modelo de negócio para que sejam mais tolerantes aos riscos e às experimentações, utilizem ferramentas que permitam descrever múltiplos futuros alternativos, aprofundem seu conhecimento em torno das tecnologias emergentes baseada na Indústria 4.0 e desenvolvam seus colaboradores e lideranças de forma continuada, realizando uma verdadeira transformação organizacional e cultural para que possam se tornar mais flexíveis e adaptáveis.

INOVAÇÕES INCREMENTAIS *VERSUS* INOVAÇÕES RADICAIS

Como observou-se anteriormente, a **inovação radical** causa mudanças drásticas para o produto ou processo, podendo revolucionar transformando os mercados, já a **inovação incremental** faz melhorias nos produtos ou processos que já existem na organização, não alterando a maneira como são aplicados ou consumidos pelos clientes desses produtos ou serviços.

De acordo com Leifer et al. (2002), a caracterização da inovação radical é definida pelas incertezas que o produto ou processo possam incorrer. São elas:

- Incertezas técnicas.
- Incertezas mercadológicas.
- Incertezas organizacionais.
- Incertezas de recursos.

Já a inovação incremental reflete as melhorias em produtos ou em linhas de produtos. Geralmente, representa avanços nos benefícios percebidos pelo consumidor.

As inovações incrementais estão associadas à redução de custos e melhorias dos produtos e serviços existentes. Inovação incremental gera a otimização do negócio existente e promove o reforço das competências já desenvolvidas.

Segundo Barbieri (2009), as pequenas ideias que se enquadram na categoria de inovações incrementais, assim que implementadas, permitem que a organização apresente desempenhos elevados nos seus processos em curto prazo. Com um programa de incentivo essas ideias podem surgir em grandes quantidades e, sendo implementadas, proporcionam à organização muitas melhorias que resultam na manutenção da sua competitividade em longo do tempo.

As pequenas ideias são mais facilmente defensáveis, como mostram Robinson e Schroeder (2005), por se tratar de ideias menores e mais específicas para a organização e os concorrentes encontrarão mais dificuldade em copiá-las, enquanto as grandes ideias, caracterizadas como inovações radicais, podem ser reproduzidas e até superadas pela concorrência. Comprovou-se que, por meio das pequenas ideias, podem surgir grandes ideias, caracterizando uma inovação radical.

Conforme mostra Barbieri (2009), esse funil da inovação que foi apresentado na figura III-26 pode ser visto de outra forma, em que as ideias não aproveitadas também saem do funil, mas por uma outra abertura. No lado direito da figura III-26 podemos observar que algumas ideias pode-

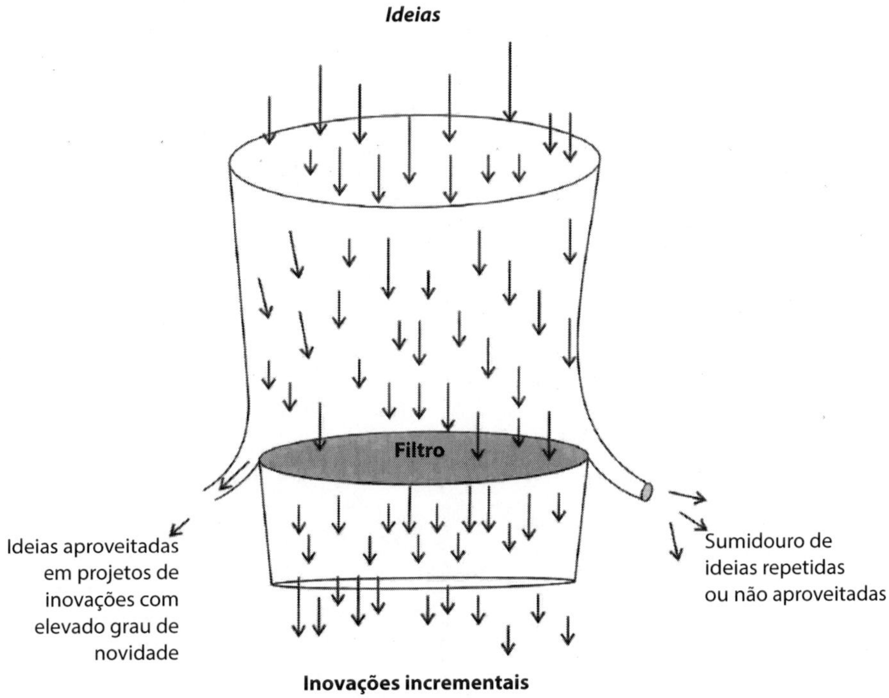

Figura III-26 ■ Modelo de inovação baseado em sistemas de sugestões participativas. **Fonte**: Barbieri, 2009. p. 107.

rão retornar em outros momentos e passarão por novas avaliações. Entre muitas ideias geradas, algumas podem ser especiais em termos de novidade para o negócio da organização e tratadas como inovações radicais. Essas ideias especiais sairão pelo esquerdo da figura III-26. Já as pequenas ideias, após passarem pelo filtro, sairão pela a abertura da parte inferior do funil, como mostrado.

INOVAÇÃO FECHADA

A inovação fechada é um método de inovação em que tudo ocorre dentro da própria organização, as ideias são geradas pelos colaboradores ou pelo departamento de P&D, depois as mais relevantes vão para as fases de projeto, desenvolvimento, protótipo, aplicação, *marketing*, vendas e distribuição.

Conforme mostra a figura III-27, nota-se que o ciclo de inovação fechada se mantém dentro dos limites da organização, desde o processo de ideação (pesquisa) e desenvolvimento até o lançamento no mercado. Ela se configura como uma atuação mais focada em P&D, cuja aplicação da inovação é menor, pois não consegue ampliar seus resultados para as partes interessadas externas (mercado e sociedade).

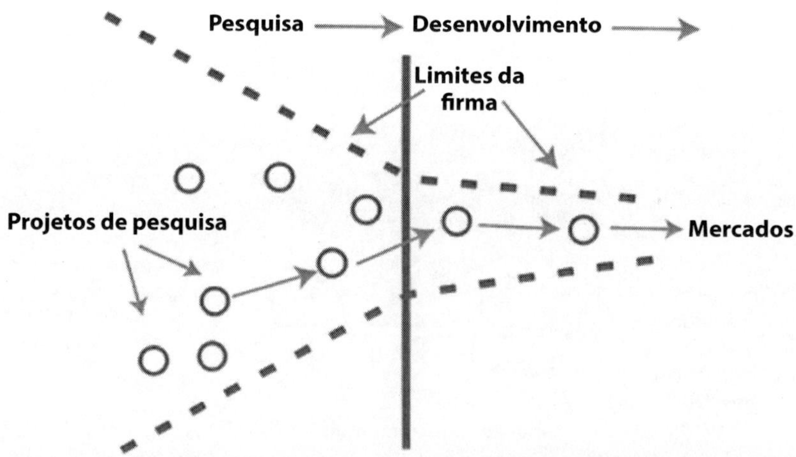

Figura III-27 ▪ Modelo de inovação fechada. **Fonte**: Adaptado de Chesbrough, 2012.

Pode-se destacar como benefícios na inovação fechada:

- Melhor e maior gestão sobre o processo de inovação.
- Ausência de dependência de conhecimento externo, o que também pode ser um fator limitante durante a inovação.
- Possibilidade de exclusividade no processo de inovação, podendo gerar imensa vantagem competitiva aos produtos/serviços.
- Redução da perda de patente com a migração dos projetos para o mercado.

INOVAÇÃO ABERTA

Conforme Scherer e Carlomagno (2016), a necessidade de inovação para a organização sobreviver extrapolou os limites físicos e geográfico das organizações. Para as diferentes etapas da inovação podem ser encontrados, com o aproveitamento de competências disponíveis em outras organizações, consultorias, institutos de pesquisa, centro de estudos acadêmicos, clientes etc.

Os autores acima definem alguns fatores estruturais de estímulo à inovação aberta, como:

- Globalização.
- Disponibilidade de conhecimento/mobilidade.
- Avanços tecnológicos.
- Limitações de P&D (Projetos e Desenvolvimento).
- Crescimento dos fundos de capital de risco e investimento em participações, que resulta na oportunidade para a criação de novas empresas e investimento em novas tecnologias.
- Surgimento de *Innovation Brokers* que comercializa ideias, patentes e tecnologias entre organizações interessadas.

A inovação aberta gera uma nova mentalidade de gestão de inovação, que coloca o modelo tradicional em uma encruzilhada. De um lado temos a ideia de investir em pesquisa e desenvolvimento garantindo vantagens de patentes, do outro, temos o fato de que esse tipo de abordagem se mostra com limitações à melhoria da produtividade e à estabilidade das organizações.

Segundo Scherer e Carlomagno (2016), nos últimos anos consolidou-se o conceito de Inovação Aberta propagado pelo Prof. H. Chesbrough, nele a organização não deve se limitar a buscar a inovação somente com seus recursos internos.

Existem muitos casos de organizações que inovam a partir de tecnologias e ideias provenientes de terceiros. Elas podem usar conhecimento, tecnologias e relacionamento com terceiros nas diferentes fases da cadeia, podendo contar com seus clientes e canais de distribuição para aprimorar uma ideia gerada internamente. Dessa forma, conceito de inovação aberta atua transversalmente em todas as etapas da cadeia de valor da inovação.

A organização pode utilizar de fontes internas e externas à organização para criação, desenvolvimento e implementação de projetos inovadores. Esse processo possibilita que seja possível licenciar tecnologias desenvolvidas para serem usadas por outras organizações ou ainda permite que se adquira tecnologia e conhecimento de terceiros para utilização interna (Figura III-28).

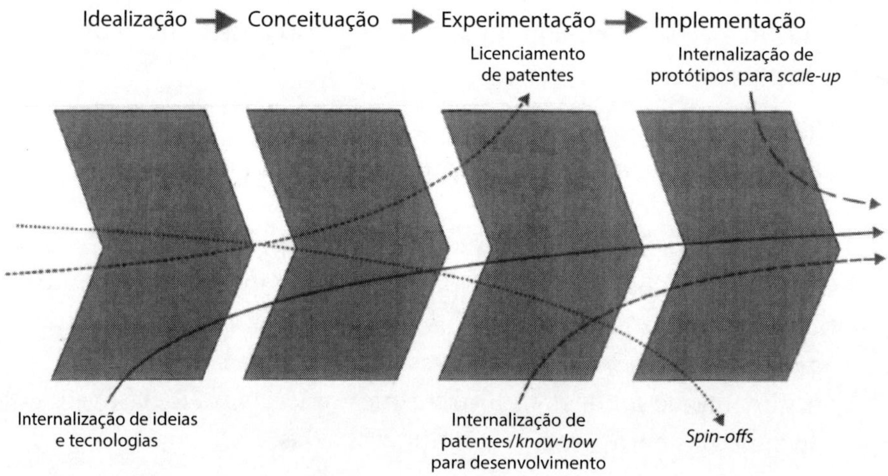

Figura III-28 ■ Inovação aberta nas diferentes fases da cadeia da inovação. **Fonte**: Scherer e Carlomagno, 2016, p. 70.

No quadro III-7, podem-se observar as diferenças entre o modelo de Inovação Aberta e o de Inovação Fechada (Scherer e Carlomagno, 2016).

Quadro III-7 ■ Comparação entre o modelo de inovação fechada e o de inovação aberta. **Fonte**: Scherer e Carlomagno, 2016. p. 70.

	Modelo fechado	*Open innovation*
Equipe de P&D	– Pessoas talentosas trabalham para gente	– Devemos trabalhar com pessoas talentosas de dentro e de fora da empresa
Onde fazer P&D	– Para ter lucro com P&D, devemos manter internamente o descobrimento, desenvolvimento e comercialização	– P&D externo pode gerar um significativo valor e o P&D interno é necessário para garantir a realização desse valor
Origem das tecnologias	– Se nós originamos uma tecnologia, vamos levar a tecnologia ao mercado primeiro	– Não temos que originar a pesquisa para obter lucro com ela
Pioneirismo	– Uma companhia que lança uma inovação no mercado primeiro, irá vencer	– Construir um melhor modelo de negócio é mais importante do que simplesmente ser o primeiro a entrar no mercado
Quantidade/ Qualidade	– Se criarmos a maioria e as melhores ideias no mercado, vamos vencer	– Se fizermos um uso mais eficiente das ideias internas e externas, vamos vencer
Propriedade intelectual	– Nós deveríamos controlar nossas patentes, para que nossos concorrentes não possam se aproveitar de nossas ideias	– Nós deveriamos aproveitar do uso de nossas patentes por terceiros e licenciar tecnologias desenvolvidas por outros, sempre que ela vier a contribuir para o nosso crescimento

O quadro III-8 traz algumas fontes de Inovação Aberta. As fontes mais adequadas para a organização dependem de seus objetivos e de sua cultura de relacionamento com os envolvidos e do seu nível de maturidade.

Quadro III-8 ■ Fontes para o modelo de inovação aberta. **Fonte**: Scherer e Carlomagno, 2016, p. 71.

Fontes	Descrição
Clientes	Os clientes são naturalmente consultados pelas empresas. A diferença está em envolvê-los em projetos para geração, qualificação e implementação de inovações
Parceiros (concorrentes e empresas de outros setores)	Os parceiros são importantes, pois aportam conhecimento técnico especializado e dividem o risco das inovações. A Whirpool está desenvolvendo com a Sadia novos produtos para serem utilizados em micro-ondas
Fornecedores	Fornecedores também podem servir de importante fonte de inovações para a empresa. A Natura se relaciona com comunidades indígenas brasileiras para gerar a matéria-prima que viabiliza determinados produtos inovadores
Universidades	O meio acadêmico, por intermédio de suas universidades e pesquisadores, é outra fonte de inovação para determinadas empresas
Institutos de pesquisa e incubadoras	Os institutos de pesquisa e incubadoras de negócios também constituem fontes de inovação para determinadas fases da cadeia de valor, especialmente desenvolvimento
Startups	Empresas recém-criadas são oportunidades de aquisição de novas tecnologias para inovações. A Cisco, empresa de tecnologia americana, é reconhecida por sua capacidade de identificar e incorporar pequenas novas empresas

INOVAÇÃO NO CONTEXTO DA GESTÃO PÚBLICA

No setor privado as inovações ocorrem porque a maioria das organizações está inserida dentro de um mercado competitivo. Já no setor público, por alguns serviços serem exclusivos (como a emissão de documentos, o controle de trânsito, a fiscalização ambiental etc.), o fator de comparação está relacionado a si mesmo, ou seja, aplica-se a inovação para estabelecer um padrão superior às práticas anteriormente existentes, produzindo assim melhor resultado (Scherer e Carlomagno, 2016).

Quando os mesmos serviços públicos também são realizados pela iniciativa privada, como nos casos de serviços de saúde, educação e segurança, o cidadão usuário e os servidores que realizam esses serviços podem fazer uma comparação e implementar inovações para a melhoria desses serviços.

Dessa forma, os interessados nas inovações no setor público acabam sendo a sociedade e os servidores das instituições. Quando a inovação é voltada para o cidadão, esse tem melhor percepção do trabalho realizado pelo servidor público.

Conforme Scherer e Carlomagno (2016), o que ocorre com muita frequência no setor público é a combinação de adequações e inovações. As adequações são feitas com base em inovações já adotadas, ou seja, são trazidas para a organização pública tecnologias ou serviços que já foram implementados em outros locais, ocorrendo apenas a replicação delas. Busca-se uma boa experiência de outro local, podendo ser até de outro país, e aplica-se localmente. Para o público usuário ela pode trazer benefícios, cumprindo assim o objetivo da inovação.

Existem as inovações que são criadas, desenvolvidas e implementadas pelo próprio agente público, no entanto, ainda são mais raras, pois muitas delas demandam longo tempo e excedem o mandato daquele executivo, fazendo assim com que as inovações do tipo adequações sejam muito mais frequentes dentro das organizações públicas, uma vez que podem ser implementadas dentro de um mandato e geralmente apresentam menores riscos na sua implantação e para a imagem do gestor público.

Segundo Scherer e Carlomagno (2016), existem muitos entraves para a inovação no setor público. Essas barreiras podem ser de ordem legal, administrativa, cultural e política, entre elas podemos citar:

- Falta de apoio das lideranças políticas e técnicas.
- Falta de incentivos para os funcionários.
- Resistência dos funcionários.
- Aceitação do incerto pelos usuários dos seus serviços, por terem baixa predisposição em aceitar mudanças ou novidades que demandem o desenvolvimento de novas habilidades.
- Exigências regulamentares que apresentam excesso de burocracia, tornando o processo de inovação muito lento e restringindo a possibilidade de execução de projetos com maior grau de incerteza.
- Falta de recursos humanos ou financeiros.
- Cultura de aversão ao risco.
- A busca de retorno em curto prazo para os gestores que buscam angariar prestígio político proveniente dos resultados das inovações.

As oito dimensões da gestão da inovação no setor público

Conforme Scherer e Carlomagno (2016), a *Innoscience* Consultoria em Gestão da Inovação desenvolveu um método de gestão da inovação específica para o setor público.

Esse método pode ser ilustrado por meio do octógono da inovação pública, como mostra na figura III-29, e será detalhado mais adiante, nele oito fatores são fundamentais para que seja possível trabalhar a inovação no setor público.

Figura III-29 ■ Octágono da inovação no setor público. **Fonte**: Scherer e Carlomagno, 2016, p. 110.

Lideranças política e técnica

A atividade requer suporte *top-down* para que a mudança ocorra. A liderança política tem que garantir o suporte para que as lideranças dos diferentes níveis do setor público possam colocar em prática a estratégia definida. É fundamental que essas lideranças consigam o engajamento de todos os envolvidos no processo de inovação.

Diretrizes e estratégias

Definir uma estratégia é fazer escolhas, não se deve deixar a inovação sem um direcionamento, é preciso definir prioridades, definir orçamentos para suportar as iniciativas da inovação.

Governança

Por meio de estratégia é definida a arquitetura organizacional que vai contribuir para a inovação no setor público, essa estratégia pode ser:

P&D orientado – normalmente os especialistas desenvolvem as ideias para a aplicação da inovação.

Participativa – funcionários contribuem para a solução de problemas, ocorre o envolvimento dos funcionários desde a geração de ideias até a execução da inovação.

Rede de inovação – tanto os *stakeholders* externos à organização, como os usuários, quanto outros agentes públicos e cidadãos em geral são envolvidos, tratando-se então de uma inovação aberta.

Projetos – utiliza-se de times de funcionários que, em caráter temporário, trabalham para um determinado projeto de inovação.

Gestão do conhecimento

A base para a inovação é o conhecimento, que precisa ser gerenciado de forma adequada para garantir que a inovação aconteça.

Cultura de inovação

Estabelecer um ambiente de trabalho desafiador que estimule os colaboradores a exercerem sua criatividade, estabelecendo incentivos, sensibilizando e capacitando os funcionários, definindo metas desafiadoras individuais e coletivas.

Processo de inovação

Inicia-se na busca de *insights* e vai até a difusão das inovações desenvolvidas. Tem-se nesse caso cinco etapas:

Geração de *insights* – quando ocorre a visualização e compreensão dos problemas e propõem-se ideias para a solução.

Idealização – tem como ponto de partida os *insights*, e com o uso de ferramentas leva à visualização das novas ideias que apresentam potencialidade.

Seleção – classifica, prioriza e estrutura as principais oportunidades e busca recursos para o desenvolvimento do projeto de inovação priorizado.

Experimentação – etapa da preparação para a implementação.

Difusão – é a etapa de divulgação da inovação e dos seus benefícios para as partes interessadas.

Conexão com os stakeholders

Na inovação no setor público existe a necessidade de se incorporar a visão da cocriação e a inovação aberta, para isso devem-se determinar os colaboradores que irão apoiar e participar das fases de implantação da inovação e é importante a participação dos usuários dos serviços e de instituições externas que possam contribuir para o sucesso da inovação.

Métricas e ferramentas

O uso de indicadores com metas estabelecidas garante a continuidade e a melhoria das inovações implementadas.

Pode-se dividir os indicadores em algumas categorias como:

Indicadores de contexto – podem estar relacionados com investimentos em inovação, envolvimento das pessoas e lideranças, monitorando assim se há um ambiente favorável à inovação.

Indicadores de processo – monitora a eficiência das várias etapas do processo de inovação.

Indicadores da estratégia – monitora as estratégias e o desenvolvimento das inovações.

Indicadores de resultados – monitora os ganhos de produtividade, satisfação dos cidadãos, colaboradores e outros efeitos socioeconômicos decorrentes das atividades.

OBJETIVOS E RESULTADOS-CHAVE (OKR)

Andrew S. Grove (1997), em seu famoso livro Administração de Alta Performance, contribuiu para que muitas empresas se tornassem inovadoras no mundo, como exemplos: Google, Twitter, Linkedin, Dropbox, GoPro, Endeavor, entre outras que adotaram o OKR. OKR – Objetivos e

Resultados-Chave (em inglês, *Objectives and Key Results*) é um modelo de gestão ágil com desempenho focado em indicadores e resultados para criar uma cultura de execução e inovação.

Os objetivos devem ser qualitativos, curtos, inspiradores e envolventes o suficiente para motivar os times na busca dos resultados dentro de um prazo de conclusão. Esses objetivos devem trabalhar com cadências e com medidas anuais e trimestrais. No processo de definição dos objetivos, existem alguns pontos de atenção e dicas que, se respeitados, permitem melhor desenvolvimento das metas, de acordo com o modelo de gestão OKR, são eles:

- Definir objetivos claros, de fácil memorização e sucintos. A leitura deve ser rápida, garantindo ao leitor que grave facilmente.
- Os objetivos podem e devem ser flexíveis a fim de se adequarem à cultura da organização e aos seus colaboradores.

Já os Resultados-Chave são direcionados por métricas que podem ser mensurados em uma escala de 0-100% ou em unidades numéricas. Os resultados-chave são alvos que se alcançados terão concluído o objetivo definido e para isso devem ser apoiados por planos de ação.

Ao se definir as KR's (Resultados-Chave), devem ser levados em conta dois pontos de atenção:

- Um objetivo bem estruturado tem de 3 a 5 KR's, mais do que isso podem atrapalhar o foco e o progresso.
- Cada KR deve ser desafiador para alcançá-lo se sua realização for algo sem riscos e garantindo que o modelo de gestão não está cumprindo seu papel de evoluir o desempenho da organização.

É de extrema importância garantir que os OKRs sejam *Specific, Measurable, Ambitious, Realistic and Time-based (SMART)*, ou seja, devem ser Específicos, Mensuráveis, Ambiciosos, Realistas e Temporais.

Além disso, a análise dos resultados-chave deve ser qualitativa e quantitativa, para que não sejam pressionadas demais por resultados e percam sua qualidade no caminho. Ou seja, o número de atividades realizadas deve ser comparado ao nível de qualidade de cada uma, e o intuito não deve ser apenas o cumprimento, mas a excelência na realização de cada tarefa.

Para cada OKR estratégico (objetivos estratégicos da organização) é preciso definir os OKRs táticos (objetivos específicos de cada time) que suportarão o alcance do primeiro. O modelo de definição dos OKRs é demonstrado na figura III-30.

Figura III-30 ■ Ciclo do modelo OKR. **Fonte**: Souza, 2018, p. 28.

CONTEXTUALIZAÇÃO POR MEIO DE UM CASE

The Seoul Innovation Bureau and its Sharing City initiative

Em 2013, o *Mayor Park* de Seul cumpriu sua intenção de transformar Seul em uma cidade de inovação ao criar o *Seul Innovation Bureau*, o primeiro desse tipo na Ásia. Incentiva a participação do cidadão buscando ideias e *insights* que muitas vezes adota como políticas da cidade. A iniciativa *Sharing City* é um exemplo disso: os cidadãos são incentivados a compartilhar recursos como acomodação, livros, vagas de estacionamento e até roupas com seus concidadãos.

Iniciativa

O rápido progresso das tecnologias *on-line* e móveis "tornaram mais fácil para a cidade se envolver com cidadãos e empresas e criar as plataformas para que os recursos sejam compartilhados". O prefeito de Seul, Park Won-Soon, "está progredindo com os planos de transformar Seul em uma cidade de compartilhamento liderada pela inovação, envolvendo os cidadãos no redesenho radical dos serviços públicos".

Em 2013, ele iniciou a criação do *Seoul Innovation Bureau* (o *Bureau*), que é a primeira estrutura de governo em âmbito de cidade na Ásia, para tornar Seul uma cidade de inovação. Os objetivos da repartição são "revolucionar o processo de formulação de políticas e o governo da cidade está embarcando em um amplo engajamento cívico para ajudar a identificar e resolver desafios" e usar a inovação social para melhorar a vida dos cidadãos.

Desafio

A Coreia do Sul é conhecida por sua rápida inovação tecnológica nos últimos 30 anos. Em sua pesquisa sobre governo eletrônico mais recentemente publicada, a ONU disse que: "a República da Coreia manteve o primeiro lugar em 2014 com sua liderança contínua e foco na inovação do governo eletrônico". Nesse contexto, também se espera que a capital sul-coreana, Seul, faça da inovação uma prioridade.

Impacto público

A repartição procura causar impacto de duas maneiras principais: incentivando a participação do cidadão e mudando a cultura do governo. O *Bureau* "envolve os moradores em muitos aspectos da tomada de decisões, por exemplo, nas decisões orçamentárias, em que 250 moradores foram selecionados aleatoriamente para decidir como a parcela GBP 16 milhões do orçamento da cidade estabelecido em GBP 600 milhões deveriam ser gastos". Ela desenvolveu um portal *on-line* para incentivar os cidadãos a contribuir com ideias, conhecimentos e *insights* (ver Engajamento das partes interessadas, abaixo, para exemplos de transporte público).

A repartição também "trabalha com departamentos de toda a Prefeitura para apoiá-los na realização de oficinas de escuta com cidadãos e formuladores de políticas para discutir tópicos específicos. Mais de 6.000 deles foram realizados – permitindo que o governo ouvisse mais de 600.000 cidadãos".

Engajamento das partes interessadas

As principais partes interessadas internas do *Bureau* são o prefeito Park e sua equipe da prefeitura de Seul, que estão usando seus serviços para modificar a cultura da administração e se envolver com os cidadãos.

As principais partes interessadas externas são os cidadãos de Seul, que são vistos como os principais impulsionadores da inovação do governo por meio de sua participação, como a sugestão de novas ideias. Para pegar temos três exemplos no transporte público:

"Um dos exemplos mais proeminentes de mudança liderada pelos cidadãos é o ônibus noturno de Seul. A ideia partiu de um cidadão no Twitter e reuniu o apoio de muitos outros. A cidade usou dados dos telefones das pessoas para definir rotas de ônibus noturnos, analisando os locais de 3 bilhões de ligações telefônicas. Os ônibus agora circulam em oito rotas entre meia-noite e 5h".

A introdução de um cartão de viagem com atualização automática.

"Um crachá de 'Mulheres Grávidas Primeiro', sugerido em resposta a mulheres grávidas, sendo negados assentos no transporte público, levando a Prefeitura a distribuí-los para mulheres grávidas usarem quando viajam pela cidade".

Na iniciativa *Sharing City*, os cidadãos são incentivados a compartilhar recursos entre si, sejam eles acomodações, livros, roupas adequadas para entrevistas de emprego ou motoristas com contratos de estacionamento de longo prazo que os deixam sair quando não estão em uso.

A repartição envolve o setor privado no desenvolvimento das muitas ideias que recebe. "O fluxo constante de ideias cria mais trabalho para os funcionários públicos e eles estão recorrendo às empresas em busca de ajuda. Alguns projetos estão sendo executados pelo setor privado em vez de departamentos, diz Jun. "Quando um projeto está além do que um departamento pode lidar, surgem várias alternativas e a cooperação com o setor privado, em particular, cria sinergia".

Compromisso político

O *Mayor Park* tem sido muito ativo na criação do *Bureau* e na sua implantação para liderar várias iniciativas, como o portal *on-line* e o *Sharing City*. Ele foi descrito como "um prefeito em uma missão para revolucionar o processo de formulação de políticas". Esse uso de ideias e tecnologias inovadoras está alinhado com a utilização de ferramentas de mídia social na política do dia a dia para ajudar a aumentar o engajamento dos cidadãos.

Confiança pública

Em 2014, o prefeito Park foi reeleito para mais um mandato de três anos, indicando que as reformas com as quais ele estava intimamente associado eram populares entre os cidadãos de Seul.

Um grande número de moradores de Seul esteve envolvido nas iniciativas do *Bureau*, como a *Sharing City*. Mais de 6.000 *workshops* foram realizados, permitindo ao governo ouvir mais de 600.000 cidadãos para discutir temas.

Clareza de objetivos

O princípio motriz do *Bureau* é que os cidadãos são os principais catalisadores e fontes de inovação, seja na identificação de problemas, seja no esclarecimento de questões ou na geração de soluções. Estabelecer Seul como a primeira cidade compartilhada do mundo é uma prioridade fundamental para o prefeito em sua parceria com o *Bureau*.

O outro objetivo principal da repartição é mudar a cultura do governo ao aumentar a adoção de mudanças e melhorias sugeridas pelas agências e departamentos relevantes em toda a prefeitura de Seul.

Força da evidência

O sucesso do compartilhamento não é um conceito novo e as iniciativas da cidade compartilhada não são exclusivas de Seul, pois existem várias "cidades compartilhadas" evoluindo quase simultaneamente nos últimos tempos, como por exemplo Amsterdã. No entanto, deve-se notar que Seul foi uma das primeiras cidades de compartilhamento e é um exemplo "estelar" a que muitas outras iniciativas se referem.

Viabilidade

Os avanços na tecnologia de governo eletrônico na Coreia do Sul e, de forma mais geral, os avanços na tecnologia móvel e de *internet* permitiram a interação *on-line* com os cidadãos.

Em termos de recursos humanos, iniciativas como a cidade compartilhada e as oficinas dependem de uma mentalidade participativa dos próprios cidadãos. Isso parece estar presente em Seul. A repartição também é bem financiada e possui recursos humanos significativos: "é uma unidade de inovação interdepartamental com 58 funcionários e um orçamento anual de £ 5 milhões".

Gerenciamento

O *Bureau* se reporta ao prefeito de Seul, Park Won-Soon, e se beneficia de seu entusiasmo e compromisso. É liderado por Jun Hyo Gwan, diretor-geral do *Bureau*. Quando a enxurrada de novas ideias corre o risco de sobrecarregar os funcionários públicos, a repartição terceiriza o trabalho para o setor privado (ver Engajamento das partes interessadas acima).

Medição

A repartição não possui atualmente uma estratégia de avaliação para registrar os impactos de seus programas individuais, mas registra os níveis de atividades e os resultados. Por exemplo, com *o Sharing City Seoul*, está medindo o aumento do número de empresas e iniciativas de "compartilhamento", além de registrar o número de residentes que participam de eventos e *workshops* e sugerem ideias *on-line e off-line.*

Alinhamento

Existe forte alinhamento entre o prefeito, a prefeitura, os funcionários da secretaria, os cidadãos e o setor privado para que essa iniciativa seja um sucesso.

O diretor-geral do *Bureau* se reporta diretamente ao prefeito Park. O *Bureau* coordena com os cidadãos *on-line e off-line* para buscar ideias e *insights*. Coopera com os servidores públicos da prefeitura para coletar *insights* e implementá-los. Também terceiriza alguns trabalhos para o setor privado quando esse não tem recursos suficientes para implementar um projeto.

Os cidadãos não contribuem apenas com recursos, eles também são vistos como o principal motor da inovação governamental.

CONSIDERAÇÕES FINAIS

Para que a inovação seja efetiva na gestão pública, precisa-se colocar o cidadão-usuário no centro, pois o objetivo final é oferecer a ele mais valor, sendo que esse valor se baseia na percepção da vantagem ou do benefício que ele recebe a cada momento que usa o serviço público. Essa percepção depende do tempo de espera para a realização do serviço por ele solicitado, do esforço, rapidez e conforto para a obtenção desse serviço, além do preço pago. De modo geral, o cidadão-usuário baseia sua percepção de valor na sua experiência como um todo e no seu nível de satisfação com aquele serviço.

Introduzir nas organizações uma cultura para a inovação é um grande desafio na gestão de recursos humanos, pois envolve a liderança das equipes por meio do desenvolvimento do conhecimento, definição de responsabilidades e comprometimento com os resultados. Com isso, é necessário muito treinamento para aprimoração de competências em técnicas e ferramentas usadas para a inovação, bem como as habilidades, relações interpessoais, coordenação e planejamento para a execução dos processos.

A essência para a realização da inovação está no engajamento das pessoas em atingir os objetivos propostos nos projetos de inovação.

REFERÊNCIAS

Barbieri JC, Alvares ACT, Cajazeira JER. Gestão de Ideias para Inovação Contínua. Porto Alegre: Bookman; 2009.

Bezerra C. A máquina de Inovação: Mentes e Organizações na Luta pela Diferenciação. Porto Alegre: Bookman; 2011.

Blank S. Do sonho à realização em 4 passos. Rio de Janeiro: Alta Books; 2021.

CASE. *The Seoul Innovation Bureau and its "Sharing City" initiative*, 2013. Disponível em: https://www.centreforpublicimpact.org. Acessado em 22 abr. de 2022.

Chesbrough H. Inovação Aberta: como criar e lucrar com a tecnologia. Porto Alegre: Bookman; 2012.

Grove AS. Administração de Alta Performance. São Paulo: Futura; 1997.

Leifer R, O'Connor GC, Rice M. A implementação de inovação radical em empresas maduras. RAE-Revista de Administração de Empresas, *[S. l.]*, v. 42, n. 2, p. 17–30, 2002. Disponível em: https://bibliotecadigital.fgv.br/ojs/index.php/rae/article/view/37570. Acessado em 22 abr. de 2022.

Lindegaard S. A Revolução da Inovação Aberta: princípios básicos, obstáculos e habilidades de liderança. São Paulo: Évora; 2011.

Mello FSH. OKRs, da Missão às Métricas: Usando as OKRs para criar uma cultura de execução e inovação na sua empresa. Qulture, Inc; 2018.

Kanaane R, Fiel Filho A, Ferreira MG. Gestão Pública: Planejamento, Processos, Sistemas de Informação e pessoas. São Paulo: Atlas; 2010.

Ribbe F. Texto publicado em mai.2018. Disponível em: https://medium.com/renova--inova/discovery-driven-planning-a05b50da8b54. Acessado em 18 abr. de 2022.

Robinson AG, Schroeder DM. Ideias para revolucionar sua vida. São Paulo: Gente; 2005.

Scherer FO. Carlomagno MS. Gestão da Inovação na Prática: como aplicar conceitos e ferramentas para alavancar a inovação. 2ª ed. São Paulo: Atlas; 2016.

Schuh G, Anderl R, Dumitresch R, Krüger A, Hompel TM. Using the Industrie 4.0 Maturity Index in Industry. Current challenges, case studies and trends. Acatech Cooperation; 2020.

Souza MHA. Um estudo de caso para avaliar a eficiência de OKR (Objectives and Key Results) em uma empresa júnior. 2018. 63 f. Monografia (Graduação em Engenharia da Computação). Centro de Informática, Universidade Federal de Pernambuco, Recife; 2018.

Trott P. Gestão da Inovação e desenvolvimento de novos produtos. 4ª ed. Porto Alegre: Bookman; 2012.

Parte IV

LIDERANÇA E MUDANÇA CULTURAL PARA INOVAÇÃO DA GESTÃO PÚBLICA

CAPÍTULO 8

Mudanças Organizacionais para Inovação na Gestão Pública

Maria das Graças Ferreira
Eliete Brito Santos

Durante o processo de mudança, uma das ferramentas mais poderosas é uma mente aberta.

John P. Herzog

Se faltam máquinas, você pode comprá-las.
Se não há dinheiro você toma emprestado.
Mas homens você não pode comprar e nem pedir emprestado,
E homens motivados por uma ideia são a base de seu êxito

Eggon João da Silva (Fundador da WEG)

INTRODUÇÃO

Entende-se que, para que aconteça a mudança organizacional, é necessária a participação ativa de gestores e servidores, em um processo planejado de gestão colaborativa, e que um dos aspectos fundamentais para que aconteça a transformação é conhecer os fatores que estão na base da cultura organizacional vigente. Propõem-se a criação de uma estratégia de mudança cultural robusta que seja assimilada pelos servidores e se transforme em estratégia da organização, desvinculada da mudança de gestão. Para que isso aconteça, é necessária uma análise aprofundada da cultura organizacional, para entender todos prós e contra das propostas de modernização do serviço público no Brasil.

É importante destacar que qualquer processo de mudança para obter resultado deve levar em conta três variáveis que dizem respeito a pessoas, processos e infraestrutura. A variável pessoas será exaustivamente explorada no capítulo 9 por meio de metodologias contemporâneas aplicáveis tanto em organizações públicas como privadas, com o objetivo de fortalecer por meio de processos que definem o perfil do gestor e o coloca em programas de educação continuada, para desenvolver competências que objetivam preparar esse gestor para atuar na organização pública do século XXI.

O Brasil, entre 1967 e 2005, para modernizar a gestão passou por três grandes reformas administrativas. A primeira delas foi oficializada em 1967, pelo Decreto-Lei nº 200; a segunda ocorreu 28 anos depois, entre os anos de 1995 e 2002, coordenada por Luiz Carlos Bresser Pereira e sob o governo de Fernando Henrique Cardoso; e a terceira reforma foi aprovada em 2005, pelo Decreto-Lei nº 5.378, no governo de Luiz Inácio Lula da Silva, que criou o Programa Nacional de Gestão Pública, denominado GESPÚBLICA.

Diferentemente da reforma administrativa de 1967, cujo enfoque foi legalizar diretrizes institucionais, a reforma de 1995 adquiriu caráter gerencial e pretendia lançar subsídios para tornar a administração pública eficiente. Concretamente, legitimou os serviços sociais, que estavam embasados na transição democrática de 1985, que transformou o regime político oligárquico-liberal brasileiro em um regime democrático social.

Embora as duas reformas tenham proporcionado a possibilidade de empreendimento de mudanças, as organizações não conseguiram se libertar da influência das estruturas históricas de sua formação, inviabilizando a constituição de uma administração pública eficiente.

Já com o GESPÚBLICA, o governo federal e as empresas estaduais de economia mista obtiveram, a partir de 2006, um grande avanço, substituindo o modelo burocrático pelo modelo de excelência da gestão (modelo da Fundação Nacional da Qualidade – FNQ), adaptado para o serviço público. Os fundamentos e os critérios de excelência aplicados contribuíram para a modernização da gestão de pessoas, redução do tamanho e do custo dos processos. A implantação de práticas como planejamento estratégico subsidiado pelo resultado das pesquisas de clima organizacional e satisfação das partes interessadas, práticas de desenvolvimento de fornecedores, além de práticas de qualidade de vida para o servidor, contribuíram significativamente para a melhoria das imagens interna e externa de tais organizações.

Percebe-se que muitos esforços vêm sendo empreendidos em organizações públicas, tendo como referência práticas de gestão exitosas já testadas nas organizações privadas. A adaptação dos processos físicos para os processos virtuais em função de todas as mudanças provocadas pela Covid-19 é um exemplo de que é possível empreender mudanças organizacionais significativas em organizações públicas de forma muito mais rápida do que ocorria no século XX.

CULTURA ORGANIZACIONAL

Reconhecendo os valores e as crenças de sua organização

Para conhecer e entender os valores e as crenças de uma organização antes precisa-se conhecer/analisar a sociedade onde ela está inserida, uma vez que a cultura de uma dada sociedade é transposta para o interior das organizações por meio das pessoas que formam o quadro de empregados pertencentes a essa sociedade. Valores crenças, costumes rituais, somados a normas, símbolos, procedimentos, padrões de trabalho, missão, visão e valores resultam na cultura organizacional. Importante destacar que o alicerce desses valores é formado/sedimentado pelos valores universais, como honestidade, compaixão, solidariedade, entre outros.

A reflexão sobre os conceitos relacionados à cultura passa necessariamente pela explicitação de suas delimitações teóricas:

> "A cultura é um complexo coletivo feito de representações mentais que ligam o imaterial e o material, a infraestrutura e as superestruturas. Um movimento dialético inevitável entre o que chamamos de material, ou seja, as estruturas econômicas, técnicas, as estruturas sociais, as leis e normas, as vivências concretas, e o que denominamos imaterial, no qual se encontram a vida simbólica e suas representações, ideologias, ideias. Esse mundo imaterial, onde estão o conjunto de valores, crenças e símbolos que influenciam o comportamento do indivíduo diante de sua família, seu trabalho, sua organização, é gerado, alimentado e sustentado por elementos

> materiais. É evidente que as representações e a simbologia de nosso cotidiano são suportados e só existem à medida que nascem de um fato das estruturas sociais, das experiências vividas, do mundo material" (Aktouf, 1993, p. 51).

Toda essa complexidade descrita por Aktouf (1993) é potencializada no interior das organizações, pela burocracia, que ainda é o modelo de gestão presente na maioria das organizações públicas brasileiras e constitui-se em um dos maiores entraves para a inovação. Esses entraves estão relacionados a uma série de variáveis como: despreparo dos gestores, infraestrutura composta por equipamentos obsoletos e forte resistência às mudanças por parte de uma parcela de servidores, conforme descrito no capítulo 1.

Considerando que as organizações representam parte da cultura da sociedade na qual estão inseridas, no Brasil elas refletem as normas burocráticas e as leis que definem parâmetros para o modo de pensar, sentir e agir dos servidores.

Cada um de nós como indivíduos, trazemos a presença da sociedade da qual fazemos parte. A sociedade está presente em nós por meio da linguagem, da cultura, de suas regras e normas. A sociedade e a cultura estão presentes enquanto "todo" no conhecimento e nos espíritos cognoscitivos (Morin, 2000, p. 34).

Dessa forma, entende-se que as representações e os comportamentos motivados por valores e crenças existentes em uma sociedade são valorizados na cultura das organizações que fazem parte dessa sociedade, além de reforçados e formados pelas estruturas e inter-relações sociais, e tudo o mais que existe de concreto no ambiente organizacional.

Para Morgan (1996), a cultura organizacional pode ser vista de duas formas: "considerando cultura algo que a organização é e, como uma variável, cultura algo que a organização tem".

Toda organização, sustenta Matias Pereira (2008), recebe influência do contexto cultural em que se insere. Nesse sentido, argumenta que as características existentes na cultura de organizações públicas, que em geral possuem burocracias centralizadoras e estruturas rígidas, tendem a se refletir na forma de atuar e de se comportar de seus servidores.

Portanto, são esses elementos, somados às normas impostas pela burocracia e pelos ordenamentos do direito administrativo, que vão formar no interior das organizações a identidade do servidor público.

Dessa identidade também fazem parte os desdobramentos subjetivos do estereótipo que o brasileiro associa ao funcionário público, como desmotivado, acomodado, inflexível, corrupto, entre outros.

Qualquer processo de mudança a ser desenvolvido nesse ambiente precisa levar em conta os elementos que compõem essa cultura, não esquecendo de empreender esforços para divulgação, disseminação dessa cultura, para todos os integrantes da organização.

Para garantir que a cultura organizacional seja disseminada por toda a instituição, é importante que haja um esforço de entendimento mútuo, garantindo uma estrutura consistente e mantendo o ritmo de produtividade da organização. Além disso, é interessante que haja diversidade entre a equipe e que funcione de maneira integrada. Dessa forma, ela estará pronta para gerir as mudanças que forem necessárias (FNQ 2016).

A realização e a análise de uma pesquisa de clima, e de cultura organizacional, uma pesquisa de satisfação da sociedade e a identificação da expectativa das principais partes interessadas têm sido uma estratégia efetiva para subsidiar a elaboração do projeto de mudança ou transformação organizacional, sendo também elementares para subsidiar a formulação do planejamento estratégico.

Aspectos relacionados a valores individuais, relacionais, organizacionais e sociais precisam ser explicitados, discutidos com as pessoas envolvidas para que o projeto de mudança, seja compreendido e tenha bases sólidas, capazes de resistir à descontinuidade arraigada na cultura das organizações públicas. O uso de técnicas como dinâmicas de grupo tem se constituído em ferramenta eficaz na condução desta parte do projeto.

Ao longo dos capítulos deste livro, ficaram mais que evidentes que os fatores comportamentais, as mudanças de atitudes e *mindset* para inovação são o que farão com que a mudança de fato ocorra. A cultura organizacional surge como elemento-chave de qualquer mudança, porque interfere diretamente no modo de pensar, sentir e agir das pessoas. É algo intangível, não palpável, porém perceptível e mensurável.

Fazendo um paralelo desse mundo em constante mudanças: O que demoraria mais: criar uma regra ou mudar alguma coisa? Por que empresas que se mantiveram por tanto tempo no mercado sucumbiram como a Kodak, Polaroid, Toshiba. Seria a gestão pública muito parecida com aquele pai ou aquela mãe que não permite que seus filhos subam em árvores? O quanto os servidores estão prontos para serem protagonistas de grandes transformações culturais em seus setores, mesmo não havendo concorrência direta? Mas, levando em consideração que o cidadão é portador de alguma tomada de decisão, talvez faça sentido gerar transformações que impactem positivamente na sociedade. São organizações públicas que possuem uma cultura forte e clareza de seu propósito de servir ao cidadão *performam* muito melhor.

E você, sabe quais são os elementos que fazem parte da cultura da organização onde você trabalha?

Pode-se afirmar que é possível, a partir do mapeamento da cultura atual com seus aspectos favoráveis e desfavoráveis, funcionais ou disfuncionais, traçar uma cultura futura e desejável, lembrando que o alinhamento com as diretrizes e estratégias da organização é fator crítico para o sucesso do projeto.

Outro fator crítico é o preparo, as competências essenciais dos gestores, ainda pouco valorizadas no setor público, especialmente na administração direta. Tais competências serão detalhadas no capítulo 9. E são esses gestores, líderes, os condutores da transformação cultural que se deseja.

Segundo Edgar Schein (2022), autor do modelo de cultura organizacional, a teoria se divide em três níveis de conhecimento, conforme a figura IV-1.

Já para Barret (2017), "A organização dirigida por valores" apresenta o pensamento da cultura em sete níveis de consciência, cujo pano de fundo se baseia na ideia de que os valores são reflexos de nossas necessidades, direcionadores de tomadas de decisão, sendo, portanto, os valores os condutores energéticos de nossas aspirações e intenções. O *site* disponibiliza um teste baseado nos conceitos de Barret: inspirado na hierarquia de necessidades de Abraham Maslow, em que esses níveis vão desde a sobrevivência básica de um lado, até ao serviço e preocupação com as gerações futuras do outro. Na imagem "Modelo de sete níveis da consciência de Richard Barrett e os estilos de liderança" predominantes em cada nível para apoiar o servidor na identificação do nível em que sua organização está. Importante ressaltar que a partir do quarto nível não existe a presença de aspectos desfavoráveis, indicando maior nível de maturidade a partir do nível da transformação em diante (Figura IV-2).

Segundo pesquisa BVC – *Cultural Values Assessment,* aplicado em 183 empresas localizadas no Brasil, 2012-2019, os aspectos desfavoráveis mais comuns relacionados à cultura nas organizações brasileiras são: burocra-

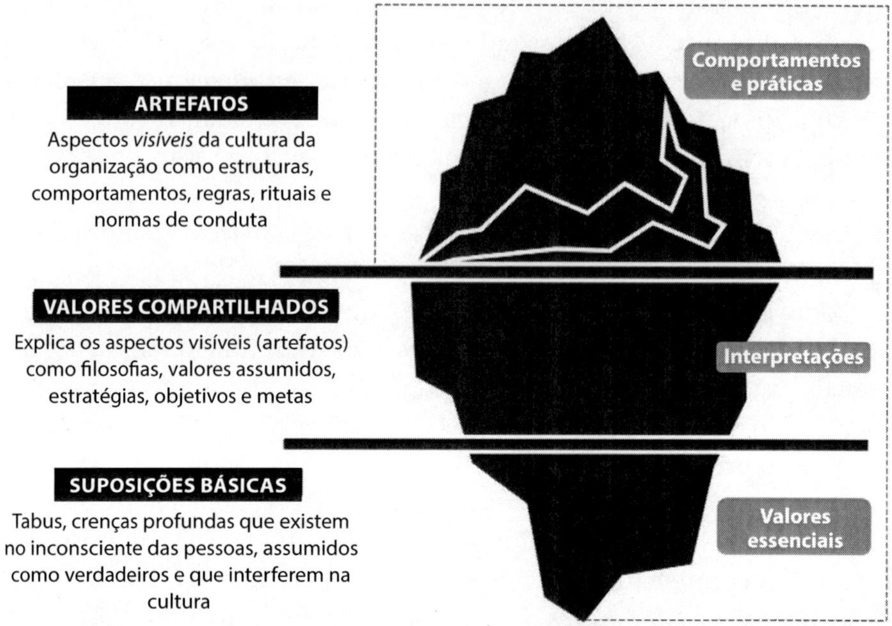

Figura IV-1 ■ Os três níveis da cultura organizacional. **Fonte**: Modelo Schein, adaptado autor.

Figura IV-2 ■ Modelo de sete níveis da consciência de liderança. **Fonte**: Barrett, 2019.

cia, custo alto, foco no curto prazo, controle, hierarquia, silos e feudos, competição interna, cautela, poder, esconder informação.

Tais fatores são extremamente desfavoráveis para uma cultura com foco na inovação, crescimento e desenvolvimento.

E você sabe como anda a cultura de sua organização? Saberia dizer quais são os aspectos favoráveis que devem ser potencializados e os desfavoráveis que devem ser eliminados ou minimizados?

O entendimento da missão da organização do seu papel social e o senso de reponsabilidade, que é um valor individual, são primordiais para que cada pessoa, na dinâmica das organizações, assuma essa missão como sua. Isso fará toda a diferença na implementação de um processo de mudança. A missão da organização deve fazer parte do DNA do servidor.

Os desafios para transformar a cultura em organizações públicas

Para Araújo (1982), modernização é o processo pelo qual a sociedade incorpora novas formas organizacionais e tecnológicas, físicas e sociais que permitem atingir de forma mais adequada novos objetivos. O autor cita que mudança organizacional é qualquer alteração significativa, articulada, planejada e operacionalizada por pessoal interno ou externo à organização que tenha o apoio e a supervisão da administração superior e atinja integralmente os componentes de cunhos comportamental, tecnológico e estratégico.

Para Morgan (2005), a cultura organizacional pode ser vista de duas formas: "considerando cultura algo que a organização é e, como uma variável, considerando cultura algo que a organização tem".

Na administração pública, a mudança organizacional é comumente chamada de modernização administrativa e implica qualquer alteração significativa, articulada, planejada e operacionalizada por servidores ou consultorias, que garantam a participação da administração superior e atinja, integralmente, os componentes comportamental, tecnológico e estratégicos definidos no planejamento da mudança. Dada a complexidade desse processo, o mesmo não pode se limitar a um mandato, daí a necessidade de se estabelecer bases para que o projeto não se interrompa depois de quatro anos e seja assimilado, comprado pelos servidores de carreira.

No Brasil, especificamente no âmbito federal, embora tenha havido sem êxito algumas tentativas de modernização, a mais conhecida foi a

Reforma do Estado e Administração Pública Gerencial de 1995, comandada por Luiz Carlos Bresser Pereira, ministro do governo de Fernando Henrique Cardoso. "O objetivo dessa reforma era substituir a administração burocrática pela administração gerencial, o que até hoje não aconteceu em sua totalidade. O que ficou de positivo dessa reforma foi o entendimento por parte dos servidores de que experiências exitosas do mercado privado podem, desde que adaptadas, contribuir para a mudança/melhoria do serviço público" (Bresser Pereira, 2003).

Houve nessa época uma evolução da Escola Nacional de Administração Pública, que foi buscar na Inglaterra e Estados Unidos programas de capacitação e desenvolvimento que, adaptados a nossa realidade, contribuíram em muito para o desenvolvimento dos servidores públicos. Conceitos como Planejamento Estratégico, metas, análise de ambiente, partes interessadas começaram a chegar nas organizações públicas, embora com certa lentidão, mas chegaram para ficar.

A criação do Poupatempo por exemplo, implantado no Estado de São Paulo no final do século XX, e que oferece em um mesmo local mais de 400 serviços, constitui-se em uma mudança organizacional que significa uma revolução na prestação de serviço à população, considerando o tempo de atendimento e a emissão de documentos, impactando diretamente na melhoria da imagem da organização pública.

Já no século XXI, com o advento da pandemia, da Covid-19, a grande mudança está relacionada aos serviços prestados de forma virtual. A necessidade de dar continuidade ao atendimento ao cidadão obrigou as organizações a se adequarem ao trabalho a distância e ao atendimento virtual. As organizações públicas não puderam ficar fora desse movimento e tiveram que ser ágeis na transposição de seus processos presenciais para processos virtuais. No Estado de São Paulo, o exemplo mais significativo é o Departamento de Trânsito – DETRAN, uma organização com altíssimo grau de burocracia e todas suas consequências (questão bastante explorada no capítulo 1), que forçava o cidadão a usar serviços de despachantes passou a orientar a população pela televisão, a usar os serviços virtuais por meio de aplicativos.

O choque tecnológico, assim como mencionado no capítulo 1, trouxe em seu bojo a necessidade de mudanças comportamentais, ampliação das competências e uma nova visão de mundo. Com o advento das redes sociais e maior acesso às informações, o cidadão passou a ter mais consciência de seus direitos e participar mais da sociedade civil organizada. Tudo isso está fazendo com que as organizações públicas, sujeitas ao controle social, redesenhem sua estrutura, trocando a gestão burocrática pela gestão estratégica, para tornar seus processos mais ágeis com custo mais baixo, além de aumentar a satisfação do servidor e da sociedade que depende de seus serviços.

A instituição dos Conselhos nas esferas municipal estadual e federal, cujo objetivo é a participação popular na gestão pública para que haja melhor atendimento à população, criou a oportunidade para que a sociedade participe na gestão das Políticas Públicas. Isso também tem contribuído para a mudança de cultura das organizações públicas, uma vez que a legislação define claramente o papel dos conselhos e empodera seus membros para atuarem na defesa dos direitos do cidadão.

O que você como gestor tem feito em parceria com os conselhos para a melhoria da gestão pública?

A transformação da cultura organizacional em organizações públicas não é tarefa fácil, porém, factível. A consciência de que a organização precisa gerar resultados para o cidadão que depende de seus serviços é um primeiro passo. Entender que a organização pública, assim como a privada, possui orçamento e demanda e que precisa gerar resultados, vai exigir uma gestão competente. A diferença entre as organizações públicas e privadas está nos objetivos: enquanto a organização privada objetiva resultados financeiros, a organização pública objetiva resultados sociais.

Para que isso aconteça, as organizações públicas vão exigir cada vez mais gestores com o perfil que inclui competências técnica e comportamental, entre outras, isto é, um gestor preparado para atuar no século XXI, conforme abordagem largamente defendida no capítulo 9. Devem compor o perfil desse gestor, além da competência técnica, valores universais e individuais que o levem a entender sua missão, que precisa estar alinhado com a missão da organização. Um aspecto importante é considerar o cidadão parceiro e um processo de gestão participativa. Assim como a organização privada consulta seus clientes na busca para atender cada vez mais seus requisitos, a organização pública terá que incorporar na sua dinâmica esse diálogo permanente com o cidadão.

Muito importante também é o investimento no desenvolvimento dos servidores e na modernização dos processos de trabalho. Não é cabível admitir que em plena era tecnológica ainda temos organizações públicas em grandes cidades onde o servidor ainda usa máquina de escrever para o preenchimento de fichas que deveriam estar em um sistema interligado.

A área de recursos humanos, cujo clássico papel é manter pessoas preparadas capacitadas do ponto de vista técnico e comportamental, também vai precisar rever suas responsabilidades, lembrando que é essa área que deve acompanhar o que está mudando para melhor no mundo e trazer para dentro de sua organização. Os profissionais dessa área terão que admitir que se apoiar no fato da falta de recursos não é mais motivo para não investirem no desenvolvimento das pessoas. Alguém terá que dizer para eles que, no trabalho em rede, as parcerias são comuns na contemporaneidade, e que um projeto robusto sempre arrebanhará parceiros dispostos a colaborar e que a organização pública, por ter várias partes interessadas, tem alta capacidade de mobilização. Um exemplo disso está no fato de que entre 2008 e 2009 mais de 600 servidores da prefeitura da cidade de São Paulo (PMSP) foram treinados pelo Instituto Paulista de Excelência da Gestão (IPEG) para atuarem na gestão da qualidade, em um projeto inédito coordenado pelo Núcleo de Gestão da Qualidade daquele órgão que viabilizou inúmeras parcerias para o desenvolvimento dos servidores, sem nenhum custo.

Naquela época, a área de Recursos Humanos da PMSP, além de não possuir um plano de desenvolvimento dos servidores, também não tinha previsão orçamentária para esse fim, desconsiderando por completo que educação continuada é ferramenta fundamental para a melhoria contínua de qualquer organização. Um curso de formação de analistas de treinamento e desenvolvimento, também viabilizado pelo Núcleo Técnico da Qualidade para 20 pessoas de duas subprefeituras, mobilizou mais de 150 inscritos, deixando clara a demanda reprimida.

A efetivação de um plano de desenvolvimento constitui-se em poderosa ferramenta de mudança cultural e consequente mudança organizacional se considerarmos que a introdução de novos valores e costumes em qualquer ambiente se dá também por meio do comportamento e das atitudes das pessoas. O aprendizado gerado nesse processo de desenvolvimento é naturalmente incorporado aos processos de trabalho quando o ambiente é propício à inovação. Ao contrário do que muita gente pensa, inovação não se dá apenas por meio de tecnologia. Qualquer mudança que apresenta impactos positivos em um processo ou produto, independente de tecnologia, é inovação.

CONSIDERAÇÕES FINAIS

Na abordagem sobre mudança organizacional, procurou-se destacar os aspectos fundamentais que precisam ser analisados, para que essa mudança ocorra de forma efetiva, a saber, cultura e clima organizacionais, e também o nível de satisfação das principais partes interessadas.

No ambiente complexo das organizações públicas composto por relações culturais formais e informais, normas e procedimentos, decretos, portarias e todos os aspectos visíveis e invisíveis que estão presentes, a mudança não pode mais acontecer sob a óptica do paradigma mecanicista. Tem que haver alto grau de percepção dos ambientes internos e externos para que se possa desenvolver um robusto projeto da mudança, que contemple o maior número de variáveis possíveis.

Um dos maiores desafios a serem considerados está no estabelecimento de estratégias de envolvimento dos servidores de carreira, que garanta a gestão da continuidade da mudança planejada para além do próximo mandato.

Por fim, há que se considerar, como ganho exponencial, a sinergia gerada, de forma contínua, pela soma da intrepidez das novas gerações com o alto capital intelectual dos servidores que estão há mais tempo praticando o serviço público.

REFERÊNCIAS

Aktouf O. O simbolismo e a cultura de empresa: dos abusos conceituais às lições empíricas. In: Chanlat JE. O indivíduo na organização: dimensões esquecidas. v. II, São Paulo: Atlas; 1993.

Araújo LCG de. Mudança organizacional na administração pública federal brasileira. São Paulo: EAESP/FGV; 1982.

Bresser Pereira LC. Desenvolvimento e crise no Brasil: história, economia e política de Getúlio Vargas a Lula. São Paulo: Editora 34; 2003.

Barret R. A Organização dirigida por valores: liberando o potencial humano para a performance e a lucratividade, tradução Caio Brisolla, Roberto Ziemer. Rio de Janeiro: RJ, 2017.

Decreto Lei nº 200 de 25 de fevereiro de 1967. Dispõe sobre a Organização da Administração Federal, estabelece diretrizes para a reforma administrativa.

Decreto Lei nº 5.378 de 23 de fevereiro de 2005. Institui o Programa Nacional de Gestão Pública e Desburocratização – GESPÚBLICA.

FNQ. Guia de Referência da Gestão da Excelência. 21ª ed. São Paulo: 2016.

Matias PJ. Curso de Administração Pública: Foco nas instituições e ações governamentais. São Paulo: Atlas; 2008.

Morgan G. Imagens das Organizações. São Paulo: Atlas; 1996.

Morin E. Ciência com consciência. 4ª ed. Rio de Janeiro: Bertrand Brasil; 2000.

Pesquisa Barret Value Centre – BVC. Disponível em: https.//www.valuescentre.com. Acessado em 19 abr. de 2022.

Shein E. Cultura Organizacional e Liderança. 5ª ed. São Paulo: Atlas; 2022.

Capítulo 9

O Papel do Gestor Público em Ambiente de Inovação

Eliete Brito Santos
Maria das Graças Ferreira

O que quer que você possa fazer, ou sonha poder fazer, faça-o! Coragem contém genialidade, poder e magia. Comece-o agora!
Goethe

INTRODUÇÃO

Diante de cenários dinâmicos, de incertezas e de mudanças exponenciais, é inevitável que as organizações públicas empreendam, por meio de seus gestores, processos de transformação rumo à integração de atores para os desafios de inovação dos serviços públicos. Fazer as mesmas coisas e esperar resultados diferentes, já dizia Einstein, é demonstração de loucura. Soluções inovadoras e efetivas, que produzam resultados que venham ao encontro dos interesses e das necessidades e expectativas de todos os atores envolvidos, vão exigir do gestor público habilidades diferenciadas de liderança, de empoderar, compreender, inspirar, influenciar e engajar ao lidar com vários elementos e problemáticas complexas muitas vezes visíveis e outras invisíveis que venham a aparecer.

As organizações de natureza privada, para sobreviverem nesse mercado em constante mudança, têm focado em mapear e desenvolver as competências básicas e essenciais de seu negócio e partir dessas. O líder tem como desafio combinar os conhecimentos e habilidades necessários para percorrer estratégias diferenciadas que o manterão em vantagem competitiva. Nas organizações públicas já é observada essa evolução em algumas partes do Brasil e tem ocorrido na medida da compreensão dos gestores públicos do real valor em agregar métodos e boas práticas de iniciativas privadas para beneficiar a sociedade como um todo. Essa tomada de consciência tem sido fortalecida pelo ingresso das novas gerações no setor público, composta por *millennials* (nascidos após o início da década de 1980 e até ao início da década de 1990 e conhecidos como geração Y). A nova cara dos serviços públicos tem mudado com o perfil dos seus concursados, trazendo a inovação para desburocratizar processos, agilizar atendimentos e melhoria pública dos serviços.

Para direcionar e sustentar essas transformações, processos, modelos de trabalho e de gestão acompanham essa evolução. Da hierarquização, que pressupõe o comando e o controle observado em gestões centralizadoras e controladoras e que teve seu valor para estruturar o pensamento linear (surgido nas gerações BB e X), ao pensamento sistêmico, notado em modelos horizontalizados e mais orgânicos que propiciam novas dinâmicas e possibilidades de interações e iterações no trabalho (geração *millennials*). Diante disso, o gestor se apropria dessa capacidade de liderar equipes multigeracionais, trazendo as forças positivas de cada um, com flexibilidade, direção, agilidade, autonomia, integração e autorresponsabilidade ou *accountability* (predisposição em assumir responsabilidade individualmente) e desenvolver equipes autogeridas, reverberando seu poder de inspirar e influenciar equipes por desafios e propósito claros. *Feedbacks* constantes acentuam a geração de diálogos construtivos, prática que estimula o exercício da empatia e propicia a criação de ambientes relacionais de confiança, transparência e satisfação para gerar resultados positivos, tanto para equipes quanto para os demais atores e partes interessadas.

Compreender a essência e a dinâmica da gestão do negócio que envolve pessoas, processos, infraestrutura e tecnologia, que o cenário é instável, o propósito de sua organização e do serviço público, motivações e atitudes para que o novo surja vão tornar o gestor público o líder protagonista, tanto de seu desenvolvimento quanto de sua equipe, o que favorecerá tomadas de decisões com base em uma visão sistêmica e integrada, em benefício da sociedade como um todo, uma forma de acelerar a consecução das estratégias públicas.

As autoras propõem ao leitor, por meio de exercícios e exemplos de boas práticas contemporâneas, trazer clareza quanto às novas habilidades do gestor público, provocar reflexões sobre si e sua atuação com os diversos atores e com o meio, que certamente produzirão grandes *insights*. Assim como a mesma água não passa pelo mesmo rio duas vezes e da mesma forma, estamos certas de que, se você se permitir, uma nova tomada de consciência será inevitável, uma vez que todo aprendizado assimilado em cada reflexão lhe trará novas percepções e essas mudarão a sua forma atual de pensar, sentir e agir antes mesmo de uma nova tomada de decisão.

REINVENTANDO O GESTOR PÚBLICO

A nova cara dos servidores públicos, os novos *millennials*

Você tem notado que a cara da nova geração de servidores que têm ingressado no setor público tem mudado?

Segundo o IBGE, a expectativa de vida do brasileiro em 2020 foi de 76,8 anos e deve saltar para 81 anos em 2050, e a qualidade de vida é um dos fatores que influenciam nessa melhora. Afora o envelhecimento da população, as pessoas estão adiando sua saída do mercado de trabalho (gerações *baby boomers* e alguns "X"), ao mesmo tempo que os jovens não deixam de entrar no mercado de trabalho, os das gerações Y, Z e Alfa.

Pode ser que esteja lhe ocorrendo alguns questionamentos e pensamentos, como: "na minha época, a gente fazia isso ou aquilo", "essa nova geração não sabe de nada, não passou pelo que passamos", "no meu tempo era melhor", "como será o mundo com eles?"

Você saberia dizer a origem de cada geração se comportar de determinadas formas e estilos?

Sabemos que os seres humanos, desde à fase infantil, aprendem por observação e imitação. Isso tem uma explicação científica e se deve a um grupo de células, os neurônios-espelho descobertos por Rizzolatti (2005) (neurofisiologista italiano – 1937) e colaboradores, na área pré-motora de macacos Rhesus na década de 1990. Esses pesquisadores demonstraram que alguns neurônios da área F5, localizada no lobo frontal, que eram ativados quando o animal realizava um movimento com uma finalidade específica (tipo apanhar uma uva passa com os dedos), também eram ativados quando o animal observava um outro indivíduo (macaco ou ser humano) realizando a mesma tarefa.

Estão relacionadas com os comportamentos de sociabilização, imitação e empatia. O papel do neurônio-espelho é refletir a atividade que estamos observando.

Com essa abordagem científica talvez esteja curioso para compreender que as diferenças de comportamentos que percebemos entre pessoas de diferentes idades se justificam quando ampliamos a abordagem sobre os tipos de gerações. Geração é baseada em um grupo de indivíduos que nasceram em uma mesma época, influenciados por um contexto histórico, momentos ou eventos que causaram impacto à sociedade e por isso geraram um inconsciente coletivo, que, além de conviverem entre si, possuem características distintas de outros grupos.

Para o enfoque deste capítulo, traremos o impacto das gerações no ambiente organizacional. Na atualidade, são seis as gerações e na figura IV-3 apresentamos as principais características de cada uma, seus comportamentos predominantes e estilos de liderança. O conceito de geração tem sido um tema relevante nas ciências humanas e sociais como metáfora para a construção social do tempo, tendo sido relevante em debates ideológicos e políticos de muitas regiões.

A partir da compreensão da figura IV-3 sobre os tipos de gerações, com quais dos comportamentos você mais se identifica? Como você descreveria as principais características ou estilo do seu líder? E se você tem equipes, qual o perfil dos veteranos mais experientes? E dos mais novos?

E é nesse encontro de gerações que servidores e gestores do setor público, a exemplo de experiências reconhecidas no setor privado, diante de cenários de incertezas e de mudanças exponenciais têm grandes oportunidades de aproveitamento do potencial humano para gerar valor para toda a sociedade, agregar a energia dos jovens e a experiência dos veteranos, cocriando um ambiente de compartilhamento de percepções e intenções para novas interações.

Grandes mudanças se consolidarão na medida em que líderes e servidores começarem a mudar a maneira como pensam, agem e reagem em uma era totalmente digital, um caminho sem volta e de evolução exponencial. Um ponto de partida para os gestores e servidores atuais é o autoconhecimento e desenvolvimento por meio de capacitações e mentorias que provoquem uma mudança de *mindset*, além de promover um ambien-

Tipos de gerações	**Builders** (1930 a 1945) 	**Baby Boomers** (1945 a 1964) 	**Geração X** (1965 a 1980) 	**Geração Y** (*Millennials*) (1981 a 2000) 	**Geração Z** (Nativos Digitais) (2001 a 2010) 	**Geração Alfa** (a partir de 2011) 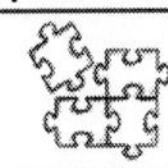
Palavra-chave	**Lealdade**	**Estabilidade**	**Mudança**	**Tecnologia**	**Conectividade**	**Independência**
Como se comportam	São práticos, dedicados, alta lealdade às religiões e aversão aos riscos	Nascidos no pós-guerra não se influenciam facilmente, se sacrificam por um objetivo, buscam um padrão de vida estável e focam em obter patrimônio	Um ponto marcante é a inserção das mulheres no mercado de trabalho. Essa geração busca a liberdade e os seus direitos	Cresceram com a modernidade. São inquietos, flexíveis, possuem e lutam por valores morais muito fortes	Desconhecem o mundo sem computadores. Imediatistas, utilizam multicanais e assumem multifunções. Tendem ao egocentrismo	A *internet* é algo natural. Vivem da diversidade e são os primeiros no sistema educacional humanístico. Além de serem espertos, ligados e curiosos
No ambiente organizacional	Costumam seguir e exigir hierarquias rígidas	Desafiam a autoridade e apreciam sistema democrático	Buscam a ascensão de cargos	Não se sujeitam a atividades sem sentido, buscam satisfação na carreira, menos apego à empresa	Não querem desempenhar para sempre a mesma função e na mesma empresa. Sem apegos a posses	Acredita-se que 80% dos cargos que a geração Alfa vai ocupar ainda não foram criados
Estilo de liderança	**Controle** 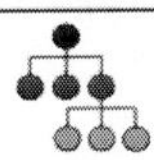	**Direção** 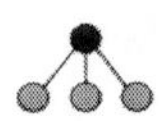	**Coordenação** 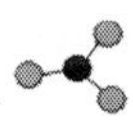	**Norteador** 	**Empoderador** 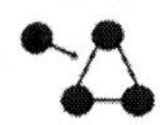	**Inspirador** 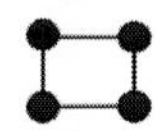

Figura IV-3 ■ Tipos de gerações. **Fonte**: McCrindle, 2021. Adaptado autor.

te de fomento à inovação contínua, colaborativa e envolvente. Sem essa mudança, o setor público terá dificuldades e desafios contundentes em atrair e reter jovens para que possam usar a tecnologia a favor de serviço público. No entanto, somente haverá o ingresso das novas gerações nos serviços públicos se for percebido no ambiente organizacional espaço para cocriar, inovar, desburocratizar e fazer a diferença por um propósito maior, algo tão necessário para um setor que carece de inovação em seus processos, estruturas organizacionais e prestação de serviços.

Liderar diferentes gerações exigem conhecimentos e habilidades. Dicas que apoiam a gestão no ambiente multigeracional:

Primeiro, se conheça! – autoconhecimento é uma ferramenta poderosa para seu autodesenvolvimento. Reconheça seus pontos fortes, oportunidades de desenvolvimento e seu perfil de liderança e se torne o líder inspirador e transformador de pessoas. Seja a mudança que quer ver no mundo, já dizia Mahatma Gandhi.

Conheça seu time – é muito importante conhecer seu time. Tenha clareza do que sua equipe valoriza e busque compreender os diferentes significados que cada um possui. A beleza está na combinação dos diferentes perfis e das gerações. Cada uma tem contribuições significativas a serem consideradas.

Mapeie o melhor de cada um – cada membro de sua equipe tem características distintas. Mapeie o melhor de cada um e potencialize essas fortalezas mesclando sua equipe em cada desafio. Você notará que as divergências trazem inúmeros benefícios e convergem para o coletivo.

Invista no time e nas ferramentas – mais que ter um time de campeões é estar atento à capacidade de cada um. Invista em treinamentos e busque novas ferramentas de trabalho. Antes de sair fazendo, prepare sua equipe, afie as ferramentas e planeje as tarefas.

Engaje e dê *feedbacks* – além de *feedbacks* constantes exigidos pelas gerações Y e Z, e os estímulos positivos que as demais gerações demandam para se sentirem mais seguras, o processo de *feedback* por meio de conversas mais assertivas e constantes promove a transparência e o engajamento dos times.

Adicionalmente a esse tema de gerações, o termo "etarismo" tem sido discutido nas organizações a fim de minimizar o preconceito contra os idosos, proporcionando cada vez mais um ambiente de troca de experiências entre gerações. Empresas pioneiras e atentas têm incluído práticas alinhadas a seus discursos, a exemplo de programas específicos de recrutamento e desenvolvimento, para fortalecer a diversidade, promover interação entre profissionais maduros e as novas gerações, a fim de capacitar profissionais para um segmento que possa estar sofrendo com a escassez de mão de obra.

Gestor em ação – com essas dicas, o que você gestor pode fazer hoje para atrair e reter as novas gerações no serviço público?

Por que conhecer as competências essenciais do seu negócio vai gerar resultados

Segundo o Sebrae, "competências organizacionais são expertises e habilidades do negócio que são valorizadas pelo cliente e construídas a partir de combinação de recursos tangíveis e intangíveis".

As competências organizacionais podem ser classificadas em:

Competências básicas – são as que contribuem para a sobrevivência da organização.

Competências seletivas – diferenciam a organização no espaço de competição, contribuindo para uma posição de liderança.

Competências essenciais – diferenciam a organização no espaço de competição internacional, contribuindo para uma posição de pioneirismo no mercado em que está inserida.

Mencionado por Pichiai (2010), "o conceito de *core* competências foi desenvolvido por Prahalad e Hamel (1995), que o definiram como um conjunto de habilidades e tecnologias, e não uma única habilidade de tecnologia isolada, que permitem a uma empresa oferecer determinado benefício ao cliente e que resulta em aporte diferencial fundamental para a competitividade da empresa".

Essa máxima ainda é muito incipiente nas organizações públicas, principalmente da administração direta, ainda muito presa ao modelo burocrático de gestão, que valoriza mais o controle do que a excelência do serviço a ser entregue. Ainda há uma preocupação em observar as competências descritas no edital do concurso, isto é olhar o retrovisor, do que olhar para o que o mercado está apontando. Ao identificar as competências organizacionais essenciais, o gestor consegue tomar decisões mais assertivas, como priorizar onde atuar e aplicar os recursos, de forma coerente e aderente aos benefícios a serem gerados para os cidadãos, ou seja, ao fazer o mapeamento do portfólio dos recursos diferenciados que sustentam e alavancam o negócio, avança-se para o processo de formulação de estratégias.

O exemplo na figura IV-4 demonstra o fluxo de como o gestor público pode começar a se apropriar das competências essenciais do negócio público sob sua liderança.

Gestor em ação – a partir desse novo conhecimento, exercite o mapeamento das competências essenciais de sua área ou organização, conforme quadro IV-1.

Quais novas percepções você obteve com esse exercício?

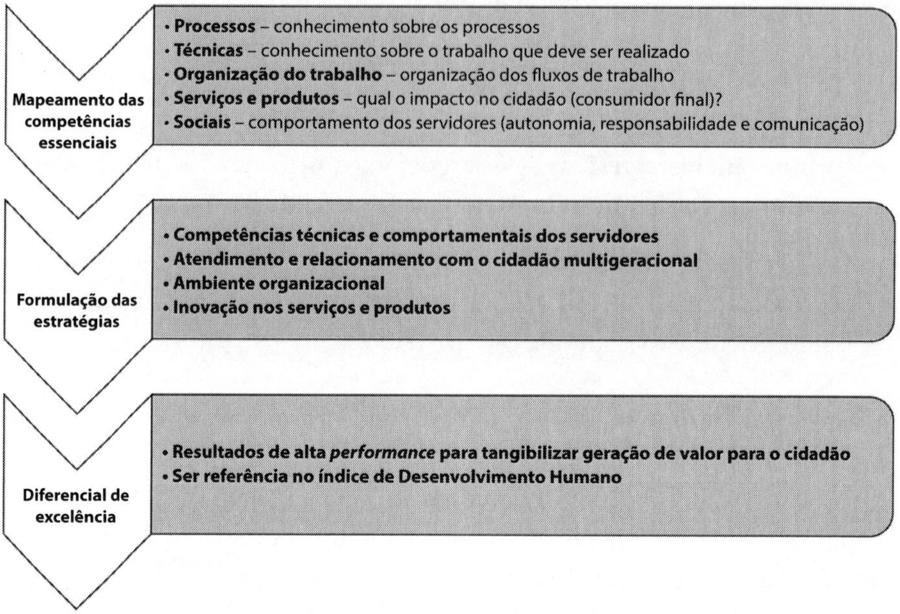

Figura IV-4 ▪ Modelo de fluxo de gestão de competências essenciais. **Fonte:** Pichiai e Djair, 2010. Adaptada autor.

Quadro IV-1 ▪ Gestor em ação – competências essenciais.

Competência essencial	Como funciona hoje?	Qual diferencial que só você ou poucos fazem?
Processos		
Técnicas		
Organização		
Serviços e produtos		
Sociais		

Fonte: Autor.

Os desafios da mudança de *mindset* – do autoconhecimento ao desenvolvimento

Desde a origem da vida humana no mundo que se sabe que cada ser humano tem a capacidade de ser único. Mesmo com uma população mundial próxima de 8 bilhões de habitantes, temos, além de nossas digitais, a voz, o jeito de andar, ondas cerebrais, pensamentos, comportamentos, físico, ações e atitudes diferentes uns dos outros. E é nessa diversidade que se encontra a beleza de sermos seres únicos, de termos uma identidade.

O tema *mindset,* traduzido do inglês significa mentalidade, pesquisado amplamente pela especialista em psicologia social, Carol S. Deweck, autora do livro *Mindset* – a nova psicologia do sucesso (2017), traz abordagens significativas à inteligência emocional. Deweck, para compreender como as pessoas lidavam com o fracasso, decidiu estudar o tema observando como estudantes lidavam com problemas difíceis. Como constatação de sua observação, ela desmistificou uma crença sua de que "as qualidades humanas eram esculpidas em pedra", pois tinha o pensamento fixo de que indivíduo era inteligente ou não era. Ao aprofundar sua pesquisa considerou fatores como experiências, formas de aprendizado, genes, meio ambiente.

No entanto, o que ocorre de fato não é uma coisa isolada da outra e sim um intercâmbio entre elas. Cientistas estão percebendo cada vez mais que os seres humanos possuem uma configuração mental, uma capacidade maior do que se supunha para aprender e desenvolver o cérebro. Em outras palavras, o sucesso, nas mais diferentes áreas e fases da vida, não está vinculado exclusivamente a um talento ou habilidade notórios. Nossa capacidade intelectual não é uma parte fixa ou imutável, mas está relacionada diretamente com a maneira com que cada um consegue lidar, compreender, analisar e julgar tudo o que acontece na sua vida, motivando tomada de decisões e ações na vida.

Mas, afinal de contas qual a importância de trabalhar o *mindset* primeiramente em você mesmo?

Existem dois tipos de *mindset*: o fixo e o de crescimento. Nossas decisões dizem muito sobre a forma como agimos e como ela está relacionada com ideias e conceitos que temos consolidados desde nossa primeira infância, os quais processamos em nosso cérebro. Nossos comportamentos são representações dos significados que damos para as coisas, por exemplo, no *mindset* fixo, ter a crença de que suas habilidades são dons e talentos "natos" e por isso são imutáveis cria em você uma necessidade contínua de provar para si mesmo esse significado, e como prováveis comportamentos, você repetidamente pode escutar uma voz interna lhe dizendo que não é suficientemente bom para se arriscar, que é muito difícil mudar uma forma de pensar ou até mesmo de ressignificar eventos dolorosos, reforçando em você crenças limitantes. A pessoa está indisponível para vivenciar novas experiências, dificuldades em lidar com mudanças, ficando presa a padrões obsoletos, e tudo pelo fato de carregar uma crença de que nada é imutável. Seu cérebro, que tem uma inteligência, busca constantemente provar para você mesmo que está certo, fortalecendo com vozes internas: "viu só como isso não daria certo", "para que mudar?", "seja firme e não volte atrás". Esse exemplo demonstra que a opinião que você tem sobre si afeta profundamente a maneira como leva a sua vida. Se acreditar que algo vai dar errado, você está certo. E se você acreditar que consegue fazer algo com sucesso, também está certo.

No *mindset* de crescimento, com ressignificações ou quebras de padrões, nosso cérebro cria sinapses fazendo novas conexões. O cérebro logo compreende que algo mudou e passa a acreditar que somente você é capaz de cultivar suas qualidades básicas de pensamentos, percepções e comportamentos por meio de seus próprios esforços, ou seja, todos nós somos capazes de transformar e desenvolver novas competências e habilidades por meio de esforço e da experiência. Qualquer um pode ser tornar aquilo que acredita e assim nasce uma paixão pelo autoconhecimento de minhas forças e oportunidades de desenvolvimento e crescimento, a partir do aprendizado.

A mentalidade dos indivíduos transcende para as organizações. Por que empresas saem de um estágio de boas para excelentes e ainda se manterem nesse patamar? Nesse sentido, o gestor ou líder tem influência direta na *performance* e no desempenho da organização, uma vez que ao possuírem tais qualidades específicas desenvolvidas, como coragem para enfrentar de frente os fracassos, incluindo os próprios, mantendo a crença no sucesso ao final, cultivam e acreditam no desenvolvimento humano, base para as grandes transformações organizacionais, pois sem tomada de consciência não existe processos de transformações.

Líderes com *mindset* de crescimento desenvolvido estão sempre tentando melhorar, têm foco constante no aprendizado coletivo. Cercam-se de pessoas mais capazes que conseguem encontrar e não somente as mais talentosas. Enfrentam seus próprios erros e fragilidades, não reconhecem que a hierarquia mais adequada é a que começa pelo topo, buscam identificar quais competências essenciais, incluindo as sociais, precisam ser desenvolvidas com foco no futuro, de forma sustentada em fatos para fortalecer a confiança rumo à evolução do todo.

Mudar pode não parecer algo fácil, mas dificilmente vemos alguém dizer que uma mudança não tenha valido pelo aprendizado gerado com as novas experiências, e claro que não estamos incluindo aqui pessoas que tenham tido experiências dolorosas. Decidir mudar é um ato de coragem. Coragem de primeiramente se autoconhecer, assumir seus medos, frustrações, decepções e ressignificar em algo que tenha um significado de valor para sua vida, que esteja congruente com um propósito maior de sua vida ou da organização a quem você se dedica. Olhe sempre para a frente, em direção do Sol, e não verás sombras em teu caminho.

Gestor em ação – um convite para mais uma autorreflexão. Com base na figura IV-5, como você se comporta diante de algumas situações? O que você acredita verdadeiramente que pode começar a fazer de diferente hoje rumo ao seu autodesenvolvimento?

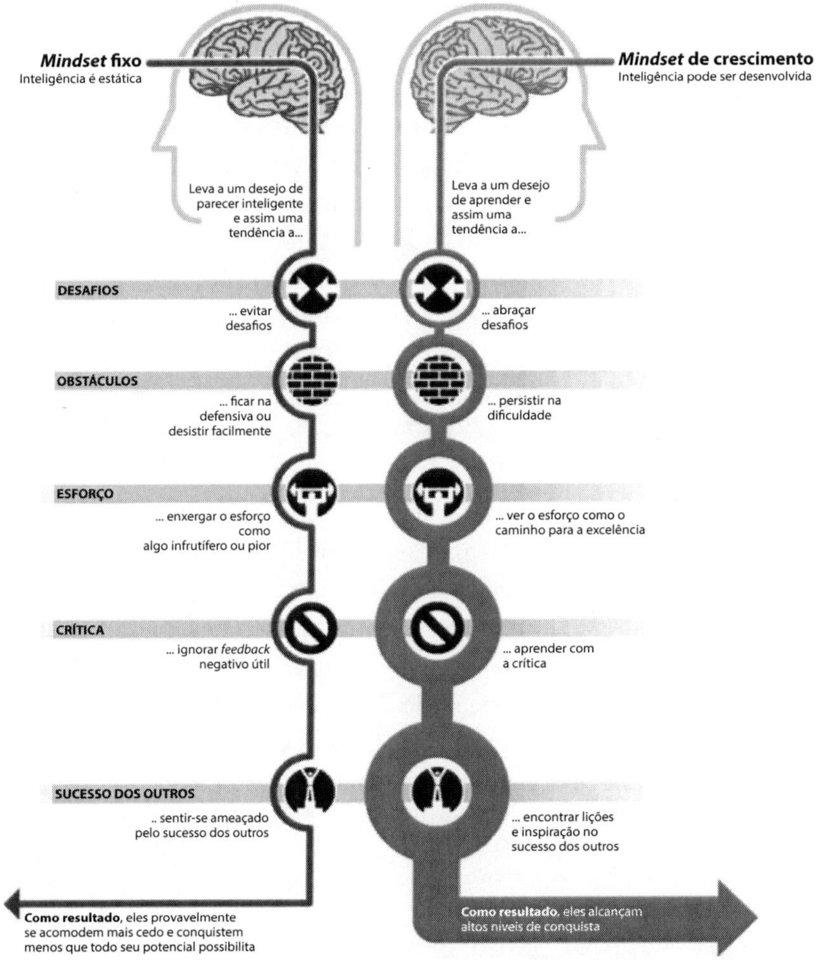

Figura IV-5 ■ Gráfico de Nigel Holmes. **Fonte**: Dweek, 2017 p. 271.

As novas competências do gestor

O desenvolvimento de líderes ou gestores públicos tem sido desafiador para gerar diferencial competitivo nos negócios. Na era do caos e no mundo BANI, acrônimo das palavras em inglês *Brittle* (frágil), que significa que tudo tende a mudar rapidamente, *Anxious* (ansioso), que gera um senso de urgência, *nonlinear* (não linear), a incerteza de cenários futuros, em especial na pós-pandemia da Covid-19. e *incomprehensible* (incompreensível), que traz à consciência de que temos muitos dados, no entanto a lógica parece não fazer mais tanto sentido.

Dentro desse contexto, que habilidades técnicas também chamadas de *hard skills*, não tem mais se mostrado suficientes para lidar com as diversas demandas. O gestor é chamado a desenvolver outras competências, as comportamentais (*soft skills*). Essas em especial têm conexão com o desenvolvimento de inteligência emocional para lidar com seres humanos.

E como o perfil dos cargos está em constante atualização, modelos flexíveis são demandados para lidar com cargos que estão evoluindo em ritmo acelerado. Pensando nisso, o governo federal brasileiro, publicou em 03/02/2021 a Instrução Normativa SGP-ENAP/SEDGG/ME nº 21, de 1/02/202, que estabelece orientações aos órgãos do Sistema de Pessoal Civil da Administração Pública Federal (SIPEC) quanto a prazos, condições, critérios e procedimentos para a implementação da Política Nacional de Desenvolvimento de Pessoas (PNDP) de que trata o Decreto nº 9.991, de 28 de agosto de 2019. A Instrução Normativa formaliza também as competências transversais para os servidores públicos e as nove competências essenciais para as lideranças. Ainda longe de países avançados nesse quesito, a publicação marca uma importante etapa na profissionalização do serviço público e desenvolvimento de pessoas, para nortear não somente ações de capacitação e formação, mas também a seleção de talentos e a certificação e a avaliação de desempenho de servidores.

As competências transversais estabelecidas para os servidores público compreendem: resolução com base em dados, foco nos resultados para os cidadãos, mentalidade digital, comunicação, trabalho em equipe, organização por valores éticos e visão sistêmica. Para as lideranças foram definidos três eixos:

Estratégia – visão de futuro, inovação e mudança, comunicação estratégica.

Resultado – geração de valor para o usuário, gestão de crises, gestão para resultados.

Pessoas – coordenação e colaboração em rede, engajamento de pessoas e equipes, autoconhecimento e desenvolvimento pessoal.

Observa-se que existe um alinhamento com as boas práticas de mercados nacional e internacional, no entanto, o que chama a atenção dentro dos fatos é o tempo decorrido entre a Lei PNDP (2019) e a Instrução Normativa (2021). Para sua efetiva implementação em um ambiente em que precisamos de tomadas de decisões mais ágeis, com menos burocracia, e ainda no setor público em função de legislações que regem a administração pública, costumam ser mais lentas até mesmo em função das instâncias de aprovação. Aqui, a tradicional área de recursos humanos (RH) também passa pelo desafio de mudança de *mindset* para se posicionar como área estratégica para qualquer negócio e proporcionar um sucesso onde estiverem atuando.

O grande *insight* para o tradicional RH é arquitetar um sólido modelo que seja flexível de desenvolvimento de pessoas, com eixos sustentáveis. E esse modelo deverá convergir com as estratégias de governo, competências essenciais atuais e futuras, processos e programas, com padrões que sejam comuns tanto para o desempenho quanto para o potencial, diferenciando por níveis ou categorias de liderança. É importante o RH se atentar à busca de oportunidades de eficácia e eficiência, munir-se de dados que apoiem a constante tomada de decisões e que sejam mais ágeis, em especial nas transições de cargos.

O papel do RH no desenho desse modelo de desenvolvimento de pessoas será essencial como apoio estratégico na definição dos papéis de liderança e das responsabilidades, com inclusão de valor agregado esperado, dando maior ênfase aos resultados. A mentalidade de feudo, ou de comando e controle, que exclui o trabalho em equipe, pode ainda motivar líderes com *mindset* fixo a se concentrarem nos detalhes das tarefas que muitas vezes são de responsabilidade de outras pessoas, ou de outras instâncias, ou ainda se ocuparem com situações imediatistas em vez das metas e estratégias futuras.

Mesmo em um País, com mais de 10 milhões de desempregados em 2022, pesquisas recentes têm preocupado empreendedores por revelarem que o Brasil não está preparado com mão de obra qualificada para os mercados futuros e deve pagar conta alta se não investir em educação e formar profissionais qualificados. Diversas organizações, assumindo um papel social, têm investido alto em educação corporativa para suprir esse déficit, em especial no setor tecnológico e inteligência artificial, onde se alavancam as maiores inovações. É claro que sabemos que os cenários econômico e político e os entraves tributários corroboram para aumentar esses desafios. Organizações para se perpetuarem devem se reinventar constantemente, o mundo evolui e é importante que as pessoas acompanhem essa evolução. E o ponto de partida está na educação e no aprendizado de novas competências.

Em vez de pensar em postos de trabalho (emprego), o gestor público tem a oportunidade de olhar para o que é feito no órgão em que trabalha e identificar quais dessas tarefas são automatizáveis, direcionando a inteligência dos servidores em soluções de problemas e não em tarefas repetitivas ou eliminadas quando não agregam mais valor.

Gestor em ação – tomando contato com as competências transversais e de liderança, quais estratégias você adotaria para atender com mais agilidade as novas demandas por habilidades, capacitar e apoiar gestores e servidores durante períodos de transformação?

O hábito de pensar, ser e agir pelo essencialismo

Muitas vezes, com a intenção de agradar a todos, costumamos dizer sim a muitos pedidos, sejam eles na vida pessoal, sejam nos ambientes organizacionais. E se nossos "sim" não levarem em consideração o tempo e os recursos necessários para atender tal pedido, corremos um sério risco de assumirmos uma carga de compromissos que se não concretizados podem prejudicar nossa imagem perante as pessoas.

Para os servidores públicos, é muito importante considerar a urgência no amadurecimento da gestão pública. Aprender e reaprender como fazer uma distinção entre as opções disponíveis e selecionar as que verdadeiramente são essenciais para agregar valor para o cidadão em primeira instância, pois não te trata de fazer mais, mas sim de fazer as coisas certas, investindo energia e tempo com sabedoria. Se não soubermos estabelecer prioridades, pode ser que alguém faça isso por nós.

Mas, como fazer as escolhas certas? Existe um conceito abordado pela Antroposofia – uma filosofia espiritual, desenvolvida pelo filósofo austríaco Rudolf Steiner (1865-1925), ao final do século XX, que se apresenta como um método de conhecimento da natureza do ser humano e do universo, que é o da trimembração do ser humano. Dentro dessa teoria, o homem é um ser organizado em três dimensões: cabeça (pensar), tronco (sentir) e membros (agir). Quando andamos pelo mundo, temos nossas percepções de objetos e das pessoas que nos rodeiam, e quando não estamos em estado de presença, sendo consumidos pelo corre-corre e atribulações do dia a dia, essas percepções provocam em nós determinados estímulos (ADIGO, 2004), como:

- 1º estímulo: acontece no nível do pensar – quando correlacionamos nossa percepção a um conceito que temos registrado em nossa memória: isso é um carro, isso é uma casa. São conceitos que temos gravados em nossa memória devido às experiências similares anteriores.
- 2º estímulo: acontece no nível de sentir – quando atribuímos um adjetivo ao objeto ou à pessoa percebida: esse carro é bonito. Essa casa está perfumada. Nosso sentir faz um julgamento e responde com simpatia (atração, agrada) ou antipatia (repulsa, desagrada). Quando julgamos por simpatia ou antipatia, criamos filtros. Dessa maneira, filtramos nossas percepções e perdemos a oportunidade de enxergar a realidade como ela é, perdendo muitas vezes nosso senso crítico.
- 3º estímulo: acontece nem nosso querer – fica mais impulsionado pelos nossos instintos, impulsos e necessidades fisiológicas do que pelo senso crítico que somente pode ser acionado pela força da antipatia. Como resultados podemos ter ações espontâneas e impensadas.

O que essa abordagem pensar, sentir e agir conversa com a proposta deste tema? À medida que tomamos consciência de que pessoas funcionam de maneira distinta, conforme apresentado no item "Os desafios da mudança de *mindset* – do autoconhecimento ao desenvolvimento", saímos do piloto automático e substituímos os sentimentos da antipatia e simpatia pela empatia, uma habilidade ligada ao altruísmo e que compreende não somente se colocar no lugar do outro, mas desenvolver um genuíno interesse de amar o outro para ajudar, o que traz grandes benefícios de maneira equilibrada para nosso modo de perceber, sentir e agir. "O essencial é invisível aos olhos", como dito por Saint-Exupéry, na obra O Pequeno Príncipe (1943).

Depois de darmos mais esse passo, rumo à essência do ser humano, temos ainda o desafio de tornar esse olhar ampliado e sútil em um hábito diante do aumento exponencial de alternativas para quase tudo, considerando que podemos perder de vista coisas mais importantes, por razões como: influências externas, pressão social, distrações com a hiperconectividade, sobrecarga de informações, além do mito criado por propagandas de grandes organizações que tem sido pregado de que podemos ter e fazer tudo. É possível que se possa ter e fazer tudo que é essencial sim, porém não ao mesmo tempo. E por isso o termo essencialismo (McKeown, 2015), no seu livro "o essencialismo", traz *insights* relevantes para uma mudança de paradigma. Para ele, o não essencialista renuncia ao direito de escolher – "tenho que fazer". Enquanto o essencialista exerce o poder de escolher – "escolho o que fazer". Virar essa chave empodera o servidor em sua tomada de consciência para as ações vitais. Uma das regras é focalizar no que é importante agora. A exemplo de um time de futebol, o técnico tem uma única estratégia, manter a equipe focada no presente, no agora, e não no próximo jogo ou em experiências passadas ou ainda revivendo erros. Isso não vai contribuir no aqui e agora. Quando terminar a partida, sim, é o momento de gerar aprendizado coletivo acionando as experiências boas e ruins do passado e as intenções positivas e prever as negativas para definir um novo futuro. Uma forma de concentrar esforços no aqui e agora são perguntas como "o que é importante fazer agora?" Sem distrações, mantendo foco no próprio jogo, em unidade, sem atritos e concentração no que é essencial agora, a execução do plano do jogo. Somente quando nos permitimos parar de tentar fazer tudo e deixar de dizer sim a todos é que conseguimos oferecer nossa contribuição máxima àquilo que realmente importa.

Gestor em ação – gestor, agora você é o técnico de seu time predileto, que acabou de completar mais uma partida. Chame sua equipe. Esse sim é o momento de rodar o aprendizado para gerar consciência, praticando a empatia e equilibrando seu pensar, sentir e agir. Que ações são essenciais nesse momento (tomada de decisão)? Veja um exemplo no quadro IV-2.

Quadro IV-2 ■ Gestor em ação – estímulo ao pensamento essencialista.

Prática ou processo ou evento	Aprendizado com o Passado (o que podemos repetir e não repetir)	Intenções para o Futuro (novos resultados esperados)	O que é mais importante fazer agora? Presente (aqui e agora)
Partida de futebol de Liverpool	Passes errados, no de faltas, gols realizados etc.	Ganhar o campeonato, fazer x gols na próxima partida, treinar o banco de reservas etc.	• O que vamos fazer (foco)? Quais critérios de priorização?
			• Por que vamos fazer (objetivo)? Que valor será agregado e para quem? Vai melhorar qual resultado?
			• Quem vai fazer? Está disponível? Tem competência para realizar ? Precisa de treinamento? Precisamos contratar?
			• Como vamos fazer? Como vamos acompanhar nova evolução?
			• Quem mais está envolvido? Pensamos em todos os atores envolvidos?
			• Quando vamos fazer? O prazo é viável? Concorre com outras demandas? Pensamos em potenciais riscos?
			• Precisamos de quais recursos? Humanos, Tecnológicos? E eles estão disponíveis?

Fonte: McKeown, 2015. Adaptado autor.

O PODER DA GESTÃO COLABORATIVA PARA ALAVANCAR ESTRATÉGIAS PÚBLICAS

> "Um humano experimenta a si mesmo, seus pensamentos e sentimentos, como algo separado do todo. Esta ilusão é uma forma de prisão para nós, restringindo-nos aos nossos próprios desejos e afeto por pessoas próximas. Nossa incumbência deve ser a de nos libertarmos desta prisão, ampliando nossos círculos de compaixão para abraçar todas as criaturas e a totalidade da natureza em sua beleza".
>
> **Albert Einsten**

Como as necessidades das partes interessadas podem potencializar e direcionar as estratégias públicas

A Fundação Nacional da Qualidade, na 21ª versão do Modelo de Excelência da Gestão (FNQ, 2016), traz partes interessadas, tradução do termo em inglês *stakeholders*, como um dos oito fundamentos da excelência, o que reforça a importância do tema para a gestão de qualquer organização, uma vez que são os interesses, as necessidades e as expectativas desses atores a razão de existir de qualquer organização, direcionam o estabelecimento de pactos com as partes interessadas e suas inter-relações com as estratégias e processos, em uma perspectiva de curto e longo prazos. Os *stakeholders* tradicionais mais presentes no setor privado são acionistas, clientes, fornecedores, sociedade e força de trabalho. Já as organizações do setor público normalmente apresentam uma quantidade e variedade de partes interessadas superior às iniciativas privadas tradicionais. Isso devido à administração pública que abrange uma diversidade de atividades, grupos, elevado número de pessoas e organizações que têm interesse nas atividades realizadas. Como exemplo, no setor público é mais contundente o relacionamento com os órgãos dos governos federais e estaduais que normalmente possuem projetos que abrangem toda a população.

Por que é muito importante ter clareza de quem são as partes interessadas que impactam ou são impactadas? Um processo de gestão de partes interessadas estruturado dentro das organizações traz benefícios exponenciais para o negócio. Intrínseca está a gestão das relações, oportunidade que o gestor público tem para exercitar com maestria algumas das competências transversais (foco nos resultados para os cidadãos, visão sistêmica, comunicação), bem como outras de liderança (visão de futuro, comunicação estratégica, geração de valor para o usuário, gestão de crises, inovação e mudança e colaboração em rede). A figura IV-6 visa inspirar o gestor a se aprofundar mais sobre o processo de gestão de partes interessadas e torná-lo transversal, de maneira a permear os processos e áreas.

No momento em que o gestor define quais suas partes interessadas tradicionais e não tradicionais, fica claro quem são os atores que fazem parte do ecossistema em que a organização está inserida. Priorizar quem são os atores mais relevantes para as estratégias é imprescindível, em especial no setor público que possui diversas fontes de influências e interesses. Para apoiar a priorização e a classificação de cada *stakeholder*, metodologias que gerem uma matriz com o grau de poder de influência e interesse na organização podem ser adotadas.

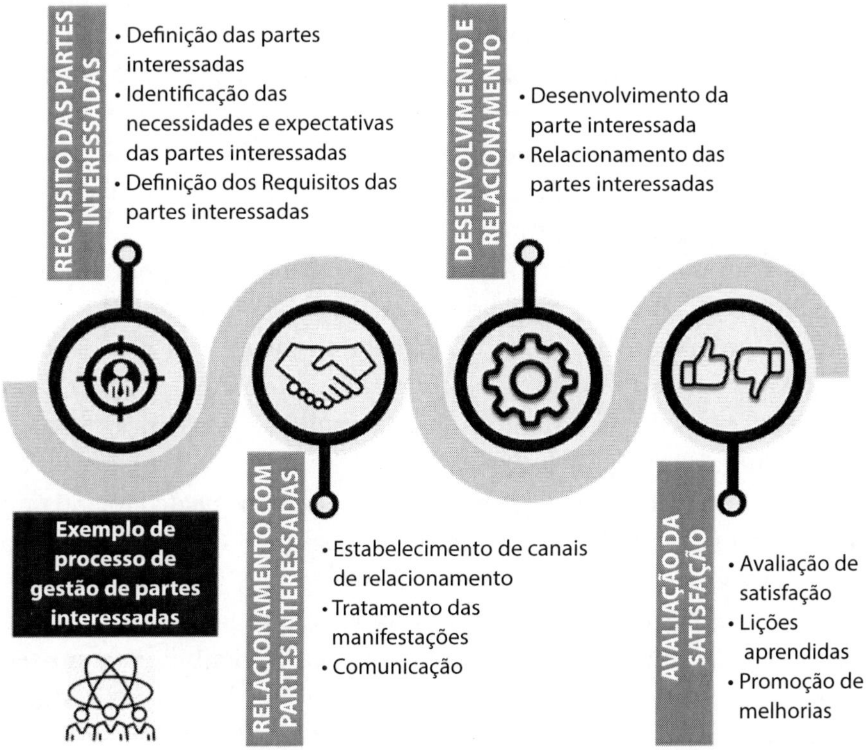

Figura IV-6 ■ Exemplo de processo de gestão de partes interessadas. **Fonte:** FNQ, 2016. Adaptada autor.

Sabendo quem são os *stakeholders*, importante validar necessidades e quais os requisitos explícitos, assim como as expectativas, desejo latente (implícito). Cabe destacar que uma parte interessada pode estar representada por órgãos fiscalizadores ou reguladores, bastando em um primeiro momento consultá-los, ou ainda mapear diretamente com a parte interessada por intermédio de pesquisas, por exemplo. No entanto, se essas expectativas e necessidades não forem traduzidas em requisitos de processos, que é onde as coisas acontecem, não haverá fluidez.

Diálogo construtivo – como a confiança gera valor na relação ganha-ganha

Ao falar em confiança, o Brasil engatinha a passos lentos. Segundo os resultados da pesquisa *Edelman Trust Barometer* realizada pela agência de pesquisa *Edelman Intellingence Trust Barometer*, desde 2001 e aplicada em 28 países, incluindo o Brasil, o índice de confiança gerado no âmbito global ficou, em 2022, com 57%. O Brasil saiu de um índice de confiança de 44% (2018 – desconfiança), para 51% (2022 – neutralidade), ocupando a 15º lugar no *ranking*. A China com 83%, subiu 11 p.p. em relação a 2021 e lidera o *ranking*. As variáveis consideradas nessa pesquisa abrangem ONGs, empresas, governo e mídia.

Ao focar-se no Brasil, chama a atenção o distanciamento entre os respondentes de renda alta (neutralidade) com tendência de queda e renda baixa (desconfiança), conforme demonstra a figura IV-7. Existe outro ponto de atenção em relação ao resultado que a princípio conflita, com uma percepção cultural que temos sobre a população brasileira ser conhecida como uma nação amigável, receptiva, solidária e de sorriso largo e ao mesmo tempo justificada na definição de Sérgio Buarque de Holanda no "homem cordial" definido em Raízes do Brasil (1936), que, segundo o historiador e autor, trata-se de um *artifício psicológico incrustado na formação dos brasileiros*. Assim, quando somos pesquisados apresentamos, enquanto nação, um baixo índice de confiança e credibilidade em seu governo, mídia, empresas e ONGs, o que aumenta o desafio dos gestores e servidores públicos na construção de relacionamentos sustentáveis que gerem valor em uma relação ganha-ganha, transformando um pensamento fixo de "nós" contra "eles".

Figura IV-7 ■ Gráfico de índice de confiança no Brasil. **Fonte**: Pesquisa *Edelman Trust Barometer*, 2022.

Afinal, o que é confiança? Buscando no dicionário *on-line* português (2022), encontramos alguns dos significados: 1. sentimento de quem confia, de quem acredita na sinceridade de alguém: ela tinha confiança no marido; e 2. convicção ou segurança em relação a alguma coisa: demonstrou confiança de que iria ganhar o campeonato (Covey, 2017), no livro "A velocidade da confiança", e traz o tema como algo que, além de envolver caráter (ética e integridade) e competência (capacidade de produzir resultados, e é situacional), "a confiança pode ser tangível, quantificável, desenvolvida ou restaurada". Em forma simples e real, para o autor a confiança é o resultado de duas variáveis, velocidade e custo, isso significa dizer que quanto maior for a confiança, maior a velocidade e menores os custos, no entanto o inverso também é verdadeiro: quanto menor for a confiança, menor a velocidade e maiores serão os custos (Covey, 2017).

Veja um exemplo de caráter e competência: minha prima, sempre que possível me pede opinião sobre diversos temas, porque confiamos muito na troca de opiniões. Uma vez, ela decidiu trocar de carro, mas não pediu a minha opinião nesse assunto, porque sabe que não tenho competência para tal, buscando para esse tópico alguém de sua confiança e com habilidade para ajudá-la. Similares exemplos podemos explorar nas áreas da vida ou em negócios empresariais. No dia a dia é comum buscarmos opinião de quem confiamos e que tenha competência. A confiança é um movimento gerado de dentro para fora, se não confiamos em ninguém, a recíproca também pode ser verdadeira.

Ambientes organizacionais com baixa confiança inibem o engajamento das pessoas, geram atritos e desentendimentos, insatisfações, baixa *performance*, custos elevados, índices de retrabalho etc. Organizações da administração pública são regidas por inúmeras legislações, e naturalmente tornam os processos mais lentos, o que diminui a velocidade e aumenta os custos com a criação de diversos mecanismos de controle, isso ocasionado pela baixa confiança.

Cuidar da qualidade das relações que impactam diretamente na *performance* e no sucesso da organização significa trazer elementos de construção, cultivo e em alguns casos restauração da confiança. O exemplo sempre partirá do líder que cria referência de conduta, de comportamento para seus liderados ou pares (Quadro IV-3). Lembram-se do neurônio-espelho apresentado neste capítulo?

> **Gestor em ação** – como você pode começar a construir relacionamentos sustentáveis tomando como base a prática dos comportamentos que estimulam a confiança, aumentando a velocidade e diminuindo os custos?

Quadro IV-3 ■ Os 13 comportamentos para desenvolver a confiança.

<table>
<tr><th colspan="4">13 COMPORTAMENTOS
PARA DESENVOLVER A CONFIANÇA</th></tr>
<tr><td rowspan="5">CARÁTER</td><td>1. Fale francamente</td><td rowspan="5">COMPETÊNCIA</td><td>6. Produza resultados</td></tr>
<tr><td>2. Demonstre respeito</td><td>7. Aperfeiçoe-se</td></tr>
<tr><td>3. Crie transparência</td><td>8. Enfrente a realidade</td></tr>
<tr><td>4. Corrija os erros</td><td>9. Esclareça as expectativas</td></tr>
<tr><td>5. Demonstre lealdade</td><td>10. Pratique a responsabilidade</td></tr>
<tr><td colspan="3">AMBOS</td><td rowspan="4">A confiança é o elemento que faz toda a diferença nas relações e nos diferentes papéis que exercemos.</td></tr>
<tr><td colspan="3">11. Escute primeiro</td></tr>
<tr><td colspan="3">12. Cumpra as promessas</td></tr>
<tr><td colspan="3">13. Confie nos outros</td></tr>
</table>

Fonte: Covey, 2017, p. 236.

COMO EMPODERAR E ENGAJAR EQUIPES

"Desenvolvemos velocidade, mas nos sentimos enclausurados dentro dela. A máquina, que produz abundância, tem-nos deixado em penúria. Nossos conhecimentos fizeram-nos céticos; nossa inteligência, empedernidos e cruéis. Pensamos em demasia e sentimos bem pouco. Mais do que máquinas, precisamos de humanidade; mais do que de inteligência, precisamos de afeição e doçura. Sem essas virtudes, a vida será de violência e tudo será perdido".

Charles Chaplin (discurso do barbeiro judeu em O Grande Ditador)

Teal, um novo conceito para reinventar modelo de trabalho e de gestão

Por se tratar de um novo paradigma no mundo do trabalho, já produzindo resultados extremamente positivos em organizações do mundo inteiro, o *Teal* vem gradativamente ocupando espaço em todo tipo de organização, sejam grandes ou pequenas, públicas ou privadas. O modelo preconiza a criação de equipes autogerenciadas. Trata-se de um paradigma que define o próximo estágio da consciência humana onde o gestor atua como facilitador dos processos, criando condições e garantindo infraestrutura para que as equipes produzam resultados. Não se trata apenas do cumprimento de metas e sim a preocupação com a qualidade do serviço e a consequente satisfação do cidadão. A inovação aqui, em se tratando de prestação de serviço público, vai envolver uma profunda análise dos processos de trabalho levando em conta indicadores como redução do custo, garantia da qualidade e aumento da satisfação tanto do cidadão como do servidor.

Albert Einstein dizia que nenhum problema pode ser resolvido pelo mesmo estado de consciência que o criou. Ou seja, organizações somente evoluem na medida da evolução da consciência daqueles que a compõem, afinal empresas são geridas por pessoas.

Pode-se afirmar que os modelos tradicionais, clássicos e atuais não conseguirão, mantendo-se inertes, trazer soluções para os problemas dentro do contexto atual quando a única certeza é da velocidade cada vez maior de necessidades de mudanças ágeis, isso devido à evolução tecnológica em todos os setores, tecnologia da informação, medicina, energia cada vez mais limpa, educação, agricultura, telefonia, além da forma como colaboramos e nos relacionamentos em sociedade. Dia após dia nos deparamos com novas soluções inovadoras que substituem produtos e processos obsoletos, em especial nos setores privados, não cabendo ao setor público brasileiro manter-se acomodado em velhos paradigmas, estruturas obsoletas, sistemas organizacionais hierárquicos e morosos e a ausência de humanização nas relações, conforme tratado no capítulo 1.

O conceito *Teal* trazido por Frederic Laloux, autor do livro Reinventado Organizações (2019), traz elementos importantes e que justificam que a jornada de evolução da humanidade é concomitante à evolução de sua consciência, marcada muitas vezes por momentos de crises ou incômodos profundos que a tiraram de sua zona de conforto, conduzindo-a a novos patamares de crescimento e desenvolvimento, como em uma espiral ascendente. Laloux, para chegar ao conceito *Teal*, baseou-se em um estudo de Ken Wilber (1986), pensador e criador da psicologia integral, e estabeleceu um paralelo entre a evolução do ser humano e das organizações, representada pela figura IV-8 (Laloux, 2019).

ESTÁGIOS DE DESENVOLVIMENTO E OS TIPOS DE ORGANIZAÇÕES		VALORES PRATICADOS
EVOLUTIVO Propósito	***TEAL*** Surgem quando uma organização alia a autogestão e eficiência. Não somente como um meio para alcançar objetivos, mas também tem seu propósito evolutivo e transformador massivo	Propósito evolutivo, integralidade, autogestão
PLURALISTA Harmonia	**VERDE** Foca no bem-estar de todas as partes interessadas (clientes, força de trabalho, sociedade, fornecedores etc.) e objetiva o empoderamcnto dos membros da organização	Empoderamento, cultura orientada por valores, perspectiva de múltiplos *stakeholders*
CONQUISTADOR Expansão	**LARANJA** A meritocracia substitui o *status* c seus progressos incluem a inovação sistemática ou a responsabilidade compartilhada entre os membros da organização	Inovação, responsabilização, meritocracia
CONFORMISTA Perpetuação	**ÂMBAR** Podem planejar em longo prazo e criar estruturas organizacionais estáveis e escalonáveis. A hierarquia não se define pelo poder, mas sim pelo *status*	Perspectivas de longo prazo, tamanho e escalabilidade, papéis (hierarquias) formais, processos
IMPULSIVO Sobrevivência	**VERMELHO** Tem a sua origem nas comunidades mais primitivas e baseia-se na existência de um líder poderoso que exerce sua autoridade por meio do medo. Bem adaptadas a ambientes caóticos, mas inadequadas para atingir resultados complexos em ambientes estáveis	Autoridade de comando, divisão do trabalho

Figura IV-8 ■ Estágios de desenvolvimento e os tipos de organização *versus* valores praticados. **Fonte**: Laloux, 2019 e Szabolcs, 2022.

E concluiu que é possível sim reinventar uma organização existente de maneiras tão fundamentais, conforme figura IV-8.

O mais interessante no livro de Laloux (2019, p. 328) são as similaridades que ele identificou nas organizações pesquisadas, assim como os detalhes de como essas empresas reinventaram muitos dos fundamentos da gestão: estrutura organizacional, tomada de decisão, compensação e incentivos, gestão de desempenho, fluxos de informação etc. O estudo apontou três avanços das organizações *Teal*:

Autogestão – mais autonomia para os times e indivíduos, sem a necessidade de hierarquia ou consenso. Quem desempenha um papel é responsável e responsabilizado pelas decisões. Isso pode suprir as limitações dos sistemas de controle hierárquicos tradicionais por sistemas mais flexíveis e ágeis, incluindo relações de colaboração com seus pares. A proposta de autogestão não significa eliminar a hierarquia e passar a executar tudo democraticamente com base em consenso. Na verdade, ele funciona com um conjunto interligado de estruturas e práticas que apoiam novas formas de compartilhamento de informação, tomada de decisões e resolução de conflitos.

Integralidade – organizações *Teal,* por meio de boas práticas, integram seus indivíduos convidando-os a serem eles mesmos sem as "máscaras sociais", a se apresentarem com tudo o que são. Todos são bem-vindos e respeitados em suas individualidades emocionais, intuitivas, espirituais e suas vulnerabilidades. Ao se sentirem plenas, as pessoas genuinamente se percebem envolvidas e seguras para construir e nutrir um ambiente de trabalho que agrega valor para a totalidade.

Propósito evolutivo – em vez de terem vida e senso de direção próprios, tentar prever e controlar o futuro, os líderes de organizações *Teal* escutam e envolvem as pessoas, cocriando um futuro fundamentado em um propósito comum que a organização quer servir.

Gestor em ação – se a evolução de sua organização depende da evolução da consciência das pessoas que a compõem, quais valores precisam ser desenvolvidos e cultivados para ser um *Teal*? Você saberia identificar em qual estágio sua organização está a partir dos valores praticados?

Como você tem inspirado sua equipe diante de distrações?

Vivemos em um mundo em que o produto mais cobiçado, vigiado e manipulado é nossa atenção. As grandes organizações trabalham estrategicamente para capturar clientes para novas experiências. Um exemplo disso para quem acessa redes sociais, por exemplo, são as propagandas ou vídeos promocionais, que, se distraídos estivermos, somos de certa forma "abduzidos" para um universo virtual e na maioria das vezes vazio, por infinitas horas improdutivas. Outra consequência do mundo em que vivemos é a "infoxicação" (Morais, 2020), para representar que com o crescimento exponencial da informação e da quantidade de dados ofertados supera a capacidade humana de processá-los e suportá-los, sendo notória nossa dificuldade de digerir esse montante excessivo de informações. E de certa forma isso não é diferente no setor público, com uma avalanche de informações, em volume, tipos e formatos distintos entre si, não nos causaria surpresa alguma se os líderes se sentissem muitas vezes de mãos atadas sem saber como agir para manter suas equipes longe de distrações e ao mesmo tempo atentas aos contextos e cenários mutáveis da organização. Os ambientes organizacionais estão presenciando a falta de capacidade de concentração prolongada tanto dos líderes quanto de suas equipes, e que afeta o potencial de uso da inteligência coletiva nas organizações. Neste contexto, como manter a equipe focada em diferentes contextos?

Conforme apresentado no item sobre as organizações *Teal*, a jornada de evolução também passa por um olhar atento para essas questões. Para manter equipes focadas é importante que o líder crie mecanismos que façam a ponte do indivíduo com a organização, a partir do propósito compartilhado e congruente com os valores praticados. Tendo clareza a quem a organização serve, isso se desdobra em diretrizes e estratégias de negócio, envolvem as pessoas para assumirem responsabilidades na construção dos objetivos, metas e ações factíveis e que atendam às necessidades das partes interessadas que já foram mapeadas.

Dicas para firmar acordos com sua equipe:

O combinado não sai caro – acorde ações que sejam SMART (**Espe**cífico, **M**ensurável, **A**lcançável, **R**elevante, **T**empo). Combine e deixe claro o que você espera de cada pessoa da sua equipe.

Ficou claro? – certifique-se de que a mensagem foi compreendida. Comunicação precisa ser checada. Está claro para você? Consegue repetir com suas palavras o que acabamos de conversar?

Diálogos construtivos – *feedback* e *feedforward* adotadas como ferramentas poderosas de gestão de pessoas para acelerar o desenvolvimento pessoal e melhorar os resultados de *performance* das equipes. O *feedback* é voltado para atitudes passadas e praticado para dar retorno sobre o desempenho e o comportamento de indivíduos na organização. Já o *feedforward* foca em olhar para a frente e tem como objetivo apoiar a liderança a orientar o servidor ou a pessoa a desenvolver ou aprimorar suas competências rumo a um objetivo ou resultado esperado.

Confiança para ganhar velocidade – sendo a confiança fator de aumento da velocidade para que as coisas aconteçam, seria um grande alavancador incluir na agenda da liderança práticas de estímulos à geração de confiança. Que valores precisamos praticar para que sejam percebidos pelos servidores? Líder é exemplo, sempre!

O que sabemos é de que nosso cérebro não consegue se concentrar em duas coisas ao mesmo tempo, por isso ele tira o foco de uma e passa para outra que está em primeiro plano, e isso não significa aumentar a produtividade ou ser produtivo. Cada pessoa/servidor sabendo do seu papel, metas e tarefas a desempenhar para entregar o melhor ao cliente/cidadão, e o líder estimulando e fortalecendo a confiança com diálogos construtivos, pode apoiar a equipe a ter foco em cada tarefa a ser executada com estado de presença e atenção plena.

Gestor em ação – como você tem inspirado suas equipes diante das distrações?

A arte de celebrar conquistas. Porque, os resultados importam!

Já lhe ocorreu em mensurar quantas vezes você comemorou pequenas conquistas pessoais? Quando se formou na faculdade, o primeiro carro, ou a realização de um grande sonho que com certeza continha pequenas vitórias? E com seus filhos, esposo, esposa. O quanto você vibra quando alcança algo que tanto se dedicou, aprendeu, cresceu?

Agora, e com sua equipe? Qual foi a última vez que vocês comemoram pequenos ou grandes feitos? Foram uma, duas, dez, cem vezes? Se você ainda está buscando em sua memória, provavelmente isso não é um valor praticado ou em sua vida pessoal ou no ambiente de trabalho.

Celebrar significa, segundo dicionário *on-line* português (2022), entre os significados: 1. promover; fazer uma solenidade; produzir uma festividade de teor pomposo: celebrar um contrato, uma empresa; 2. enaltecer; proclamar louvores: o padre celebrava os milagres de Cristo.

Os efeitos do ato de celebrar transcendem em engajamento, reconhecimento, motivação, aumento de produtividade. É também uma forma de integração de equipes extremamente úteis para alavancar os resultados e o crescimento da organização.

Para criar ou fortalecer a cultura de reconhecimento na sua área, veja algumas dicas e aproveite para cocriar novas com suas equipes:

- Fortalecer a integração entre os servidores e equipes.
- Dar *feedbacks* positivos para cada pessoa de forma pública.
- Ter o hábito de reconhecer e elogiar os esforços realizados em cada tarefa, utilizando o *feedback* e *feedforward*.
- Investir em desenvolvimentos, capacitações e treinamentos.
- Incentivar os gestores a estimular a cultura de reconhecimento.
- Estimular momentos de descompressão.

Gestor em ação – quais foram as pequenas conquistas (presentes) que você gestor reconhece que obteve na última semana? E sua equipe? Reconhecer as pequenas conquistas diárias é um passo importante para fortalecer a cultura de reconhecimento na sua organização. Se você chegou até aqui, que grandes aprendizados (presentes) obteve e vai colocar em prática?

CONSIDERAÇÕES FINAIS

Trabalhar para que as organizações públicas estejam alinhadas com os estilos contemporâneos de gestão é tarefa obrigatória dos gestores públicos da atualidade. Estamos vivendo um tempo sem volta, em que o cidadão, subsidiado pelos meios de comunicação e pelo fortalecimento da sociedade civil organizada, está exigindo cada vez mais qualidade dos serviços prestados por tais organizações, seja municipal, seja estadual ou federal.

Por tudo que foi tratado neste capítulo, considera-se que as organizações públicas terão que estabelecer critérios para contratação de pessoas com formação técnica definida para cada cargo, além de múltiplas competências, também competências comportamentais, incluindo alta capacidade para liderar equipes. Esse gestor deverá atuar sempre como facilitador e enfatizar os estilos de liderança que promovam a participação dos servidores, criando um ambiente que possibilite o desenvolvimento da criatividade e da inovação.

A razão de existir da organização precisa estar muito clara para todos da equipe e, conforme descrito no capítulo 10, deve ser parte do DNA de cada servidor.

Aspectos como fundamentos da gestão: estrutura organizacional, tomada de decisão, compensação e incentivos, gestão de desempenho, fluxos de informação, trabalho em rede, entre outros, precisam ser avaliados de forma sistemática pelas equipes para garantir que haja melhoria contínua.

Itens como autogestão, integralidade e propósito evolutivo que compõem as organizações *Teal*, conforme detalhado por Laloux (2019), devem obrigatoriamente compor o conjunto de conhecimentos do gestor público que ao colocá-los em prática terá como resultado uma organização competitiva em todos os seus processos de trabalho.

Por fim, considera-se extremamente positivo o fato de as pessoas estarem adiando a saída do mercado de trabalho (gerações *baby boomers* e alguns X), por conta do aumento da longevidade, enquanto jovens das gerações Y, Z e Alfa não deixam de chegar. Esse processo tem sido muito rico na medida em que uma geração aprende com a outra, considerando que a soma da experiência, o conhecimento técnico dos mais velhos e a intrepidez dos jovens produzem sinergia. Essa integração de saberes quando bem conduzida pelo gestor capacitado tem produzido ganhos mensuráveis, até porque essa geração que está chegando por concurso ou comissionada já é pós-graduada e muitos já possuem experiência adquirida em outros órgãos públicos ou na iniciativa privada, diferente do que ocorria até o final do século XX, quando os cargos públicos em comissão eram preenchidos por cabos eleitorais sem nenhum critério. Hoje já temos principalmente nos governos estaduais e municipais a preocupação do principal executivo em trazer profissionais que vão agregar valor à sua gestão.

REFERÊNCIAS

ADIGO, Consultores. Curso de Formação de Facilitadores e Consultores. São Paulo: 2004.

Covey SR. A velocidade da confiança – o elemento que faz toda a diferença. Rio de Janeiro: Alta Books; 2017.

Dicionário online em português, palavras consultadas: celebrar e confiança. Disponível em: https://www.dicio.com.br. Acessado em 06 jul. 2022.

Dwech CS. Mindset – A nova psicologia do sucesso. Rio de Janeiro: Objetiva; 2017.

EDELMAN – Relatórios de Pesquisas do Índice de Confiança Brasil. Disponível em: https://www.edelman.com.br/, seção estudos, arquivo Edelman Trust Barometer, 2022. Acessado em 11 mai. 2022.

ENAP – Instrução Normativa SGP-ENAP/SEDGG/ME nº 21, de 1/02/2022, original. Disponível em: https://www.in.gov.br/, seção serviços/diário oficial da união. Acessado em 24 mai. 2022.

Fleury MTL. As pessoas na organização. São Paulo: Gente; 2022.

FNQ – Guia de Referência da Gestão da Excelência. 21ª ed. São Paulo: FNQ; 2016. p. 29-34.

Hamel G, Prahadad CK. Competindo pelo futuro: estratégias inovadoras para obter o controle do seu setor e criar os mercados de amanhã. Rio de janeiro: Elsevier; 1995.

IBGE – Projeção da população brasileira em 2020 e 2050. Disponível em: https://www.ibge.gov.br/apps/populacao/projecao, seção população. Acessado em 26 jun. 2022.

Laloux F. Reinventando as organizações – o guia para criar organizações inspiradas no próximo estágio da consciência humana. Curitiba: Voo; 2019.

Lanz R. Noções básicas de antroposofia. São Paulo: Antroposófica; 2005.

McKeown G. Essencialismo – a disciplinada busca por menos. Rio de Janeiro: Sextante; 2015.

Moraes J (2020). Infoxicação: O que o excesso de informações pode causar. Disponível em: https://vitat.com.br/infoxicacao/. Seção equilíbrio. Acessado em 26 jun. 2022.

PICHIAI D. Artigo: Competências Organizacionais, Gerenciais e Individuais: Conceitos e Discussões no Setor Público – Revista da Micro e Pequena Empresa (ISSN:1985-2537), Campo Limpo Paulista: v. 4, n. 3, p.73-89 (set-dez), 2010.

Rizzolatti G. The mirror neuron system and imitation. In: Hurley S, Chater N (eds). Perspectives on imitation: From Neuroscience to Social Science (Vol. 1: Mechanisms of imitation and imitation in animals – Social Neuroscience). Cambridge, MA: MIT Press; 2005.

Saint-Exupéry, A. O Pequeno Príncipe (1943), Virtual Books, livro digital. Disponível em: https://www.baixelivros.com.br/infantil/o-pequeno-principe-antoine-de-saint-exupery. Seção – livros em domínio público. Acessado em 09 set. 2022.

Segmento Pesquisas. Definição de gerações, 2019. Disponível em: http://www.segmento-pesquisas.com.br, seção pesquisas. Acessado em 16 abr. 2022.

Szabolcs E, Molnár K. Mapa da Reinvenção das Organizações (Circle 43), original. Disponível em: https://www.reinvorgmap.com. Seção gointeal. Acessado em 08 set. 2022.

Parte V

SISTEMA DE GESTÃO DA INOVAÇÃO

CAPÍTULO 10

Proposta para a Implantação de um Sistema de Gestão da Inovação Conforme a Norma NBR ISO 56002-2020

Alécio Fiel Filho

A vida é como andar de bicicleta. Para manter o equilíbrio você deve estar sempre em movimento.

A. Einstein

INTRODUÇÃO

A norma NBR ISO 56002 tem uma estrutura facilmente integrada às outras normas e será o ponto de partida para a mudança da organização, que deve envolver mudanças de cultura, quebra de paradigmas e o estabelecimento de processos simples e funcionais que proporcionem atuação rápida diante das mudanças. É importante destacar que a NBR ISO 56002 possui estrutura semelhante às normas como:

- NBR ISO 9001– Sistemas de Gestão da Qualidade – Requisitos, 2015.
- NBR ISO 14001 – Sistemas de Gestão Ambiental – Requisitos, 2015.
- NBR ISO 45001 – Sistemas de Gestão de Segurança e Saúde no trabalho – Requisitos, 2018.

Muitos são os benefícios da implementação de um sistema de gestão da inovação: podendo eles serem internos, externos, culturais, organizacionais e de mercado, que refletem em valores financeiros e não financeiros. Um sistema de gestão da inovação é essencial para todas as organizações que precisem se reinventar, aumentar sua carteira de ofertas, aprimorar sua eficiência e alavancar a cultura de criatividade de colaboração e se manterem competitivas.

Cerca de 200 empresas no mundo já estão certificadas, sendo a maior delas a AirBus, uma das maiores empresas do mundo do setor aeronáutico, com mais de 150 mil funcionários. No Brasil já são seis empresas certificadas, mas existem outros projetos que estão sendo implementados. A primeira foi a MZF4, indústria de transformação do ramo de náilon localizada na capital paulista. Na mesma época, a CSI Locações, empresa de locação de equipamentos de Fortaleza, no Ceará, também conquistou o atestado de conformidade nessa norma. A terceira empresa foi a PALAS, que decidiu experimentar esse modelo de gestão em seus próprios processos. Outra empresa mais recente certificada ISO 56002 foi a ATENTO, uma das maiores empregadoras do Brasil, multinacional do ramo de *contact center*.

A proposta para implantação da norma NBR ISO 56002, que será apresentada nas páginas seguintes, não tem o propósito de fazer uma interpretação e aplicação de cada item da norma e nem de orientar quanto a elaboração da documentação necessária para a implementação da norma, no entanto será dado grande destaque sobre a importância da criação de uma cultura voltada para a inovação por meio de treinamentos direcionados ao desenvolvimento do conhecimento, habilidades e atitudes.

Na proposta serão apresentadas, como sugestão, algumas ferramentas que podem contribuir para uma nova visão dos funcionários sobre a própria organização, e também em como clientes estão vendo a organização.

Serão apresentados vinte passos para concluir um processo de certificação de terceira parte, realizado por uma organização independente desde que esse seja o propósito da organização.

Para que o leitor tenha um bom entendimento do capítulo a seguir seria interessante que o mesmo dispusesse da referida norma em questão e fizesse a leitura acompanhando com a norma.

NORMA ABNT NBR ISO 56002, 1. ED. DE 13/10/2020 – GESTÃO DA INOVAÇÃO – SISTEMA DE GESTÃO DA INOVAÇÃO – DIRETRIZES

Neste tópico serão destacados na integra algumas partes da norma acima citada, com o objetivo de o leitor começar a familiarizar com a norma.

Introdução da Norma

A capacidade de inovação de uma organização é reconhecida como um fator-chave para crescimento sustentado, viabilidade econômica, aumento do bem-estar e desenvolvimento da sociedade.

As capacidades de inovação de uma organização incluem a capacidade de entender e responder às mudanças nas condições de seu contexto, buscar novas oportunidades e alavancar o conhecimento e a criatividade das pessoas dentro da organização, e em colaboração com as partes interessadas externas.

Uma organização pode inovar de maneira mais eficaz e eficiente se todas as atividades necessárias e outros elementos inter-relacionados ou interagentes forem geridos como um sistema.

Um sistema de gestão da inovação orienta a organização a determinar sua visão, estratégia, política e objetivos de inovação e a estabelecer o suporte e os processos necessários para alcançar os resultados pretendidos.

Os benefícios potenciais da implementação de um sistema de gestão da inovação de acordo com este documento são:

a) maior capacidade de gerir incertezas;
b) aumento do crescimento, receita, rentabilidade e competitividade;
c) redução de custos e desperdícios e aumento da produtividade e eficiência de recursos;
d) maior sustentabilidade e resiliência;
e) maior satisfação de usuários, clientes, cidadãos e outras partes interessadas;
f) renovação sustentada do portfólio de ofertas;
g) pessoas engajadas e com poder de decisão na organização;
h) maior capacidade de atrair parceiros, colaboradores e financiamento;
i) reputação e valorização aprimoradas da organização;
j) conformidade facilitada com os regulamentos e outros requisitos pertinentes (NBR ISO 56002, 2020, p. vii).

Princípios de gestão da inovação

Este documento é baseado em princípios de gestão da inovação. Um princípio de gestão da inovação inclui uma declaração do princípio, uma justificativa do porquê ele é importante para a organização, alguns exemplos dos benefícios associados a ele e, finalmente, exemplos de ações que a organização pode executar para melhorar o desempenho ao aplicá-lo.

Os seguintes princípios são a base do sistema de gestão da inovação:

a) realização de valor;
b) líderes focados no futuro;
c) direção estratégica;
d) cultura;
e) exploração de *insights*;
f) gestão da incerteza;
g) adaptabilidade;
h) abordagem sistêmica.

Os princípios podem ser considerados como um conjunto aberto a ser integrado e adaptado dentro da organização.(NBR ISO 56002, 2020, p. vii).

Sistema de gestão da inovação

Geral

Um sistema de gestão da inovação é um conjunto de elementos inter-relacionados e interativos, visando a realização de valor. Ele fornece uma estrutura comum para desenvolver e implantar recursos de inovação, avaliar o desempenho e alcançar os resultados pretendidos.

Os elementos podem ser gradualmente adotados para implementar o sistema de acordo com o contexto e as circunstâncias particulares da organização. Todos os benefícios podem ser obtidos quando todos os elementos do sistema de gestão da inovação são adotados pela organização. Por fim, a implementação efetiva do sistema de gestão da inovação depende do comprometimento da Alta Direção e da habilidade dos líderes de promover recursos de inovação e uma cultura que apoie as atividades de inovação (NBR ISO 56002, 2020, p. viii).

Ciclo planejar-fazer-verificar-agir

O ciclo planejar-fazer-verificar-agir PLAN-DO-CHECK-ACT (PDCA) permite a melhoria contínua do sistema de gestão da inovação para assegurar que as iniciativas e processos de inovação sejam adequadamente apoiados, dotados de recursos e geridos, e que oportunidades e riscos sejam identificados e tratados pela organização.

O ciclo PDCA pode ser aplicado ao sistema de gestão da inovação como um todo ou suas partes.

A figura V-1 ilustra como Seções 4 a 10 podem ser agrupadas em relação ao ciclo PDCA. O ciclo é informado e dirigido pelo contexto da organização (Seção 4) e sua liderança (Seção 5).

Figura V-1 ■ Representação da estrutura do sistema de gestão da inovação com referências às Seções deste documento. **Fonte**: ABNT NBR ISO 56002, 2020, p. ix.

Dessa forma, o ciclo pode ser descrito brevemente da seguinte maneira:

a) Planejar: estabelecer os objetivos e determinar as ações necessárias para lidar com as oportunidades e os riscos (Seção 6 – Planejamento).
b) Fazer: implementar o que é planejado em termos de suporte e operações (Seção 7 – Suporte e Seção 8 – Operação).
c) Verificar: monitorar e quando aplicável, medir os resultados em relação aos objetivos (Seção 9 – Avaliação de Desempenho).
d) Agir: tomar medidas para melhorar continuamente o desempenho do sistema de gestão da inovação (Seção 10 – Melhoria).

Gerindo incertezas e riscos

As atividades de inovação precisam lidar com altos graus de variação e incerteza, principalmente durante as fases criativas iniciais. O alto grau de incertezas e os riscos são explorativos e caracterizados por pesquisa, experimentação e aprendizado. À medida que o processo avança, o conhecimento é adquirido e a incerteza é reduzida.

As iniciativas de inovação envolvem assumir riscos e nem todas resultam em inovação. Iniciativas descontinuadas são parte integrante dos processos e fontes de aprendizado como insumo para futuras iniciativas de inovação.

O grau de risco aceitável depende da ambição de inovação, das capacidades e dos tipos de inovações abordados pela organização. A gestão de riscos pode ser abordada de diferentes formas, por exemplo, aprendizado iterativo, parceria ou diversificação de portfólio com variados níveis de risco. Uma abordagem sistêmica é fundamental para entender as interdependências e gerir as incertezas.

Iniciativas de inovação podem ser implementadas por processos que identifiquem oportunidades, criem e validem conceitos e desenvolvam e implantem soluções. Esses processos de inovação são implementados iterativamente e frequentemente em uma sequência não linear.

Eles precisam ser flexíveis e adaptáveis aos tipos de inovações que a organização procura alcançar.

As organizações podem estabelecer estruturas unificadas ou separadas para implementar atividades de inovação. Essas podem requerer diferentes estilos, competências e culturas de liderança. A implementação de um sistema de gestão da inovação pode incentivar a organização a desafiar o *status quo* e as premissas e estruturas organizacionais estabelecidas. Levando a organização a uma maior eficácia na gestão de riscos e incertezas (NBR ISO 56002, 2020, p. ix).

ETAPAS DA PROPOSTA PARA IMPLANTAÇÃO DO SISTEMA DE GESTÃO DA INOVAÇÃO (SGInov)

Convencimento e aprovação da direção

A implantação do Sistema de Gestão da Inovação conforme a norma **NBR ISO 56002 – Gestão de Inovação – Sistema da Gestão da Inovação – Diretrizes que será designado** daqui para frente como **SGInov** representa uma mudança cultural, portanto, é indicado que só se inicie o programa se a direção estiver claramente convencida e compromissada com as mudanças.

Recomenda-se que tenham coordenadores para o gerenciamento da implantação e para o controle e orientação na elaboração e implantação de toda documentação.

A qualidade de gerenciamento da implantação pode conduzi-lo ao sucesso ou a seu fracasso.

Características desejáveis dos coordenadores:

- Capacidade de liderança.
- Organização.
- Bom relacionamento pessoal.
- Lógica e inteligência.
- Coerência de comportamento.
- Conhecimento do SGInov (Sistema de Gestão da Inovação).

Caso a organização não disponha de profissionais com essas características acima descritas, recomenda-se a contratação de um consultor externo, bem recomendado.

Entretanto, existe uma distância entre o desejado e o possível.

Os coordenadores não devem criar um poder paralelo na organização.

Suas atribuições devem estar escritas e devem ser conhecidas por todos.

A responsabilidade é sempre de quem manda e não de quem coordena.

A coordenação deve inicialmente reunir-se com a diretoria e esclarecer todos os principais pontos a serem tratados durante todo o processo de implantação do SGInov.

Designação dos coordenadores do SGInov

A diretoria deve indicar alguns líderes membros da administração que, independente de outras responsabilidades como coordenadores, devem ter responsabilidade e autoridade para:

a) Assegurar que os processos necessários para o SGInov sejam estabelecidos, implementados e mantidos.
b) Relatar para a alta direção o desempenho do SGInov e qualquer necessidade de melhoria.
c) Assegurar a promoção da conscientização sobre os requisitos do cliente (cliente cidadão) em toda a organização.

Avaliação do sistema de gestão já existente na organização

Todas as organizações já possuem um sistema de gestão que geralmente se apresenta em partes formalizado e outras não;

Portanto, nessa avaliação devem-se definir os *gaps* que serão preenchidos e aproveitar o que já existe de bom nesse sistema de gestão, porém com o devido cuidado, pois "remendos" podem ser um péssimo negócio.

O novo sistema não deve ser influenciado pelos vícios já existentes. E deve-se tomar cuidado com paradigmas do tipo "isso já foi tentado antes".

Elaboração do cronograma de trabalho

Um cronograma deve ser elaborado com as respectivas datas e as responsabilidades para a execução das tarefas.

Esse cronograma deve ter uma aprovação da diretoria.

Junto a esse cronograma devem ser definidos os recursos para a implementação do SGInov, de forma que seja possível estabelecer uma previsão de todos os gastos necessários no prazo previsto (Quadro V-1).

Quadro V-1 ■ Principais passos/atividades para a implantação.

Passos/atividades	Período	Responsáveis
Convencimento e aprovação da direção		
Avaliação do sistema de gestão já existente na organização		
Elaboração do cronograma de trabalho		
Contexto da organização (políticas, objetivos, estrutura organizacional, matriz de responsabilidade etc.)		
Planejamento para a apresentação e conscientização da política de inovação e seus objetivos		
Adequação dos processos para o SGInov		
Formação de equipes de trabalho		
Aplicação do Programa 5S		
Elaboração do Manual de Diretrizes da Inovação e os procedimentos		
Implantação dos procedimentos		
Implantação do Manual de Diretrizes do SGInov		
Avaliação do desempenho		

(*Continua*)

Quadro V-1 ■ Principais passos/atividades para a implantação. (*Continuação*).

Passos/atividades	Período	Responsáveis
Auditorias internas		
Condução das auditorias internas e implementação das ações corretivas das auditorias internas		
Reunião de análise crítica da direção		
Implementação do processo de análise e melhorias		
Avaliação pré-contratual e contrato de auditoria		
Pré-auditoria de certificação		
Auditoria de certificação		
Melhoria do Sistema de Gestão da Inovação		

Fonte: Maranhão, 2001, p. 93. Adaptado pelo autor.

Contexto da organização (políticas, objetivos, estrutura organizacional, matriz de responsabilidade etc.)

No contexto da organização é estabelecido o planejamento estratégico para o SGInov, em que os grandes rumos da organização são definidos, envolvendo assim os objetivos, indicadores, metas e os investimentos.

Com o objetivo entender a organização no seu contexto seguem algumas ferramentas que podem auxiliar na sua elaboração. Como a aplicação de **pesquisas** e a aplicação do ***benchmarking***.

Segundo Las Casas (2008), para a elaboração desse planejamento estratégico é fundamental a realização de pesquisas para conhecer a organização internamente e externamente.

O que deve ser pesquisado?

Devem-se pesquisar os funcionários, concorrentes no mercado, mas principalmente as necessidades dos clientes.

Por meio dessas descobrem-se as causas das insatisfações, como por exemplo as causas pela qual um cliente deixou de comprar com aquela empresa.

É importante também conhecer as principais mudanças de hábitos dos clientes. E deve-se ficar atento inclusive aos casos em que o cliente não reclama, já que essa é uma atitude da maioria.

Como há mudanças nas expectativas dos clientes, a pesquisa deve ser feita de forma periódica. Diante disso, muitas organizações inclusive mantêm um questionário nos locais onde é feita a prestação de serviços.

Com o resultado das pesquisas a Organização tem clara visão do ponto de partida, para corrigir os problemas, e o gestor familiarizado com as atividades dos concorrentes, com as necessidades dos clientes, e pontos fortes e fracos da sua organização terá condições de elaborar uma estratégia para melhorar o desempenho.

Periodicamente, reuniões devem ser feitas para discussão dos resultados, que são transmitidos para os principais níveis da organização.

Pesquisa externa

Pesquisa da concorrência:

Ela pode ser feita por meio da leitura de jornais e revistas como forma de obter informações dos concorrentes. No entanto, uma boa investigação de caráter informal pode ser feita levantando informações junto as organizações por um representante não identificado. Essa prática, conhecida como "cliente fantasma", é mais comum no setor varejista.

Como fazer uma pesquisa

Existem várias formas de se fazer uma pesquisa, as mais comuns são: o método da observação e o uso de questionários.

No método da observação o pesquisador observa as reações e anota as informações em um formulário especial.

O método mais usado pelas organizações é o questionário.

Para a elaboração de um questionário é preciso saber qual é o objetivo da pesquisa e somente a partir daí será possível formular as perguntas.

Deve-se também determinar qual o método usado para a coleta dos dados, que pode ser:

- por meio da *internet*;
- entrevista pessoal, entre outros.

O questionário pela *internet* deve ser mais simples e reduzido que o de uma entrevista pessoal.

Quando a entrevista é pessoal o próprio entrevistador vai preenchendo à medida que vai obtendo as respostas do entrevistado.

Escolhido o tipo de questionário é necessário decidir sobre o tipo de resposta para o questionário, que pode ser:

- aberta;
- fechada;
- dicotômica.

As respostas abertas deixam o cliente expressar sua opinião, porém é mais difícil a compilação dos dados.

As fechadas, tipo múltipla escolha, que são mais fáceis de serem tabuladas, são limitadas.

As dicotômicas dão margem a apenas duas alternativas de respostas.

Normalmente, elaboram-se questionários com esses três tipos de perguntas.

Em geral, as perguntas são agrupadas por assuntos, com exemplos: Qualidade do produto, Qualidade do Atendimento, Preço, Condição de pagamento etc.

Os passos para realização de uma pesquisa são conhecidos como os " 5P's da pesquisa":

- Propósito.
- Planejamento.
- Procedimentos (execução do planejamento).
- Processamento (compilação dos dados).
- Propagação (elaboração, apresentação e divulgação dos relatórios na Organização).

Benchmarking

Outra forma é através da aplicação do *benchmarking*, que funciona como forma de comparação entre uma organização e outras que servem como referência. As organizações que aplicam *benchmarking* estudam o que as outras estão fazendo bem, e aí procuram adaptar-se.

No entanto copiar dos melhores não é fácil, é muito difícil convencer os executivos de que alguém faz melhor.

Para aplicação do *benchmarking*, pode-se basear em algumas organizações consideradas líderes em determinados seguimentos. Os procedimentos recomendados para o *benchmarking* são:

1. Identifique seus problemas.

2. Escolha as organizações que estão solucionando os problemas que você enfrenta.
3. Desenvolva objetivos específicos antes de cada visita.
4. Faça a visita.
5. Programe reuniões de consolidação.
6. Converta o aprendizado em ação.
7. Dissemine o aprendizado para toda a organização.
8. Repita o ciclo.

Planejamento para a apresentação e conscientização da política de inovação e seus objetivos

Muito importante e necessário é a disseminação da informação em todos os níveis, esclarecendo a intenção da organização em implantar o SGQ ISO 56002, isso irá minimizar comentários como: "vai haver corte", "vamos trabalhar mais" etc.

É fundamental analisar a **cultura** na organização e transformá-la para uma cultura voltada para a **inovação**.

Cultura para a inovação

Segundo o dicionário do Aurélio, p. 409, "cultura é o comportamento, o complexo de padrões de comportamento, de crenças, das instituições e outros valores espirituais, e materiais transmitidos coletivamente e característicos de uma sociedade".

A cultura diferencia os povos e os grupos de acordo com uma série de características diferenciadas pela religião, região, entre outros.

Segundo Laraia (2015), "O modo de ver o mundo, as apreciações de ordem moral e valorativa, os diferentes comportamentos sociais e mesmo as posturas corporais são assim produtos de uma herança cultural, ou seja, o resultado de operação de uma determinada cultura".

Esses diferentes comportamentos também são encontrados nos grupos das organizações.

Cultura organizacional é o conjunto de concepções, normas e valores submersos à vida de uma organização e que devem ser comunicados aos seus membros.

Algumas organizações produzem e internalizam os padrões culturais.

Sendo assim, cultura da inovação é o total de aprendizagem sobre inovação e valores relacionados à inovação na medida em que a organização progride em sua capacidade de lidar com o ambiente externo e em administrar internamente (Sarapr e Sebastian, 1993, p. 73, apud Las Casas, 2008. Adaptação pelo autor).

Portanto, conforme esta definição, a cultura organizacional de inovação são todos os valores, crenças de uma organização a respeito da inovação em consequência de suas atividades estratégicas e táticas que unem o ambiente à organização.

Mudança cultural

Precisa-se inicialmente avaliar o nível de orientação à inovação de uma organização.

Como sugestão, um questionário é uma boa orientação para identificar se na organização já existe uma tendência à inovação por parte dos funcionários.

Se os funcionários forem enquadrados como pessoas com fortes tendências à inovação não há necessidade de mudança radical na cultura para a aplicação da inovação.

Torna-se necessário uma mudança de cultura na organização para as seguintes situações:

1. A organização tem uma cultura para a inovação que não está sincronizada com a mudança cultural necessária para a implantação do SGInov.
2. O desempenho da organização não é de boa qualidade e as inovações não acontecem.
3. A Organização pretende-se enquadrar-se ao grupo de empresas que tem alto padrão de qualidade e inovação, mas não tem uma cultura voltada para isso.
4. Muitas mudanças tecnológicas de importância estão acontecendo na organização.
5. Aquisições ou fusões estão acontecendo na organização, então torna-se necessário a formação de uma cultura homogênea (Sarapr e Sebastian, 1993, p. 7. apud Las Casas, 2008. Adaptação pelo autor).

Quanto à mudança, Maquiavel já disse no século XVI:

> "Nada é mais difícil de realizar, mais perigoso de conduzir ou mais incerto quanto a seu êxito do que iniciar a introdução de uma nova ordem de coisas, pois a mudança tem como inimigo todos aqueles que prosperaram sob as condições antigas e como defensores tíbios (sem entusiasmo) todos aqueles que podem se dar bem nas novas condições".
>
> **(Fleury, 1991, p. 3, apud Las Casas, 2008)**

O ser humano tende a rejeitar tudo aquilo que desconhece, o que não tem certeza, por isso, de modo geral, tende ao conservadorismo. Portanto, há necessidade de cautela ao implantar novas filosofias.

A mudança cultural pode ser comparada a uma venda de ideias. Os responsáveis deverão convencer os membros de uma organização de que fazer diferente do que eles fazem trará benefícios para eles.

Se a ideia a ser transmitida não estiver muito distante dos sistemas de crenças e valores do grupo será mais fácil.

Alguns gestores resolvem fazer as mudanças por decreto, não considerando o indivíduo, suas necessidades e nem seus temores. O que pode-se esperar disso é que parte dos funcionários que não estão convencidos dos benefícios da mudança passam a boicotar as novas instruções.

Muitos consultores quando avaliam a cultura organizacional de uma organização procuram saber quem é o fundador. Este geralmente estabelece a missão e os objetivos da organização e tem forte atuação no desenvolvimento cultural da organização. Identificando esse líder, fica mais fácil entender a estrutura da organização e o poder exercido, o que sem dúvida afeta o clima empresarial, principalmente quanto à visão da organização, ou seja, onde ela quer chegar.

Identificar a procedência dos funcionários ajuda para conhecer as características culturais dos mesmos.

Quando as procedências são muito diferentes pode-se trabalhar com grupos para que cada um conheça melhor as características culturais dos outros, encorajando uma discussão para facilitar o diálogo.

A implantação de uma mudança cultural deve ser feita de forma gradual, começando pelos pontos mais fáceis de obter resultados.

Não deve-se esquecer que dentro de uma organização há diversas subculturas. Cada departamento forma uma espécie de cultura própria, além daquela geral.

Para que se processe a mudança, há alguns pontos a considerar:

- Estabilização do pessoal (reduzir a rotatividade).
- Qualificação e desenvolvimento do pessoal.
- Comunicação e criação de um sistema de gestão mais participativo.

Abaixo, têm-se alguns passos para o desenvolvimento da cultura para a inovação.

1. Identifique os valores de inovação necessários que sirvam para o ambiente competitivo.
2. Identifique o público-alvo que deve ter os valores relacionados no passo 1.
3. Identifique os valores de inovação atuais do público-alvo e compare com os valores desejados no processo de inovação.
4. Decida sobre os mecanismos para introdução dos valores de inovação desejados no público-alvo.
5. Reveja o desempenho de cada grupo e repita os passos necessários.

Marketing interno ou endomarketing como ferramenta de motivação

O *marketing* interno ou *endomarketing* é algo que já pode ser iniciado com a aprovação da diretoria.

Trata-se da aplicação de técnicas de *marketing* ao público interno da organização.

Conforme definição de Leonard Berry (1992 apud Las Casas, 2008, p. 113): "É visão do empregado como cliente, e a visão dos cargos como produtos e a partir daí um esforço para oferecer um produto interno que satisfaça os desejos e necessidades desses clientes, enquanto se procura alcançar os objetivos da organização".

Diante da realidade do mercado torna-se necessária a formação de uma boa equipe de trabalho, e para isso se tornou necessário criar cargos que atraíssem os melhores funcionários e que pudessem permanecer por muito tempo na organização.

A estratégia final do *marketing* interno é fazer dos empregados verdadeiros clientes.

A volta para dentro da organização visa torná-la tão atraente que os melhores funcionários do ramo serão atraídos e permanecerão motivados.

Objetiva o *marketing* interno "vender" a organização para o empregado para elevar a sua motivação e com isso desenvolver uma equipe de trabalho dinâmica e orientada para o cliente.

O departamento de RH em muitas organizações é o único que tem feito a comercialização e a união entre organização-funcionário, como também se responsabilizado pelo nível motivacional da equipe. No entanto, pouca atenção é dada às técnicas convencionais de *marketing* na execução dessas atividades.

Percebe-se que várias das técnicas mercadológicas podem ser usadas com eficiência dentro de uma organização em conjunto com o RH.

Nem sempre os desejos e necessidades coincidem com os objetivos da organização.

Como desenvolver um programa de *marketing* interno

A primeira condição é ter aprovação da alta administração. Portanto, para implantar o *marketing* interno o produto já existe, o objetivo é mudá-lo e transformá-lo em produtos desejáveis.

Não esquecer que os desejos e necessidades dos clientes podem variar muito.

O produto oferecido como salário pode ser associado ao desempenho, com um programa de participação nos lucros (resultados).

O produto cargo pode ser transformado em mais atraente, como, por exemplo, uma organização que procura recrutar mães com crianças pequenas e oferece uma creche especial para que deixem as crianças enquanto trabalham.

Implantação do *marketing* interno

Primeiro passo – pesquisar os funcionários: para identificar seu nível de satisfação e reivindicações.

Segundo passo – estabelecer uma descrição de cargo e o perfil do candidato, para que se atraia o candidato certo e contratar os elementos que mais se aproximam das necessidades.

Terceiro passo – tornar o emprego atraente. Formar elementos atraentes no cargo, como: quotas, prêmios, plano de carreira, benefícios e vários outros fatores motivacionais que permitirão segurar os funcionários na organização.

Quarto passo – programar treinamento para todos os funcionários: tanto os funcionários novos como os mais antigos devem ser treinados. Um programa de treinamento inicial e o de reciclagem devem ser incluídos na programação das empresas que desejam aplicar o *marketing* interno.

Capacitação

Segundo Las Casas (2008), qualquer projeto de melhoria é alicerçado no desempenho humano, portanto, aperfeiçoar qualquer atividade é aperfeiçoar o desempenho humano, o que é possível principalmente decorrente da existência do treinamento.

É evidente que existem outros fatores que também contribuem para a melhoria do desempenho.

Há necessidade de treinar sempre o funcionário. Os funcionários novos devem receber orientação para desempenhar suas funções. Os funcionários experientes devem acompanhar as mudanças do mercado e as diferentes orientações da organização.

O treinamento deve existir sempre em todos os níveis organizacionais. É um elemento-chave, não só no desenvolvimento da cultura, como também na aplicação da inovação, independentemente de outros fatores organizacionais.

Não confundir treinamento com passar instruções de serviço para os funcionários. No entanto, treinar é muito mais que isto, treinar é conseguir que haja mudanças.

Tipos de treinamento

- Treinamento inicial

O treinamento inicial é dirigido aos funcionários que começam, para proporcionar uma homogeneização de procedimentos.

O treinamento inicial serve para que o novo funcionário não fique "perdido". Nesse treinamento deve informar-lhes sobre produtos, estrutura hierárquica, instruções de trabalho, política da organização etc.

- Treinamento de reciclagem

O treinamento de reciclagem objetiva "consertar a casa" por meio da identificação dos pontos fracos de alguns funcionários e a proposta é de ajudá-los com treinamento específico.

Quando se deseja mudar o comportamento há necessidade de reforçar as ideias ou conhecimentos transmitidos, para que seja assimilado definitivamente pelos treinados, caso contrário o esforço do treinamento desaparece.

No Brasil, infelizmente muitos treinamentos são para "apagar incêndios", ou seja, para resolver problemas imediatistas, embora seja melhor que nada, mas não é o correto.

Além da necessidade de continuidade é necessário contar com recursos para treinamento, como: material, ambiente, salas apropriadas etc.

Etapas do treinamento

1. Determinação das necessidades.
2. Determinação dos objetivos.
3. Elaboração de programas.
4. Avaliação dos resultados.

• Determinação das necessidades

Todo treinamento deve partir de uma base concreta para a sua efetivação.

Para que o levantamento das necessidades seja correto é necessário que se avalie o indivíduo, o cargo e a organização.

Para que se faça uma análise correta das necessidades, a organização precisa elaborar um questionário, ou qualquer método de formular perguntas para o funcionário, a fim de perceber como se sente em relação ao trabalho e a organização. É preciso estudar a ficha do funcionário, e sua adequação ao cargo ocupado, das relações estabelecidas dentro da organização, programas de incentivos etc. Muitas vezes em vez de treinar o que deve ser mudado são os requisitos do cargo e a organização.

• Determinação dos objetivos

O objetivo é: onde se quer chegar com a atividade de treinamento, sendo esse o ponto básico para a realização e a condução de programas de treinamento.

Alguns objetivos como exemplos podem ser:

- Aumento das vendas.
- Redução de custos.
- Melhor relacionamento entre funcionários etc.

• Elaboração de programas

Tendo o objetivo como ponto de partida e determinado a necessidade; o programa deve ser elaborado em cima daquela necessidade.

A princípio o treinamento pode ser feito com base em conhecimentos, habilidades e atitudes.

Cada um desses tipos de treinamento terá abordagens diferentes.

O de conhecimento será transmitido por meio de aulas expositivas e práticas dos princípios apresentados.

O de habilidades de muita prática das habilidades propostas.

O de atitudes terá uma abordagem comportamental, muitas vezes com mensagem oculta através de uma série de atividades paralelas que são realizadas posteriormente.

Com o objetivo de "fazer a cabeça" dos treinados e, consequentemente, mudar-lhes a atitude e o comportamento.

- Avaliação dos resultados

Uma das etapas mais difíceis é a avaliação dos resultados devido à quantidade de variáveis que interferem no desempenho humano.

O principal efeito de um treinamento é a mudança, portanto, é necessário que se avaliem os seguintes aspectos:

- *Reação*

A análise de reação determina o nível de satisfação dos treinados. É uma análise imediatista, que, por meio de um questionário, revela se os treinados gostaram ou não do treinamento.

É muito usada, embora incompleta, pois não determina se realmente houve alguma mudança.

- *Conhecimento*

É o nível de conhecimento que o treinado adquiriu durante o treinamento. Normalmente é feito por meio de uma prova escrita ou oral. Muitas vezes, testa-se o conhecimento antes e depois do programa. A diferença revela se houve acréscimo ou não de conhecimento.

- *Transferência*

Nesse caso os líderes dos treinados fazem avaliações periódicas para avaliar a evolução dos treinados, então eles são responsáveis pela continuidade do programa.

Muitos programas foram interrompidos porque a liderança dos treinados impediam que eles praticassem o que aprendeu por falta de conhecimento do assunto.

Mesmo que a organização não tenha interesse em transferir a responsabilidade do treinamento para os líderes, esses devem ser treinados para facilitarem o aprendizado no local de trabalho.

O principal responsável pelo processo de aperfeiçoamento é o líder da equipe.

Um método de avaliação de desempenho deve ser usado. Neste caso os lideres avaliam os funcionários treinados atribuindo notas através de questionários que identificam as várias atividades relacionadas ao cargo do treinado.

Sendo as avaliações de natureza subjetiva e podem ter distorções nos resultados por interpretações erradas das perguntas ou mesmo de antipatias pessoais.

Para minimizar esses problemas, os avaliadores devem ser treinados

- *Resultados*

Avaliam-se a participação dos funcionários, pontualidade, horário de permanência do funcionário dentro da empresa, além de outros comportamentos que revelam essa melhoria.

A avaliação dos resultados demonstra para uma organização que o investimento deu o retorno necessário.

Enfim os treinamentos de conhecimentos, habilidades e atitudes (comportamentais) irão criar expectativas favoráveis nos colaboradores para a realização das inovações, mas, para esses treinamentos serem eficazes, é fundamental que o processo de comunicação seja compatível com os diferentes níveis dos funcionários da organização.

A norma NBR ISO 10015: 2020 – Gestão de Qualidade – Diretrizes para a gestão de competência e desenvolvimento de pessoas estabelece orientações para um programa de treinamento

Comunicação

A comunicação e o meio principal para implantar qualquer mudança na organização; por isso é importante avaliar inicialmente o processo de comunicação (Figura V-2).

A comunicação pode ser de forma escrita, oral ou simbólica.

O receptor recebe a mensagem e a decodifica.

A decodificação é a forma com que o receptor interpreta e entende.

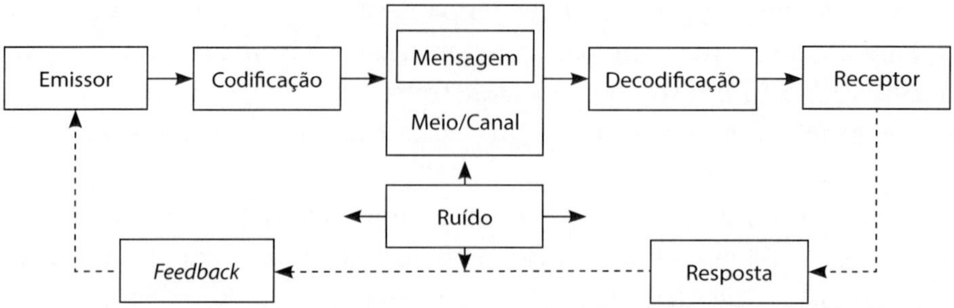

Figura V-2 ■ Ilustração do processo de comunicação. **Fonte**: Adaptado pelo autor.

Ao receber a mensagem o receptor dá um *feedback* para o emissor que faz as devidas correções e adaptações de acordo com a necessidade, visto que o objetivo da comunicação é ter a mensagem entendida.

No entanto, quando se comunica alguma coisa através de várias pessoas a mensagem pode ser distorcida.

Devido ao efeito da distorção, quanto menor o número de intermediários melhor.

É importante transmitir a ideia de inovação diretamente para todos os funcionários.

Segundo Las Casas (2008), outro aspecto é que a comunicação deve ter a participação dos receptores, para que se tenha o necessário *feedback* e se façam as adaptações no processo.

Como as pessoas tendem a entender uma mensagem de forma distorcida, o comunicador deve fazer perguntas para assegurar-se de que tudo foi entendido. Para isso, deve-se evitar a comunicação de apenas um sentido. Deve-se fazer com que o receptor dê seu *feedback*.

Quando pretende-se transmitir alguma mensagem, procura-se sempre preparar antes o que será comunicado. Elaboram-se as mensagens desejadas de forma coerente e lógica, com objetividade e clareza, pois isso será fundamental para o entendimento dos receptores.

Os meios para comunicar a mensagem devem ser adequados para aquilo que se propõe transmitir.

Se for necessário transmitir informações mais complexas, lembre-se que apenas a comunicação oral pode não ser suficiente. Há necessidade de usar sempre que possíveis recursos audiovisuais para facilitar o aprendizado.

Todas as observações feitas aqui são relevantes para qualquer aspecto de comunicação. Elas devem ser consideradas ao implantar-se uma cultura da inovação nas organizações.

O gestor, ou seu representante oficial, deve comunicar a seus funcionários os novos objetivos da organização e as mudanças que são propostas. Ouvir as opiniões fazendo a comunicação nos dois sentidos é uma necessidade. A partir daí, deve-se manter um programa de formação cultural, para que reforce as ideias transmitidas inicialmente.

Para isso um programa de treinamento deve ocorrer de forma periódica e constante, de preferência programado em bases anuais.

A comunicação também deve ser feita em forma de promoção, com material de divulgação.

Há necessidade de preparar material adequado para da divulgação dos princípios e das diretrizes que todos devem seguir, para manter homogeneidade no processo.

Há organizações que colocam quadros internamente nos pontos de maior movimento, lembrando os principais objetivos de um programa de inovação.

Além disso, deve-se abrir um canal e estimular a participação dos funcionários, colocando-se caixas de sugestões físicas ou eletrônicas para que as ideias sejam apresentadas.

Muitos administradores preferem fazer folhetos. Nesse caso o material deve ser de boa qualidade.

Nas organizações de menor porte, a implantação de uma cultura da inovação pode ser mais fácil porque:

- Há menor número de pessoas para se mudar a cabeça, quando for o caso.
- Contato mais intenso com o pessoal, a comunicação pode ser basicamente oral, pois pela frequência de contato, por tornar-se mais rapidamente repetidos.

Entretanto, independentemente do tamanho da organização é importante planejar adequadamente o processo de comunicação para que a cultura da inovação seja implementada, mantida e preservada, como também corrigida para atingir os mais altos patamares da excelência.

Adequação dos processos para o SGInov

Estabelecer os processos, analisar, racionalizar, documentar e estabelecer indicadores para medir a eficiência e eficácia dos processos.

Todo processo tem uma entrada, uma transformação que deverá agregar valor e uma saída. Essa saída será a entrada do processo seguinte. Essa transformação deve ser feita de forma eficiente e cada vez melhor, portanto, estando sempre num processo de melhoria contínua.

A visão da norma NBR ISO 9000-2015 sobre processo

"O processo é um conjunto de atividades inter-relacionadas ou interativas que utilizam entradas para entregar um resultado pretendido".

O "resultado pretendido" do processo é chamado de saída, sendo produto ou serviço.

As entradas para um processo são geralmente saídas de outros processos e as saídas de um processo são geralmente as entradas de outros processos.

Processos de uma organização são geralmente planejados e realizados sob condições controladas para agregar valor".

Conceito intuitivo de processo: uma transformação.

Entrada: o que será transformado.

Processo: transformação em si.

Saída: resultado da transformação.

A saída ou produto ou serviço do processo deve ter por objetivo o atendimento da necessidade de um cliente, que é a razão da existência do processo.

Quando as necessidades do cliente são atendidas dizemos que o processo é feito com qualidade.

O processo sempre deve agregar um valor. Essa sequência de agregação de valor no processo é chamada de cadeia de valor do negócio.

Pode-se ter processo que não agregam valor em dinheiro, mas sim de natureza humana, social, ética, religiosa etc.

Os produtos do processo destinam-se ao cliente do processo. As necessidades do cliente devem ser transformadas nos requisitos dos processos.

A norma NBR ISO 9001-2015 no item 8.1 faz referências sobre processos, conforme destaca-se a seguir:

"A organização deve planejar, implementar e controlar os processos necessários para atender os requisitos para a provisão de produtos e serviços".

Benefícios de adotar uma abordagem de processos:

- Alinhar os processos com a missão, visão e estratégia.
- Identificar e solucionar problemas e implantar melhorias.
- Viabilizar as necessidades de mudança na organização etc.

A rede de clientes internos deve funcionar harmoniosamente, tendo como objetivo essencial a satisfação do cliente do próximo processo.

Ainda segundo a norma NBR ISO 9001, 2015. p. viii estabelece a Abordagem de **processo**.

Generalidades

Essa norma promove a adoção da abordagem de processo no desenvolvimento, implementação e melhoria da eficácia de um sistema de gestão da qualidade, para aumentar a satisfação do cliente pelo atendimento aos requisitos do cliente. Requisitos específicos considerados essenciais à adoção da abordagem de processos estão incluídos em 4.4. Entender e gerenciar processos inter-relacionados como um sistema contribui para a eficácia e a eficiência da organização em atingir seus resultados pretendidos. Essa abordagem habilita a organização a controlar as inter-relações e interdependências entre processos do sistema, de modo que o desempenho global da organização possa ser elevado.

A abordagem de processo envolve a definição e a gestão sistemáticas de processos e suas interações para alcançar os resultados pretendidos de acordo com a política da qualidade e com o direcionamento estratégico da organização. A gestão dos processos e do sistema como um todo pode ser conseguida usando o ciclo PDCA com um foco geral na mentalidade de risco, visando tirar proveito das oportunidades e prevenir resultados indesejáveis. A aplicação da abordagem de processo em um sistema de gestão da qualidade proporciona:

a) entendimento e consistência no atendimento a requisitos;
b) a consideração de processos em termos de valor agregado;
c) o atingimento de desempenho eficaz de processo;
d) melhoria de processos baseada na avaliação de dados e informação.

A figura V-3 mostra uma representação esquemática de qualquer processo e das interações de seus elementos. Os pontos de monitoramento e medição necessários para controle são específicos de cada processo e variam dependendo dos riscos relacionados.

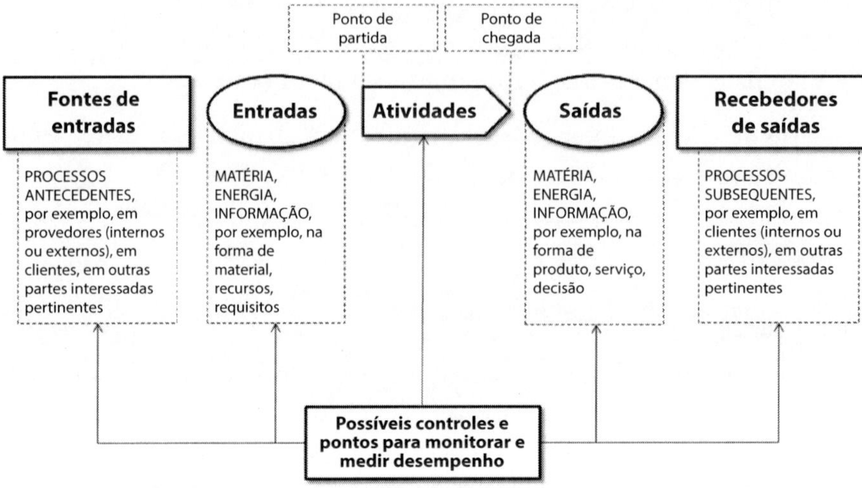

Figura V-3 ■ Representação esquemática dos elementos de um processo individual. **Fonte**: Adaptado NBR ISO 9001, 2015, p. ix.

Mapeamento de processos

O mapeamento de processo consiste em estabelecer a sequência ideal de reorganização, iniciando-se com o planejamento estratégico.

O mapeamento de processos da organização é o conhecimento e a análise dos processos e seu relacionamento com os dados, estruturados em uma visão de cima para baixo, até o nível que permita sua perfeita compreensão e obtenção dos produtos objetivos dos processos.

Mapear um processo na condição atual e depois definir o que o processo deveria ser e trabalhar na diferença

Situação atual ____________ diferença ____________situação desejada

Coleta de dados para o levantamento da situação atual deve contemplar pelo menos:

- Nome do processo.
- Área organizacional ou centro de custo.
- Objetivo do processo.
- Entradas (que devem ser as saídas dos processos anteriores).
- Saídas ou produtos (que devem ser as entradas dos processos posteriores).
- Controles.

- Mecanismos.
- Indicadores de desempenho.
- Fatores críticos de sucesso.
- Registros realizados.

Coletando os dados devem-se construir os diagramas, montando a lógica do processo.

Concluída a etapa do mapeamento da situação atual a próxima etapa é refazer a análise considerando as melhorias que poderão ser introduzidas no processo mapeado. O objetivo é ajustá-los às necessidades dos clientes, tornando-o robusto e competitivo na sua versão desejada.

Critérios recomendados para o mapeamento dos processos:

- Controle de documentos.
- Desvinculação com a estrutura organizacional (hierarquia).
- Foco no cliente do próximo processo.
- Utilizar experiência existente.
- Identificação de áreas/processos atuais e futuro.
- Integração entre os processos.
- O que? Como? Automatizar os processos.
- Previsão de indicadores de desempenho.
- Processos construídos por equipes.
- Terminologia padronizada (linguagem comum).
- Uso de ferramenta de *Benchmarking*.
- Uso pleno da TI (informatização).

Dificuldades

- Inexistência da cultura de processos.
- Paradigma habitual: visão funcional e hierarquizada.
- Mercado pouco competitivo em alguns segmentos.
- Falta de visão estratégica.
- Falta de conhecimento/controle da real necessidade do cliente no processo.

Formação de equipes de trabalho

Entre essas equipes de trabalho deve haver um grupo de coordenação com as pessoas- chave da organização. É importante que as pessoas desse grupo estejam comprometidas com o sucesso da implantação do Sistema de Gestão da Inovação.

Outros grupos devem ser feitos com pessoas vinculadas a várias atividades do processo.

Para que esses grupos funcionem torna-se necessário treinamento como:

- Interpretação da norma NBR ISO 56002.
- Ferramentas para análise e solução de problemas.
- Princípios de liderança.
- Princípios de negociação etc.

Aplicação do programa 5S (Siri, Seiton, Seiso, Seiketsu, Shitsuke)

A aplicação do programa 5S pode ser de grande ajuda na implantação do SGInov, sendo os 5S definidos como:

> **Organização, Arrumação, Limpeza, Padronização e Disciplina** são os 5S em uma tradução mais próxima de seus significados, além de outras que aparecem como: **Utilização, Arrumação, Limpeza, Asseio e Autodisciplina** (Figura V-4).

Figura V-4 ■ Esquema de representação dos 5S. **Fonte**: ERP Consultoria, 2022.

Conforme ERP Consultoria (2022), tem-se:

Senso: **Seiri**

O primeiro senso do 5S é o senso de utilização, que representa o bom senso, o questionamento da necessidade de etapas, ferramentas e funções dentro do processo. Além disso, garante o equilíbrio das operações dentro da instituição. O objetivo desse senso, portanto, é deixar o ambiente de trabalho mais útil.

É na etapa do 5S em que devesse verificar tudo que a empresa possui: objetos, materiais, equipamentos, documentos. Além do mais, é preciso analisar a frequência de utilização desses materiais ou objetos e, a partir disso, definir o que se descarta ou rearranja.

Como resultado do primeiro senso do 5S, temos um ambiente de trabalho organizado e útil, livre de desperdícios e excessos. Assim, ele contém o que realmente importa para a empresa, além de alavancar ainda mais a produtividade dos colaboradores.

Senso: **Seiton**

O segundo senso do programa 5S representa o senso de organização. Após fazer a seleção dos materiais que são necessários, é o momento de organizar tudo, visando à simplificação. Portanto, para isso, podem-se elaborar sistemas e padrões para que os colaboradores tenham um acesso mais fácil aos materiais necessários, por meio de identificações, estantes e etiquetas.

Dessa maneira a metodologia do 5S, além da organização espacial, também considera a organização digital. Aqui, valoriza aplicativos e pastas específicas de acordo com cada necessidade.

Com esse senso do programa 5S, agilizam-se os processos e os colaboradores têm acesso mais fácil. Isso leva a uma maior economia de tempo, e consequentemente o aumento da produtividade.

Senso: **Seiso**

O Seiso representa o senso da limpeza, muito importante para manter o ambiente de trabalho higiênico e arrumado, que reflete diretamente na qualidade de entrega. Este senso do 5S desperta uma responsabilidade individual entre os colaboradores, tanto em suas áreas pessoais de trabalho como nas áreas em comum.

É nessa etapa do 5S que se realizam as limpezas das ferramentas de trabalho e do local em que se realizam as atividades. Além disso, com esse senso ocorre o conserto de materiais estragados, ou de um elemento que cause algum desconforto e a investigação do que gera sujeira ou imperfeições.

A partir do senso da limpeza da metodologia 5S, desenvolve-se um ambiente satisfatório para os colaboradores. Assim, por trabalharem em um local limpo e agradável, com equipamentos que funcionam, impacta-se no bem-estar geral da empresa.

Senso: **Seiketsu**

O Seiketsu representa o senso da normatização da metodologia 5S. Portanto, tem como objetivo garantir que a utilização, organização e limpeza dos métodos anteriores aconteçam na empresa.

Sendo assim, nesta etapa do 5S, define-se quem serão os responsáveis por dar continuidade das atividades realizadas nas etapas anteriores, sempre buscando a melhoria contínua.

Com isso, esse senso busca tornar constante os valores e padrões estabelecidos através de normas e da rotina do programa 5S. Assim, faz com que os colaboradores sigam e apoiam as mudanças.

Senso: **Shitsuke**

O último senso do 5S é o senso de disciplina, que busca manter e estabelecer os princípios anteriores. Por isso, na etapa de Shitsuke é importante apoiar e capacitar os envolvidos no processo, incentivar os valores da metodologia e transformá-los em parte ativa da visão e cultura da empresa.

A disciplina, muitas vezes considerada o ponto principal do 5S, é atingida quando cada colaborador realiza seu papel na busca por um ambiente propício. Sendo assim, é responsável por melhorar a qualidade, o desempenho, a saúde e a produtividade dentro de uma organização (EPR Consultoria, 2022).

Implantar pelo menos os 3S para servir de modelo é fundamental:

- Senso de Arrumação com a seleção do que é útil.
- Senso de organização.
- Senso de limpeza.

Os demais sensos: de Asseio (Padronização) e senso de Autodisciplina poderão vir com o tempo.

Com os 3 primeiros S já vai apresentar um novo visual para a organização, vai mostrar que as coisas estão realmente mudando, como exemplos:

por meio da pintura nova no piso, nas máquinas, nova disposição das mesas no setor etc.

Elaboração do Manual de Diretrizes da Inovação e os procedimentos

A documentação deverá seguir um padrão e assegurar que atende os requisitos da norma NBR ISO 56002.

- Criar inicialmente um procedimento padronizando a elaboração da documentação, para que todos sigam o mesmo padrão.
- Estabelecer um cronograma para a elaboração da documentação, com os respectivos responsáveis.
- Assegurar a efetiva implementação dos documentos através de treinamentos e auditorias.
- Fazer auditorias para comprovar a eficácia dos documentos implementados.

O Manual de Diretrizes da Inovação é um documento de primeiro nível e está no topo chamado **nível estratégico** deve ser elaborado e aprovado pela diretoria, onde vai estabelecer as linhas mestras do Sistema de Gestão da Inovação. O ponto de partida para sua elaboração é a norma NBR ISO 56002. Nesse manual deverá conter todos os itens da norma. Caso exista algum item não aplicado deverá ser explicitado no manual.

O manual deve descrever o SGInov, a política e os objetivos da organização diante do Sistema de Gestão da Inovação, a estrutura da organização, responsabilidades e autoridades para o SGInov, deve fazer referência aos procedimentos documentados de segundo nível, ou seja, de nível tático para cada item da norma NBR ISO 56002.

No manual deverá ser descrito o escopo da certificação, ou seja, a certificação será para quais processos e para quais linhas de produtos etc.

Esse manual não vai ser fechado logo no início, pois dependerá da elaboração de outros documentos de segundo e terceiro nível (documentos de **terceiro nível** corresponde às instruções de trabalhos com mais detalhamento da atividade a ser realizada, como também os documentos de registros que são evidências comprobatórias do que foi realizado), portanto, o manual deverá ser implementado assim que concluir a implantação desses demais documentos.

Orientações para elaboração da documentação, ver norma **NBR ISO 10013: sistemas da gestão da qualidade - orientação para informação documentada, 2021.**

Implementação dos procedimentos

O manual deverá prever pelo menos a implementação de 7 procedimentos que são:

- Contexto da organização.
- Liderança.
- Planejamento.
- Suporte.
- Operação.
- Avaliação de desempenho.
- Melhoria.

Outros procedimentos que são indispensáveis ao funcionamento competitivo do negócio e necessário para o SGInov também devem ser implementados.

A documentação de terceiro nível (instruções, especificações, planos de inspeção, instruções para testes do produto, registros etc.) deve ser priorizada em função das necessidades que vão surgindo com a implementação dos procedimentos.

O controle das informações documentadas deve ser eficaz, impossibilitando a existências de documentos obsoletos em locais de trabalho.

A implementação de um documento significa tornar obrigatório o seu uso, o sucesso da formalização está na firmeza e competência de conseguir fazer o seu efetivo uso.

Não esqueça dos "derrubadores" de mudança.

Depois de implementado o documento, anote caso houver cada necessidade de melhoria e introduza-as na próxima revisão.

Implementação do Manual de Diretrizes do SGInov

Concluído a implementação dos documentos de segundo e terceiro nível chegou a hora de implementar o manual.

O manual deve ser visto por todos como uma importante etapa de consolidação do processo, a verdadeira fonte de referência da organização.

Avaliação do desempenho

Para o leitor compreender melhor o item acima será descrito na íntegra o que estabelece a norma NBR ISO 56002, 2020, p. 24 para o Monitoramento, medição, análise e avaliação:

Convém que a organização determine:

a) o que precisa ser monitorado e medido, incluindo quais indicadores de desempenho da inovação são para ser usados;
b) as ferramentas e os métodos de monitoramento, medição, análise e avaliação necessários para assegurar resultados válidos;
c) quando convém que o monitoramento e a medição sejam realizados;
d) quando convém que os resultados do monitoramento e medição sejam analisados e avaliados;
e) quem será o responsável.

O conjunto de indicadores de desempenho da inovação, quantitativo ou qualitativo, pode incluir um equilíbrio de:

a) indicadores relacionados a insumos, por exemplo, número de ideias, número de iniciativas de inovação, potencial de criação de valor, novas fontes de conhecimento, novas ideias, recursos e competência;
b) indicadores relacionados à taxa de transferência, por exemplo, velocidade de experimentação, aprendizado e desenvolvimento, número ou proporção de funcionários, gerentes ou usuários envolvidos ou treinados, eficácia de colaboração e relacionamentos, novas ferramentas e métodos adotados, tempo de lucro, tempo de mercado, nível de engajamento e reconhecimento da marca;
c) indicadores relacionados ao produto, por exemplo, número ou proporção de ideias implementadas, retorno do investimento em inovação, crescimento de receita e lucro, participação no mercado, facilidade de uso, velocidade de adoção pelos usuários, satisfação do usuário, taxa de difusão da inovação, renovação e transformação organizacional, benefícios sociais e de sustentabilidade, economia de custo, taxa de aprendizado, propriedade intelectual, novos usuários e imagem (NBR ISO 56002, 2020, p. 24).

Os indicadores de desempenho da inovação podem ser aplicados no nível do sistema, portfólio ou iniciativa e podem ser avaliados e aprimorados, conforme apropriado. Eles podem se concentrar na avaliação dos elementos do sistema de gestão da inovação, em suas interações e nos resultados.

A organização pode usar comparações com outras organizações ao monitorar e avaliar o desempenho.

Análise e avaliação

Convém que a organização analise e avalie o desempenho da inovação e a eficácia e eficiência do sistema de gestão da inovação.

Convém que a análise e avaliação considerem:

a) a realização e redistribuição de valor, em relação à estratégia e objetivos de inovação e como resultado de atividades de inovação;
b) os elementos do sistema de gestão da inovação e suas interações, incluindo portfólios, suporte, iniciativas e processos.

A frequência da análise e avaliação, bem como as ferramentas e métodos utilizados podem depender do contexto da organização e de sua ambição de melhorar ainda mais o desempenho da inovação.

Os resultados da análise podem ser utilizados para avaliar:

a) o nível de entendimento do contexto;
b) o grau de comprometimento da liderança;
c) a eficácia das ações adotadas para lidar com oportunidades e riscos;
d) a eficácia da estratégia de inovação;
e) a eficácia e eficiência dos processos e suporte à inovação;
f) o compartilhamento de conhecimentos e aprendizados de sucessos e fracassos;
g) a necessidade de melhorias no sistema de gestão da inovação.

Convém que a organização retenha as informações documentadas apropriadas como evidência dos resultados (NBR ISO 56002, 2020, p.25).

Auditorias internas

O item acima é comtemplado na norma NBR ISO 56002, 2020, p. 25, onde estabelece orientações para a auditoria interna, conforme segue na íntegra:

Convém que a organização realize auditorias internas em intervalos planejados para fornecer informações sobre se o sistema de gestão da inovação:

a) está em conformidade com:
   1. os próprios requisitos da organização para seu sistema de gestão da inovação;
   2. outros requisitos aplicáveis;
b) é efetivamente implementado e mantido.

Convém que a organização considere:

a) planejar, estabelecer, implementar e manter um programa de auditoria, incluindo a frequência, métodos, responsabilidades, requisitos de planejamento e relatórios, os quais convêm que considerem a importância dos processos envolvidos e os resultados de auditorias anteriores;
b) definir os objetivos, critérios e escopo da auditoria para cada auditoria;
c) selecionar auditores e realizar auditorias para assegurar objetividade e imparcialidade do processo de auditoria;
d) assegurar que os resultados das auditorias sejam relatados à gestão pertinente;
e) tomar as devidas correções e ações corretivas sem demora injustificada;
f) realizar atividades de acompanhamento, incluindo a verificação das ações adotadas e a divulgação dos resultados da verificação;
g) reter informações documentadas como evidência da implementação do programa de auditoria e dos resultados da auditoria, bem como das atividades de acompanhamento.

Os auditores internos devem ser treinados e designados para o exercício da atividade.

Treinamentos sobre a interpretação da norma e a aplicação dos aspectos práticos da auditoria.

A norma NBR ISO 19011, 2012 – Diretrizes para Auditoria do Sistema de Gestão fornece orientação para a auditoria do Sistema de gestão, incluindo os princípios de auditoria, a gestão de um programa de auditoria, orienta sobre a avaliação da competência de pessoas envolvidas no processo de auditoria, incluindo a pessoa que gerencia o programa de auditoria, os auditores e a equipe de auditoria.

Um treinamento dos auditores com base na norma NBR ISO 19011 é recomendável.

Na organização deve-se manter uma relação atualizada dos auditores certificados, bem como de seus respectivos certificados.

Condução das auditorias internas e implementação das ações corretivas das auditorias internas

Estabelecer um cronograma para as auditorias. A primeira deve ser feita para toda a organização abrangendo todos os itens aplicáveis da norma NBR ISO 56002, as demais auditorias devem ser feitas em função dos setores ou itens da norma que apresentaram mais problemas na auditoria anterior.

Na auditoria deve ser verificado:

- Se os documentos do sistema estão conforme as exigências da norma (auditoria de adequação).
- Se as atividades estão sendo realizadas conforme a norma ou padrão adotado.
- Se as atividades atendem a conformidade com as especificações do cliente.

Confirmar a implementação das ações corretivas geradas nas auditorias, formalizadas no relatório de auditoria.

Reunião de análise crítica da direção

Este item também é uma das exigências da NBR ISO 56002, 2020, p. 26, 27 que estabelece para as reuniões de Análise Crítica da Alta Direção, conforme segue:

Entradas da análise crítica da direção

Convém que os resultados da Análise Arítica pela Alta Direção incluam a consideração:

a) do *status* das ações de análises críticas anteriores da administração;
b) de mudanças em questões externas e internas pertinentes para o sistema de gestão da inovação;

c) de informações sobre o desempenho do sistema de gestão da inovação, incluindo tendências em:
   1. realização e redistribuição de valor;
   2. até que ponto os objetivos de inovação foram alcançados;
   3. o desempenho de portfólios, iniciativas e processos de inovação;
   4. compartilhamento de conhecimento e aprendizado de sucessos e fracassos;
   5. desvios, não conformidades e ações corretivas;
   6. monitoramento, medição, análise e avaliação de resultados;
   7. resultados da auditoria;
d) da consistência da visão, estratégia e política de inovação com a direção estratégica da organização;
e) da adequação do suporte, incluindo recursos e competências;
f) da adequação dos indicadores de desempenho da inovação;
g) da eficácia das ações adotadas para lidar com oportunidades e riscos;
h) de oportunidades para melhoria contínua.

Saídas da análise crítica da direção

Convém que os resultados da Análise Crítica pela Alta Direção incluam decisões, ações e acompanhamento relacionados a:

a) oportunidades de melhoria;
b) qualquer necessidade de mudanças no sistema de gestão da inovação, considerando a prontidão da organização para mudanças.

Convém que a organização retenha informações documentadas como evidência dos resultados das análises críticas pela direção.

A reunião de Análise Crítica da Direção deve ser feita em uma frequência estabelecida (normalmente de 6 em 6 meses) e coordenada pela Diretoria e os Coordenadores do SGInov. Os participantes são os responsáveis pelas principais funções da organização, inclusive o Diretor Presidente.

Implementação do processo de análise e melhorias

Novamente a norma NBR ISO 56002, 2020, p. 28 estabelece para o item acima.

Quando ocorre um desvio ou não conformidade, convém que a organização:

a) reaja ao desvio ou não conformidade e conforme aplicável:
   1. tome medidas para controlá-lo e corrigi-lo;
   2. lide com as consequências;
b) avalie a necessidade de ação para eliminar as causas do desvio ou não conformidade, para que não se repita ou ocorra em outro local, mediante:
   1. análise crítica e a análise do desvio ou não conformidade;
   2. determinação das causas do desvio ou não conformidade;
   3. determinação de se existem desvios ou não conformidades semelhantes, ou se podem ocorrer potencialmente;
c) implementar qualquer ação necessária;
d) revisar a eficácia de qualquer ação corretiva tomada;
e) atualizar oportunidades e riscos determinados durante o planejamento, se necessário;
f) fazer alterações no sistema de gestão da inovação, se necessário.

Convém que as ações corretivas sejam apropriadas aos efeitos dos desvios e não conformidades encontrados.

Convém que a organização retenha informações documentadas como evidência:

a) da natureza dos desvios ou não conformidades e quaisquer ações subsequentes tomadas;
b) dos resultados de qualquer ação corretiva.

Melhoria contínua

A norma NBR ISO 56002, 2020, p. 28 estabelece:

Convém que a organização melhore continuamente pertinência, adequação, eficácia e eficiência do sistema de gestão da inovação.

Deverão ser implementadas as ações de análise e melhoria para os resultados de:

- Satisfação dos clientes.
- Auditorias internas.
- Resultados de medidas do monitoramento dos processos e dos produtos etc.

Deve-se medir e monitorar os principais indicadores da organização.

Avaliação pré-contratual e contrato de auditoria

Se a organização deseja obter a certificação de um órgão independente ela precisa planejar antes.

Recomenda-se que com 6 meses de antecedência faça os contatos para escolher o certificador que mais lhe convém para atender as necessidades da organização.

É comum essas empresas certificadoras fazer uma avaliação pré-contratual, por meio de uma visita à organização para obter as informações e a viabilidade da certificação, bem como os custos.

Recomenda-se fazer uma pesquisa intensa no mercado, pois hoje existem várias certificadoras atuando no Brasil.

Pré-auditoria de certificação

Normalmente é feita por uma empresa de certificação, com o objetivo de verificar se o sistema de gestão de inovação implantado na organização já está preparado para receber a auditoria de certificação desejada. Essa auditoria não tem valor oficial no processo de certificação.

Normalmente essa pré-auditoria faz parte do contrato com a empresa que irá realizar a auditoria final de certificação para obtenção do certificado NBR ISO 56002.

Auditoria de certificação

A certificação NBR ISO 56002 é uma certificação voluntária, nenhuma organização é obrigada a fazer.

Quem define a sua necessidade é o mercado e/ou as partes interessadas.

A auditoria de certificação é considerada uma auditoria de terceira parte, isto é, feita por um órgão independente.

Se a organização for aprovada o órgão certificador emite um certificado ou registro indicando a aceitação do SGInov da organização em conformidade com a norma NBR ISO 56002.

No Brasil o agente de credenciamento dos órgãos de terceira parte é o INMETRO.

As certificadoras possuem um escopo de certificação (natureza do negócio onde ela pode atuar).

Nas auditorias as não conformidades são classificadas em maiores e menores.

Os resultados das auditorias podem ser:

- Aprovado.
- Aprovado com restrições.
- Reprovado.

O certificado tem validade de 3 a 5 anos, com auditorias de manutenção ou de vigilância em períodos estabelecidos pelas partes.

O certificado pode ter uma vigência nacional ou ser extensiva a outros certificados e ter uma vigência em muitos países ou blocos econômicos.

Melhoria do sistema de gestão da inovação

Manter e melhorar o SGInov é o grande desafio, as auditorias internas e as decisões tomadas nas reuniões de análise crítica são fundamentais.

Auditorias de manutenção ou de vigilância do SGInov são auditorias feitas a cada 6 meses ou anualmente (depende do contrato) pelo órgão certificador para fiscalizar a manutenção e a melhoria do SGInov e garantir que a certificação seja mantida.

FAMÍLIA DAS NORMAS SÉRIE 56000

Segundo Innova Manager (2022), a série ISO sobre gestão da inovação inclui os seguintes documentos já publicados:

ISO 56000: Gestão da inovação – **Fundamentos e vocabulário**

Esta norma fornece o vocabulário, os conceitos fundamentais e os princípios da gestão da inovação e é útil para organizações que desejam tornar suas atividades de gestão da inovação visíveis e confiáveis. A norma ISO 56000 foi elaborada para ajudar as organizações a usar a terminologia correta para a gestão da inovação e comunicar de forma consistente sobre seus processos, realizações e caminhos de aprendizagem.

ISO 56002: Gestão da inovação – **Sistema de gestão da inovação – Diretrizes**

ISO 56003: Gestão da inovação – **Ferramentas e métodos para parceria para a inovação – Diretrizes**

ISO/TR 56004: Avaliação da gestão da inovação - Diretrizes

Outras normas desta série se encontram em fase de desenvolvimento, incluindo:

ISO 56001: Gestão da inovação - **Sistema de gestão da inovação - Requisitos**

ISO 56005: Gestão da inovação - **Ferramentas e métodos para gestão da propriedade intelectual - Diretrizes**

ISO 56006: Gestão da inovação - **Gestão da inteligência estratégica - Diretrizes**

ISO 56007: Gestão da inovação - **Gestão de ideias**

ISO 56008: Gestão da inovação - **Ferramentas e métodos para medições de operação de inovação - Diretrizes**

De forma prática, a norma **ISO 56002** sobre Sistema de Gestão da Inovação é a principal norma desta série de normas, sendo as demais normas acessórias ou anexos da norma **ISO 56002.**

Diferenças entre as normas ISO 56002 e ISO 56001

A norma ISO 56002, sendo uma norma de diretrizes, trata-se de um "guia de melhores práticas" para a implementação de um Sistema de Gestão da Inovação. E por ser uma norma de diretrizes, ela **não pode** ser objeto de certificação.

Embora a norma ISO 56001 ainda esteja em desenvolvimento, por se tratar de uma norma de requisitos, esta **poderá** quando da sua liberação ser objeto de certificação.

Outras informações relevantes

A norma ABNT NBR ISO 56002, assim como as demais normas ABNT NBR ISO desta família que ainda estão em elaboração, são uma adoção idêntica, em conteúdo técnico, estrutura e redação da norma ISO 56002, podendo ser considerada a versão traduzida das normas ISO, com reconhecimento no território brasileiro.

Quando da publicação da norma ABNT NBR 56000, esta tende a cancelar a série de normas ABNT NBR 16500: Gestão de PD&I. Assim ao consultar uma norma, sempre se atente se a mesma ainda está vigente e qual a seu status de revisão atual.

RECOMENDAÇÕES PARA A IMPLANTAÇÃO DO SGInov

Segundo Las Casas (2008), para implementação de um Sistema de Gestão da Qualidade SGQ (adaptado pelo autor para o SGInov), é necessário seguir alguns passos de forma ordenada. Inicialmente é preciso responder às seguintes perguntas:

1. Quais os desejos e necessidades dos clientes?
2. Qual é a ordem de prioridades desses desejos e necessidades?
3. Como está o nosso desempenho?
4. O que os principais concorrentes estão fazendo?
5. O que está sendo feito no mercado?
6. O que é necessário para superar as expectativas dos clientes? O que já foi feito?

Também é importante a avaliação dos clientes internos. Para isso devem-se formular as seguintes perguntas:

1. Quem são os funcionários da organização?
2. O que eles fazem para receber e fazer serviços com qualidade?
3. Como é feito a avaliação de desempenho?
4. O que pode ser feito para melhorar o seu desempenho e atender as suas expectativas?

Uma organização é feita por cabeças, portanto é necessário fazer uma implantação do processo através da comunicação.

A primeira cabeça a ser feita é a da alta direção. Também há necessidade do envolvimento e o comprometimento de todas as lideranças.

Para ajudar a implantar um programa que muda a cultura da organização é recomendável formar uma força-tarefa, isto é, um grupo de indivíduos encarregados de disseminar o processo dentro da organização.

Estabelecer uma visão. Uma visão é uma imagem que a administração espera projetar na clientela. Pode partir de objetivos a serem perseguidos.

Desenvolver uma expectativa do cliente essa expectativa é criada quando o cliente entra em contato com a organização. Nesse contato o cliente terá uma impressão da qualidade da organização.

Todo esforço mercadológico que antecipa esse contato pode ser perdido se a organização não se preocupou para que esse contato seja feito com qualidade.

Para determinar esses "Momentos da verdade" é necessário inicialmente identificar todos os contatos que podem ser realizados por um cliente, junto à organização, desde a aproximação até a pós-venda.

Mudanças organizacionais. A administração deve-se acostumar com as experiências de novas ideias e conceitos. Deve-se considerar que nem sempre situações novas podem oferecer atrativos, mas quando há necessidade de mudança algo pode ser feito.

Para ajudar a implantação das mudanças devem-se instruir os funcionários quanto às expectativas dos clientes.

Deve-se criar um clima no local de trabalho favorável às mudanças, usar recursos de comunicação e valorizar os resultados positivos.

Conselhos úteis para implantação do SGQ, adaptado pelo autor para o SGInov

a) Aprenda com os vencedores. Copie tudo o que for possível (*benchmarking*). Esteja atento aos melhores do mercado.
b) Mensure. Estabeleça critérios para controle e faça comparações com dados da pesquisa, resultados das avaliações etc.
c) Coloque o cliente em primeiro lugar. Não apenas no papel, mas também na prática. É uma questão de atitude.
d) Administre por observação. Contate os clientes, diretamente, observe e analise reações no momento da compra.
e) Invista na capacitação (dê treinamentos, delegue responsabilidades). Não pense que você treina funcionários para a concorrência.
f) Nunca pare de aprender. O aprendizado sobre inovação é um esforço constante, pois há necessidade de aprendizagem de novas técnicas e de atualização.
g) Observe os "momentos da verdade", todos são importantes.
h) Todo trabalho de uma organização é uma ação de serviço. Estimule o *marketing* interno constantemente. Todos são clientes.
i) O comprometimento com a inovação começa no topo da organização.
j) Se você for o gestor, não fale apenas. Seu comportamento deve mostrar comprometimento. Os funcionários tendem a imitá-lo,
l) Escreva um plano. Assim será mais fácil analisar e controlar os resultados ou buscar a excelência.

l) Pense sempre: Por quê? Como? Sempre há meios de fazer melhor, ou seja, inovar aquilo que se fez.

CONSIDERAÇÕES FINAIS

Como foi visto no decorrer do capítulo em questão, a busca da inovação é fundamental para as organizações continuarem a existir dentro desse ambiente competitivo. Para as organizações públicas onde as atividades podem ser privatizadas ou terceirizadas, torna-se urgente a necessidade de inovações para tornar os serviços oferecidos ao cidadão mais rápidos e com menor custo.

Para isso torna-se necessário a formação de uma cultura voltada para a inovação em que cada colaborador se sente motivado a expor suas ideias sem medo do *feedback* que pode obter.

A implantação do Sistema de Inovação, sua manutenção e melhoria, está relacionada diretamente com a capacidade de liderança em assumir riscos e engajar sua equipe.

REFERÊNCIAS

Associação Brasileira de Normas Técnicas. NBR ISO 9000: sistema de gestão da qualidade – fundamentos e vocabulário. Rio de Janeiro: ABNT; 2015.

______. NBR ISO 9001: sistemas de gestão da qualidade – requisitos, Rio de Janeiro: ABNT; 2015.

______. NBR ISO 19011: diretrizes para auditoria do sistema de gestão, Rio de Janeiro: ABNT; 2012.

______. NBR ISO 56002: gestão da inovação – sistema da gestão da inovação – diretrizes, Rio de Janeiro: ABNT; 2020.

______. NBR ISO 10015: Gestão de Qualidade – Diretrizes para a gestão de competência e desenvolvimento de pessoas, Rio de Janeiro: ABNT; 2020.

______. NBR ISO 14001: sistemas de gestão ambiental – requisitos – orientações para uso, Rio de Janeiro: ABNT; 2015.

______. NBR ISO 45001: sistema de gestão de segurança e saúde no trabalho – requisitos. Rio de Janeiro: ABNT; 2018.

______. NBR ISO 10013: sistemas da gestão da qualidade – orientação para informação documentada. Rio de Janeiro: ABNT; 2021.

Berry LL, Parasuraman A. Serviços de Marketing. São Paulo: Maltese-Norma; 2004

EPRCONSULTORIA. Disponível em: https://eprconsultoria.com.br/conheca-os-principios-da-metodologia-5s-2-2/. Acessado em 17 jun. 2022.

Ferreira ABH. Novo Dicionário de Língua Portuguesa. Rio de Janeiro: Nova Fronteira; Acessado em 30 jun. 2022.

Innova Manager. Texto traduzido e adaptado. Disponível em: https://www.iso.org/news/ref2481.html. Acessado em 17 jun. 2022.

Laraia RB. Cultura um conceito Antropológico. 27ª ed. Rio de Janeiro: Zahar; 2015.

Las Casas AL. Qualidade Total em Serviços. 6 ed. São Paulo: Atlas; 2008.

Maranhão M. ISO – Série 9000: Manual de implementação. 6ª ed. Rio de Janeiro: Qualitymark; 2001.